FLORE
DE LA
CÔTE-D'OR

AVEC DÉTERMINATIONS PAR LES PARTIES SOUTERRAINES

PAR

CH. ROYER

Membre de l'Académie de Dijon, des Sociétés botaniques
de France et de Belgique, etc.

TOME SECOND

PARIS
LIBRAIRIE F. SAVY
77, BOULEVARD SAINT-GERMAIN, 77

1883

FLORE
DE LA CÔTE-D'OR

IMPRIMERIE GÉNÉRALE DE CHATILLON-SUR-SEINE. — J. ROBERT

FLORE
DE LA
CÔTE-D'OR

AVEC DÉTERMINATIONS PAR LES PARTIES SOUTERRAINES

PAR

CH. ROYER

Membre de l'Académie de Dijon, des Sociétés botaniques
de France et de Belgique, etc.

TOME SECOND

PARIS
LIBRAIRIE F. SAVY
77, BOULEVARD SAINT-GERMAIN, 77

1883

FLORE DE LA COTE-D'OR

LXIX. COMPOSÉES (Vaill., Adans.).

SOUS-FAMILLE 1. — TUBULIFLORES.

Tribu I. — CINAROCEPHALÆ. — CARDUACÉES.

1. ONOPORDUM *L.*

1. O. Acanthium L.; Lorey, 517. — ⊚. — Juill.-sept. — C. — Chemins, décombres, friches.

Fleurs fétides.

2. CARLINA *Tourn.*

Plante ⊚ ; racine assez grêle, sans destructions longitudinales.
. . . . *C. vulgaris.*
Plante ♃ ; racine fétide, robuste, atteinte de nombreuses destructions longitudinales . . . . *C. acaulis.*

Tige rameuse de 30-40 centim. de hauteur; plusieurs capitules.
. . . . *C. vulgaris.*
Tige simple de 5-25 centim. de hauteur ; capitule unique. . .
. . . . *C. acaulis.*

1. C. vulgaris L.; Lorey, 535. — ⊚ ou rarement pérennant. — Juill.-sept. — C C. — Friches.

A mesure que les sujets vieillissent, les feuilles des rosettes radicales sont de plus en plus profondément sinuées.

2. C. acaulis L. — *C. Chamæleon* Vill.; Lorey, 534. — ♃. — Juill.-sept. — R. — Pelouses, friches. — Is-s-Tille

(*Lorey*); Verdonnet!, Villedieu!, Leuglay!, Voulaines!, Essarois!, Étalante!, Marcilly-s-Tille!.

Souvent la tige est longue de 15-25 centim.

3. CIRSIUM *Tourn.*

1 Plantes ☉ ou ⑧ ; une racine............... 2
   Plantes ♃ ; un rhizome................. 4
2 Plante ☉ .... *C. lanceolatum.*
   Plantes ∞ 3
3 Racine volumineuse, pivotante ; point de pseudorrhizes adjuvantes à la souche .... *C. eriophorum.*
   Racine grêle, oblique, descendante, aidée d'abord, puis, après
   2-3 ans, remplacée par les nombreuses pseudorrhizes de la
   souche .... *C. palustre.*
4 Pseudorrhizes pourvues de bourgeons adventifs . *C. arvense.*
   Pseudorrhizes dépourvues de bourgeons adventifs 5
5 Plantes non drageonnantes ; pseudorrhizes conformes, toutes
   cylindracées...................... 6
   Plantes drageonnantes ; pseudorrhizes dimorphes, les unes cylindracées ou filiformes, les autres épaissies 7
6 Rhizome court, très robuste ; pseudorrhizes abondantes, ne
   devenant pas ligneuses .... *C. oleraceum.*
   Rhizome horizontal, assez robuste ; pseudorrhizes peu abondantes, devenant ligneuses............ *C. acaule.*
7 Rhizome simple, court, oblique-vertical, à drageons devenant
   libres ; les pseudorrhizes épaissies étant cylindracées-fusiformes .... *C. Anglicum.*
   Rhizome rameux, subligneux, oblique-horizontal, à drageons
   ne devenant pas libres ; les pseudorrhizes épaissies étant napiformes. .... *C. bulbosum.*

1 Feuilles notablement décurrentes sur la tige 2
   Feuilles non décurrentes 3
2 Feuilles à face inférieure pourvue de petites épines couchées ;
   capitules gros, fortement épineux. ..... *C. lanceolatum.*
   Feuilles à face inférieure plus ou moins velue ; capitules petits,

très nombreux, presque inermes . . . . *C. palustre.*
3 Feuilles à face inférieure pourvue de petites épines couchées ; folioles involucrales à sommet dilaté-épineux . . . .
. . . . *C. eriophorum.*
Feuilles à face inférieure non spinulescente ; folioles involucrales à sommet atténué, faiblement épineux 4
4 Capitules munis ordinairement de larges bractées ; fleurs jaunâtres . . . . *C. oleraceum.*
Capitules à bractées nulles ou linéaires ; fleurs rougeâtres, rarement blanches 5
5 Capitules nombreux, unisexuels . . . . *C. arvense.*
Capitules peu nombreux, hermaphrodites 6
6 Tige de 5-25 centim., feuillée sur toute sa hauteur. *C. acaule.*
Tige de 30-60 centim., nue en sa partie supérieure 7
7 Capitules ovoïdes-oblongs ; feuilles ordinairement sinuées . .
. . . . *C. Anglicum.*
Capitules ovoïdes-subglobuleux ; feuilles ordinairement pinnatipartites . . . . *C. bulbosum.*

1. C. lanceolatum Scop ; Lorey, 523. — ⊙. — Juin-sept. — C. — Chemins, taillis, friches.

Face inférieure des feuilles verte ou blanche-tomenteuse. Assez souvent les feuilles raméales sont vertes aux deux faces, et les caulinaires blanches à la face inférieure.

J'ai rencontré des échantillons remarquables par leurs capitules nombreux, petits et stériles.

2. C. eriophorum Scop. ; Lorey, 524. — ∞. — Juill.-sept. — C. — Chemins, friches des sols argileux.

Beau type de plante plurannuelle. Cette espèce, en effet, vit assez d'années pour que sa volumineuse racine ait le temps de devenir subligneuse et de subir des destructions partielles.

3. C. palustre Scop. ; Lorey, 522. — ∞. — Juill.-août. — C. — Prairies et taillis marécageux.

Étêtée, la tige produit des rameaux à feuilles moins décurrentes et moins sinuées que les feuilles caulinaires et dont les pédoncules sont allongés et presque nus.

4. C. acaule All. ; Lorey, 525. — ♃. — Juill.-sept. — C. — Pelouses, coteaux incultes, bois.

La tige peut, comme chez le *Carlina acaulis*, se développer et acquérir jusqu'à 25 centim. de hauteur.

× *C. medium* (*C. acaule* × *bulbosum*. — *C. medium* All. — *C. bulboso-acaule* Næg.). — Rhizome oblique-horizontal, à pseudorrhizes cylindracées, quelques-unes obscurément épaissies en leur partie moyenne ; tiges de 30-40° de hauteur ; feuilles à spinules molles ou très obscurément vulnérantes, les caulinaires jamais amplexicaules ; pédoncules 2-5, allongés, subaranéeux, munis seulement de rares et courtes bractées filiformes ; capitules solitaires, plus gros que chez le *C. bulbosum ;* akènes ovoïdes-oblongs, comprimés, striés de violet, la plupart avortés. — R R. — Chaume marécageuse des bois de Vernois !, bois de Larrey-lez-Poinçon joignant l'étang Bailly !. — Cette plante se rapproche beaucoup du *C. acaule* par le système souterrain et du *C. bulbosum* par les parties aériennes.

5. C. oleraceum Scop. ; Lorey, 522. — ♃. — Juill.-août. — A. C. — Bois et prairies humides. — Limpré, Varois, Villebichot, Cussigny (*Lorey*) ; Pothières !, Recey !, Val-des-Choues !, Vernois !, Trouhaut !, Val-Suzon ! Saulon-la-Rue !, etc.

Des échantillons de Moloy ! ont les feuilles entières, superficiellement dentées, les capitules gros, solitaires, assez longuement pédonculés, et les bractées verdâtres, ovales, égalant le capitule. — Une autre variété, récoltée à Voulaines !, a au contraire les capitules assez petits, nombreux-agglomérés, très brièvement pédonculés et les bractées vertes, lancéolées-ovales, un peu plus courtes que les capitules. Les feuilles supérieures sont sinuées-pinnatilobées et un peu décurrentes, et par là ce *Cirsium* est assez voisin du × *C. hybridum* (*C. oleraceum* × *palustre*. — *C. hybridum* Koch. — *C. palustri-oleraceum* Næg.).

La Côte-d'Or possède encore 2 autres plantes, espèces légitimes pour certains auteurs, hybrides du *C. oleraceum* pour d'autres, mais qui n'en sont peut-être que des variétés très remarquables :

1° *C. rigens* Wallr. (*C. oleraceo-acaule* Næg.). — Tige rameuse, polycéphale, peu feuillée au sommet; feuilles caulinaires sessiles, à base élargie, mais non embrassante; bractées vertes, lancéolées, dentées-pinnatilobées, égalant presque le capitule; fleurs jaunâtres; capitules assez gros, solitaires. — R R R. — Chaume marécageuse des bois de Vernois !.

2° *C. pallens* D C. (*C. oleraceo-bulbosum* Næg.). — Pseudorrhizes cylindracées, quelques-unes un peu épaissies en leur partie moyenne; tige simple, nue au sommet; feuilles caulinaires embrassantes; bractées linéaires-lancéolées, dentées, vertes, égalant presque le capitule; fleurs jaunâtres; capitules 1-2, assez gros, solitaires. — R R R. — Chaume marécageuse des bois de Vernois !.

Les *C. rigens* et *pallens* peuvent être considérés comme les termes extrêmes du *C. oleraceum* pour l'espacement des capitules, ainsi que pour la petitesse et la coloration des bractées.

6. C. bulbosum DC.; Lorey, 525. — ♃. — Juin-août. — A.R. — Talus des fossés, pâtures humides, prés tourbeux. — Jouvence, Ste-Foix (*Lorey*) ; Lucenay !, Larrey-lez-Poinçon !, Villedieu !, Pothières !, Voulaines !, Étalante !, Selongey !, Ruffey !, Orgeux !, Villy-le-Moutiers !, etc.

7. C. Anglicum Lmk; Lorey, 526. — ♃. — Juin-août. — A. C. — Prairies marécageuses. — Villedieu !, Larrey-lez-Poinçon !, Pothières !, Gevrolles !, Faverolles !, Recey !, Menessaire !, Saulieu !, St-Andeux !, Courcelles-Frémoy !, etc.

A ne considérer que les organes aériens, la distinction des *C. Anglicum* et *bulbosum* est parfois si incertaine, que Nægeli (in Koch, *Syn.*, p. 745) a cru devoir rattacher en variété le *C. Anglicum* au *C. bulbosum;* mais les différences, signalées dans la clef souterraine, s'opposent absolument à la réunion spécifique de ces deux plantes.

Les pseudorrhizes des *C. Anglicum* et *bulbosum* sont persistantes et accrescentes. Leur renflement est dû à un abondant parenchyme central entouré par des faisceaux vasculaires espacés et dans le sein duquel des lacunes finissent par se produire. Une *Composée* exotique, le *Dahlia*, a des pseudorrhizes encore plus volumineuses. Toutes ces pseudorrhizes hypertrophiées ne bourgeonnent pas adventivement et ne peuvent donc reproduire la plante que si leur base est restée munie de quelque fragment de souche porteur d'un bourgeon.

Le *C. pratense* de Lorey (p. 523), que cet auteur dit commun dans tous les prés humides et les marais des bois, n'est vraisemblablement qu'une forme des *C. Anglicum* ou *bulbosum* et ne doit pas être rapporté au véritable × *C. pratense* (*C. bulbosum* × *palustre*. — *C. pratense* DC.) qui jusqu'alors paraît manquer dans la Côte-d'Or.

8. C. arvense Lmk ; Lorey, 524. — ♃. — Juin-sept. — C C C. — Moissons, cultures, bords des chemins.

D'une extirpation extrêmement difficile, à cause de l'abondant drageonnement des moindres parcelles de ses pseudorrhizes. — Feuilles parfois presque inermes, ou au contraire très épineuses (var. *horridum*). — Les capitules sont assez souvent prolifères et produisent à l'aisselle des folioles involucrales nombre de très petits capitules brièvement pédonculés. Cette prolification se rencontre aussi chez le *Souci des jardins;* elle est même normale chez une *Radiée* d'Algérie, le *Cladanthus proliferus*.

4. CARDUUS *L.*

1 Plante ♃. *C. defloratus*.
  Plantes ☉ 2
2 Cylindre central de la racine ligneux, égalant les 5/6 du diamètre d'une coupe transversale ; aire de la coupe jaunâtre.
  . . . . *C. crispus*.
  Cylindre central de la racine muni de larges rayons parenchymateux, égalant seulement 1/2 ou 2/3 du diamètre d'une coupe transversale ; aire de la coupe devenant promptement rouge.
  . . . . *C. nutans*.

1 Feuilles à face inférieure glaucescente ; folioles involucrales externes non acuminées . . . . *C. defloratus*.
  Feuilles vertes aux 2 faces ; folioles involucrales externes acuminées 2
2 Pédoncules nus ou à ailes foliacées interrompues ; capitules

plus ou moins gros, peu nombreux . . . . . . *C. nutans.*
Pédoncules ordinairement ailés jusqu'au sommet; capitules
petits, nombreux . . . . *C. crispus.*

1. C. crispus L.; Lorey, 519. — ⊙. — Juin-sept. —
C. — Taillis, friches, bords des chemins.

2. C. nutans L.; Lorey, 519. — ⊙. — Juin-sept. — C.
— Taillis, friches, bords des chemins.

Var. α. *nutans.* — Pédoncules nus ou presque nus; capitules
gros, penchés, à folioles externes étalées-réfléchies, épineuses-vulnérantes.

Var. β. *acanthoides* (*C. acanthoides* L.; Lorey, 520). — Pédoncules
à ailes foliacées plus ou moins interrompues ; capitules assez petits, dressés, à folioles externes droites, dressées-subétalées et faiblement épineuses.

Les intermédiaires sont formés par les nombreux individus chez
qui la longueur des ailes pédonculaires, la grandeur ou le port des
capitules, la direction et l'armature des folioles involucrales oscillent
entre les deux variétés.

La tige, surtout chez le *C. acanthoides*, peut être naine, simple,
monocéphale. — Les capitules du *C. nutans* sont ovoïdes-obconiques avant l'épanouissement, hémisphériques après, au contraire
de ce qui a lieu chez le *Cirsium lanceolatum.*

3. C. defloratus L. — ♃. — Juin-juill. — R R R. —
Coteaux boisés, rochers. — Bois des Roches à Val-Suzon
(*G.G., Lombard!, Maillard*) ; combe de Francheville près
du Trou de Saussy (*Weber*).

† SILYBUM *Vaill.*

† **S. Marianum** Gærtn.; Lorey, 518. — ∞. — Juill.-août. —
R R. — Décombres, voisinage des vieux châteaux. — Dijon (*Lorey*);
Thoisy-la-Berchère (*Lombard*). — Abonde avec le *Salvia Sclaræa*
autour des ruines du château de Beauvoir (Yonne), un peu en aval
de Vieuxchâteau!. Cette station n'est séparée de la Côte-d'Or que
par le Serein.

5. LAPPA *Tourn*.

Pétiole adulte fistuleux, superficiellement cannelé aux faces latérales, élargi et plan-concave à la face supérieure; inflorescence en grappe paniculée . . . . *L. minor*.
Pétiole adulte plein, profondément cannelé aux faces latérales, rétréci et présentant un profond sillon à la face supérieure; inflorescence en grappe corymbiforme . . . . . *L. major*.

1. L. minor DC. — *L. glabra* Lmk, α. *minor*; Lorey, 517. — ⊛. — Juill.-sept. — C. — Décombres, rues, lieux incultes.

Capitules glabres ou légèrement aranéeux. — Des individus (*L. pubens* Bor.) de la partie supérieure de la vallée du Suzon! avaient les capitules aussi fortement tomenteux-aranéeux que chez le *L. major* var. *tomentosa*; de plus, des rameaux recourbés-décombants donnaient à ce *Lappa* un facies tout particulier.

2. L. major DC. — ⊛. — Juill.-sept.

Var. α. *major* (*L. glabra* Lmk, β. *major*; Lorey, 517). — A. C. — Bords des chemins, lieux incultes, haies. — Val-Suzon (*Lorey*); St-Remy!, Buffon!, Blaisy-Bas!, Auxonne!, Merceuil!, Vic-s-Thil!, Rouvray!, Toutry!, Viserny!, etc.

Var. β. *tomentosa* (*L. tomentosa* Lmk; Lorey, 516). — Capitules fortement tomenteux-aranéeux, moins gros et disposés encore plus décidément en corymbe que chez le type. — R. — Routes de St-Jean-de-Losne et d'Auxonne (*Lorey*); Beaune (*Boreau*); Cîteaux (*Lombard*); Velars!, Broindon!, Meilly!.

Le *L. major* a les feuilles radicales et caulinaires inférieures amples, ordinairement aussi larges que longues, entières et à bords fortement mucronés; celles du *L. minor* sont toujours plus longues que larges, sinuolées ou parfois même incisées-ondulées, et à bords obscurément mucronés. — Les soies des aigrettes des *Lappa* sont hérissées de petits aiguillons, qui se rompent quand on manie les graines, s'attachent aux doigts et y causent de vives démangeaisons.

Les rameaux qui forment l'inflorescence corymbiforme des *L. major* et *tomentosa* sont insérés les uns à l'aisselle des feuilles florales, les autres plus ou moins loin de ces aisselles. Dans ce dernier cas, l'origine des rameaux est évidemment due à la partition; bien plus, je crois que la partition, quoiqu'ici déguisée, intervient aussi pour les rameaux qui sont à l'aisselle d'une feuille. Il répugne en effet d'assigner deux origines différentes aux rameaux d'une même inflorescence; puis, si les uns étaient de partition, les autres d'axillarité ou de second ordre, ces derniers devraient être en retard notable sur ceux de partition ou de premier ordre : or, l'épanouissement des capitules est contemporain sur tous les rameaux. On doit encore invoquer en faveur de la partition le sillon qui est creusé sur la tige au-dessus de l'insertion des rameaux de *Lappa*, et qui résulte de l'absorption de faisceaux vasculaires caulinaires pour la production des rameaux. Si le rameau se formait dans l'aisselle et était dû à un bourgeon latéral, c'est-à-dire de second ordre, la tige ne devrait pas présenter de sillon au-dessus de l'insertion raméale, puisqu'elle y aurait conservé tous les éléments fibro-vasculaires qu'elle possédait au-dessous de cette insertion. Enfin une coupe longitudinale, menée par l'axe et ses ramifications, montre que la moelle de l'axe se prolonge nettement et directement dans les ramifications, et que celles-ci n'ont à leur base ni le bourrelet cortical, ni le rétrécissement ou même l'obturation du canal médullaire, qui caractérisent l'insertion des axes de second ordre. Bien qu'il n'y ait aucun rapport entre la naissance des axes de partition et l'insertion des feuilles, on comprend que le hasard puisse en placer quelques-unes à la base même de ces axes, et donner à ceux-ci une fallacieuse apparence d'axillarité. J'incline même à admettre ces cas de fausse axillarité dans les inflorescences d'un grand nombre de végétaux.

6. SERRATULA *L.*

1. S. tinctoria L.; Lorey, 521. — ♃. — Juill.-sept. — A. C. — Prairies marécageuses, bois, talus des fossés. — St-Apollinaire, Limpré (*Lorey*); Laignes!, Recey!, Diénay!, Vernois!, Val-Suzon!, Magny-s-Tille!, etc.

7. CENTAUREA *L.*

1 Plantes ∞, ⊙ ou ⊙ 2

Plantes ♃ 3
2 Racine pivotante, simple, robuste, à écorce épaisse; plante ⚭,
  rarement ☉ . . . . *C. Calcitrapa.*
  Racine pivotante-rameuse, grêle, à écorce mince; plantes ☉
  ou ☉. . . . . *C. Cyanus,* † *C. solstitialis.*
3 Une racine robuste, pivotante; parenchyme cortical épais,
  teinté de brun en face des faisceaux ligneux; cylindre central à rayons parenchymateux très développés. *C. Scabiosa.*
  Un rhizome à pseudorrhizes cylindracées peu robustes; parenchyme cortical concolore; cylindre central à rayons parenchymateux peu développés 4
4 Rhizome robuste, allongé, horizontal, noueux, rameux . . .
  . . . . *C. montana.*
  Rhizome assez grêle, court, oblique-vertical. . . . *C. Jacea.*

1 Involucre à folioles épineuses 2
  Involucre à folioles non épineuses 3
2 Tiges dépourvues d'ailes foliacées; fleurs purpurines . . . .
  . . . . *C. Calcitrapa.*
  Tiges pourvues de longues ailes foliacées; fleurs jaunes. . .
  . . . . † *C. solstitialis.*
3 Feuilles décurrentes . . . . *C. montana.*
  Feuilles non décurrentes 4
4 Feuilles caulinaires supérieures étroitement linéaires; fleurs
  ordinairement bleues . . . . *C. Cyanus.*
  Feuilles supérieures jamais étroitement linéaires; fleurs ordinairement purpurines 5
5 Feuilles toutes pinnatipartites; folioles involucrales à sommet
  entouré d'une bordure scarieuse ciliée . . . . *C. Scabiosa.*
  Feuilles entières, sinuées ou subpinnatifides; folioles involucrales terminées par un appendice scarieux lacéré ou cilié.
  . . . . *C. Jacea.*

1. C. Calcitrapa L.; Lorey, 532. — ⚭ ou ☉. — Juill.-sept. — C. — Bords des chemins, friches argileuses.

¹ L'axe florifère central est parfois si court, qu'il se trouve réduit à un pédoncule radical que les tiges latérales dépassent très longuement. — Involucre glabre ou velu-tomenteux.

M. Méline ! a récolté en 1877 et 1880, sur des décombres de la porte St-Nicolas à Dijon, deux hybrides adventifs des *C. Calcitrapa* et *aspera* : le × *C. hybrida* (*C. hybrida* Chaix. — *C. aspero-Calcitrapa* G.G.) et le × *C. calcitrapoides* (*C. calcitrapoides* Gouan. — *C. Calcitrapo-aspera* G.G.).

† **C. solstitialis** L.; Lorey, 532. — ☉ ou ⊙. — Juill.-sept. — R. — Prairies artificielles. — Villiers, Voulaines, Quincey, Beaune, (*Lorey*); Montbard (*Leclerc*); Asnières-en-Montagne !, Larrey-lez-Poinçon !, St-Julien !.

1. C. Cyanus L.; Lorey, 530. — ⊙ ou ⊙. Mai-août. — C C. — Moissons.

Fleurs très rarement carnées.

3. C. Scabiosa L.; Lorey, 531. — Juin-août. — C. — Coteaux incultes, bois.

Les radicelles sont quelquefois pourvues de bourgeons adventifs. — Par sa racine pivotante, robuste et sa souche couronnée d'abondants filaments dus à la désorganisation des pétioles, le *C. Scabiosa* ressemble à certaines *Ombellifères*. — Varie à lobes des feuilles très étroits.

4. C. montana L.; Lorey, 530. — ♃. — Juin-juill. — A. R. — Bois de montagne. — Gevrey ! (*Lorey*); Aignay !, Tarsul !, Val-Suzon !, Lantenay !, La-Cude !.

5. C. Jacea. — *C. Jacea, amara* et *nigra* L. — ♃. — Juin-sept.

Var. α. *Jacea* (*C. Jacea* L.; Lorey, 529). — C C. — Prés secs et aquatiques. — Appendices involucraux plans-apprimés ou parfois convexes non apprimés, entiers ou la plupart (*C. pratensis* Thuill.) pectinés, à cils égalant ou dépassant la largeur de l'appendice. — Une aigrette existe parfois, mais très courte, et n'égalant que le dixième de l'akène.

Var. β. *amara* (*C. amara* L.; Lorey, 528). — C C. — Coteaux incultes, pelouses, bois. — Diffère de la variété α. par ses tiges plus grêles, plus élancées et plus rameuses, par ses feuilles plus étroites, sa floraison plus tardive et ses capitules plus petits. — Polymorphisme extrême : feuilles inférieures entières, dentées ou sinuées-pinnatifides, vertes et glabrescentes ou blanches-tomenteuses ; involucre blanchâtre, fauve ou brun ; appendices involucraux plans ou convexes, apprimés ou non, contigus ou distants par les bords, presque tous entiers, ou la plupart pectinés (*C. serotina* Bor.) à cils égalant ou dépassant la largeur de l'appendice. — Les jeunes feuilles sont amères sur le frais, comme le sont du reste celles des autres variétés.

Var. γ. *microptilon* (*C. microptilon* G. G.). — R. — Pelouses des bois. — Larrey-lez-Poinçon !, Beauregard !. — Élégante variété, dont les appendices involucraux lancéolés, longuement acuminés, ont le sommet arqué-réfracté, et les cils 2-3 fois plus longs que la largeur de l'appendice.

Var. δ. *nigra* (*C. nigra* L.; Lorey, 529). — A. C. — Pelouses et bois des sols siliceux ou granitiques. — Barjon!, Mont-Afrique, Marsannay, Argilly (*Lorey*) ; Cîteaux !, Collonges !, Merceuil !, Saulieu !, Beauregard !, Montberthault !. — Diffère des variétés précédentes par ses fleurs ordinairement non rayonnantes, et par son aigrette courte, mais non pas nulle ou rudimentaire. Les cils involucraux sont noirs, apprimés et 3-4 fois plus longs que la largeur de l'appendice. Au surplus, comme chez les autres variétés à involucres pectinés, les appendices des folioles involucrales internes sont irrégulièrement et parfois même obscurément incisés.

8. CENTROPHYLLUM *Neck.*

1. Clanatum. DC.; Lorey, 533. — ⊙. — Juill.-sept. — A. R. — Lieux incultes, décombres. — Aux bords des champs du Pays-Bas et des vignes de la Côte (*Lorey*) ; Dijon (*Lombard*) ; Buffon !, Ruffey !, Brognon !, Savigny-s-Beaune !, Meursault !, etc.

Plante fétide.

9. XERANTHEMUM *Tourn.*

1. X. cylindraceum Sibth. et Sm.; Lorey, 536. — ⊙. — Juin-juill. — R R R. — Moissons, friches, bords des chemins. — Levée du canal entre Longvic et la Colombière et dans les champs au bas de cette levée, Aloxe, Ladouée (*Lorey*); Beaune (*G. G.*). — Cette plante, jadis récoltée à Dijon (*Méline*), semble depuis une trentaine d'années avoir disparu de la Côte-d'Or.

Tribu II. — CORYMBIFERÆ. — RADIÉES.

10. BIDENS *L.*

Feuilles 3-5-partites ou 3-5-séquées, rarement simples ; akènes surmontés de 2-3 arêtes. . . . . *B. tripartita.*
Feuilles simples, dentées ou incisées ; akènes surmontés de 4-5 arêtes. *B. cernua.*

1. B. tripartita L.; Lorey, 511. — ⊙. — Juill.-oct. —CC. — Lieux couverts, décombres, attérissements, étangs desséchés.

La variété *radiata* de Lorey (non *B. radiata* Thuill.) est une forme fréquente, à longues folioles involucrales externes ; mais je ne l'ai pas rencontrée avec les rayons que lui accorde en outre Lorey. D'ailleurs, quelque confusion doit exister dans la description de cet auteur, quand il dit que les folioles involucrales débordent d'autant plus les corolles, que celles-ci sont rayonnantes, c. à. d. ont plus de longueur. Le *B. radiata* Thuill. n'est encore bien connu en France qu'aux environs de Paris et dans le Jura ; c'est une variété caractérisée par ses rameaux dressés-fastigiés avec inflorescence corymbiforme, par ses capitules plus larges que hauts, par ses akènes courts et à base étroite et enfin par une floraison très tardive.

2. B. cernua L. ; Lorey, 512. — ⊙. — Juill.-oct. — A. C. — Attérissements, cultures aquatiques, étangs desséchés. — Limpré (*Lorey*); Lucenay !, St-Seine-en-Bâche !, Eschamps !, Laroche-en-Brenil !, Précy-s-Thil !, Rouvray !, Genay !, etc.

La variété *Coreopsis* (*Coreopsis Bidens* L.) a les fleurons extérieurs ligulés-rayonnants et n'est pas très rare. Elle diffère de la variété *Coreopsis* de Lorey, qui rayonne non par des fleurs ligulées, mais par de longues folioles involucrales externes.

Les tiges du *B. cernua* sont ascendantes-radicantes ; parfois même la racine s'atrophie complétement et cette plante annuelle passe au rhizome. Les tiges, comme chez le *B. tripartita*, peuvent être lisses ou rugueuses, allongées ou naines.

11. ACHILLEA *L*.

Drageons fortement filiformes, fauves . . . . *A. Millefolium.*
Drageons cylindracés, d'un beau blanc. . . . . *A. Ptarmica.*

Feuilles bipinnatiséquées; fleurons ligulés plus courts que l'involucre. . . . . *A. Millefolium.*
Feuilles linéaires-lancéolées ; fleurons ligulés égalant l'involucre . . . . *A. Ptarmica.*

1. A. Millefolium L.; Lorey, 502. — ♃. — Juin-oct. — C C. — Bords des chemins, pelouses.

2. A. Ptarmica L.; Lorey, 503. — ♃. — Juin-sept. — C. — Prairies humides, berges des cours d'eau.

12. ORMENIS *J. Gay*.

1. O. nobilis J. Gay. — *Anthemis nobilis* L.; Lorey, 501. — ♃. — Juill.-sept. — A. C. — Pelouses siliceuses et granitiques. — Boncourt, Longvay!, Cîteaux, Seurre! (*Lorey*); St-Sauveur!, Vielverge!, Arnay-le-Duc!, Voudenay!, Saulieu!, etc.

13. ANTHEMIS *L*.

Plante fétide ; akènes tuberculeux ; réceptacle à paillettes étroitement linéaires. . . . . *A. Cotula.*
Plante non fétide ; akènes lisses ; réceptacle à paillettes lancéolées-cuspidées. . . . . *A. arvensis.*

1. A. arvensis L.; Lorey, 502. — ⊙ou ☉. — Juin-sept. — C. — Moissons, cultures.

2. A. Cotula L.; Lorey, 501. — ⊙ ou ☉. — Juin-sept. — C. — Moissons, cultures.

14. MATRICARIA *L.*

Plante pérennante ou parfois bisannuelle; racine assez robuste, fétide; tiges étalées-ascendantes, radicantes . . *M. inodora.*
Plante bisannuelle ou annuelle; racine grêle, non fétide; tiges dressées, non radicantes. . . . . *M. Chamomilla.*

Réceptacle subhémisphérique, plein; akènes pourvus de deux points glanduleux sous le sommet . . . . . . *M. inodora.*
Réceptacle conique, fistuleux; akènes dépourvus de points glanduleux sous le sommet . . . . *M. Chamomilla.*

1. M. Chamomilla L.; Lorey, 500. — ⊙ ou ☉. — Mai-juill. — A. C. — Moissons. — Villenote (*Lombard!*); Collonges!, Auxonne!, Rouvray!, Semur!, Jeux!, etc.

2. M. inodora L. — *Chrysanthemum inodorum* L.; Lorey, 498. — Pérennant et parfois bisannuel. — Juill.-oct. — C. — Moissons, cultures.

15. PYRETHRUM *Gærtn.*

Rhizome ligneux, assez robuste, oblique, couronné de fibres pétiolaires, court, simple ou peu rameux; pseudorrhizes très rapprochées, filiformes-cylindracées; tiges dressées, non radicantes à la base. . . . . *P. corymbosum.*
Rhizome obscurément ligneux, peu robuste, horizontal, dépourvu de fibres pétiolaires, rameux à ramifications formées par les bases caulinaires ascendantes-radicantes et bientôt libres; pseudorrhizes espacées, filiformes. . . . . *P. Leucanthemum.*

Feuilles pinnatiséquées; akènes pourvus d'une couronne qui égale au moins le tiers de leur longueur . *P. corymbosum.*

Feuilles crénelées-dentées ou incisées-pinnatifides ; akènes dépourvus de couronne. . . . . P. *Leucanthemum*.

1. P. corymbosum Willd. — *Chrysanthemum corymbosum* L.; Lorey, 498. — ♃. — Juin-juill. — A. C. — Coteaux boisés. — Messigny, Mont-Afrique (*Lorey*) ; St-Remy !, Recey !, Diénay !, Blaisy-Bas !, Lantenay !, Lignerolles !, St-Aubin !, Vauchignon !, etc.

2. P. Leucanthemum Coss. et Germ. — *Chrysanthemum Leucanthemum* L.; Lorey, 496. — ♃. — Mai-juill. — C C. — Prairies, moissons, bois, friches.

Les variétés velues-rudes, et à feuilles incisées-pinnatifides, se rencontrent fréquemment dans les prés secs, les moissons sablonneuses et les bois ; elles sont de 15-25 jours plus tardives que le type et ont les fleurons moins grands. La variété δ. de Lorey s'applique à des individus nains habitant des stations montagneuses, mais ne correspond pas au *Chrysanthemum montanum* L. qui est une espèce du midi.

Le *P. Parthenium* Sm. (*Chrysanthemum Parthenium* Pers.; Lorey, 497) se trouve assez souvent autour des habitations et dans les rues, à proximité des jardins où il est cultivé. — Châtillon, Semur ! (*Lorey*) ; Corberon !, Savigny-s-Beaune !, Saulieu !.

Quelques individus de *Chrysanthemum segetum* L. ont été récoltés une seule fois dans les moissons de Rouvray (*Lorey*, p. 499) et de Lignerolles (*Magdelaine*). — Cette plante avait été sans doute importée avec des graines de céréales.

16. BELLIS *L.*

1. B. perennis L.; Lorey, 483. — ♃. — Mars-nov. — C C. — Prairies, pelouses humides, bords des chemins.

A parfois un double rang de ligules.

17. ARTEMISIA *L.*

Une racine pivotante, robuste, ligneuse; tiges très rarement et très obscurément radicantes. . . . . . . A. *Absinthium*.

Un rhizome rameux; tiges radicantes à la base. *A. vulgaris.*

Feuilles d'une odeur très pénétrante, à face supérieure soyeuse-blanchâtre ; réceptacle velu. . . . . *A. Absinthium.*
Feuilles d'une odeur assez forte ou nulle, à face supérieure glabrescente et verte ; réceptacle glabre. . . . . *A. vulgaris.*

1. A. Absinthium L.; Lorey, 504. — ♃. — Juill.-sept. — RR. — Coteaux incultes, bords des routes. — Tréchâteau (*Durande*); abonde sur l'arête du coteau à l'est de Barjon ! (*Lorey*), et sur la montagne de Bard-le-Régulier (*Gillot ! Lucand*); rencontré en pieds isolés à Tarsul (*Magdelaine*), Is-s-Tille ! et Ancey !.

2. A. vulgaris L.; Lorey, 505. — Juill.-oct. — C. — Bords des chemins, haies, décombres, taillis, berges des rivières.

Polymorphisme extrême dans la grandeur et la forme des segments des feuilles; inflorescence tantôt en panicule ample, tantôt en grappe composée dense; capitules agglomérés ou espacés, sessiles ou pédonculés, subhémisphériques ou ovoïdes-oblongs, à tomentum abondant ou rare et blanc ou jaunâtre, enfin à odeur fétide ou aromatique par le froissement.

Je n'ai pu rencontrer les bourgeons adventifs qui ont été attribués [1] à la racine de l'*A. vulgaris.* D'ailleurs cette racine n'existe que dans les premières années et fait bientôt place à un rhizome.

L'*A. campestris* L., qui diffère de l'*A. vulgaris* par une racine pivotante, persistante, n'est pas une plante du département.

18. TANACETUM *L.*

1. T. vulgare L.; Lorey, 507. — ♃. — Juill.-sept. — R. — Prés, haies, bords des chemins. — Crimolois, Talmay, Longvay, Villy (*Lorey*); Ste-Colombe !, prairies du Pavillon près Grancey-le-Château !, Pontailler !, Vielverge !, Ixier !.

[1]. Reichardt, *Bull. de la Soc. bot. de Fr.*, 1858, V, p. 182.

19. CALENDULA *L.*

1. C. arvensis L.; Lorey, 514. — ⊙ ou ⊙. — Mars-oct. — C. — Vignes, cultures.

20. MICROPUS *L.*

1. M. erectus L.; Lorey, 494. — ⊙. — Juin-juill. — A. C. — Friches, pelouses arides. — Premeaux (*Lombard*); Buffon!, Leuglay!, Aignay!, Diénay!, Ancey!, Plombières!, Beaune!, Santenay!, etc.

Sur le frais, toute la plante a l'odeur de la fleur du *Primula officinalis.*

21. FILAGO *Tourn.*

```
1 Involucre à folioles cuspidées. . . . . . . . . . . . . . . 2
  Involucre à folioles non cuspidées. . . . . . . . . . . . 3
2 Glomérules à 3-4 feuilles involucrales dépassant les capitules ;
  5 angles très prononcés aux capitules. . . . F. spathulata.
  Glomérules à feuilles involucrales nulles ou très courtes ; capi-
  tules à 5 angles peu prononcés . . . . . . F. Germanica.
3 Capitules très petits, à 5 angles très prononcés. . F. montana.
  Capitules à 8 angles peu prononcés. . . . . . . . F. arvensis.
```

1. F. spathulata Presl. — ⊙ ou ⊙. — Juin-oct. — C. — Moissons, bords des routes.

A, mais plus rarement que le *F. Germanica*, une variété *lutescens*.

2. F. Germanica L. — *Gnaphalium Germanicum* Willd.; Lorey, 490. — ⊙ ou ⊙. — Juin-oct.

Var. α. *canescens* (*F. canescens* Jord.). — Tomentum blanc. — C. — Moissons, friches, routes.

Var. β. *lutescens* (*F. lutescens* Jord.). — Tomentum jaunâtre. — A. R. — Moissons. — Fontaine-Française!, Voudenay!, Liernais!. En vieillissant, les capitules ont les angles un peu plus accusés.

3. F. montana L. — *Gnaphalium montanum* Huds. ;

Lorey, 492. — ⊙ ou ☉. — Juin-sept. — C. — Friches, moissons, taillis.

4. F. arvensis L. — *Gnaphalium arvense* Willd.; Lorey, 491. — ⊙ ou ☉. — Juill.-sept. — A. C. — Moissons, chemins.

22. LOGFIA *Cass.*

1. L. Gallica Coss. et Germ. — *Gnaphalium Gallicum* Huds.; Lorey, 491. — ⊙ ou ☉. — Juill.-oct. — A. C. — Friches, taillis, moissons. — Montbard !, Selongey !, St-Léger-lez-Pontailler !, Frémois !, Jeux !, etc.

23. GNAPHALIUM *L.*

1 Plante pérennante ou même vivace; tiges radicantes à la base; un rhizome . . . . *G. sylvaticum.*
Plantes annuelles ou bisannuelles; tiges non radicantes à la base; une racine. 2
2 Plante ☉ ; racine peu robuste . . . . *G. luteo-album.*
Plante ⊙ ; racine très grêle. . . . . *G. uliginosum.*

1 Capitules en grappe spiciforme ; aigrette à soies soudées en anneau à la base . . . . *G. sylvaticum.*
Capitules en grappe corymbiforme ; aigrette à soies libres . . 2
2 Feuilles caulinaires semi-amplexicaules ; inflorescence aphylle. . . . . *G. luteo-album.*
Point de feuilles plus ou moins amplexicaules ; inflorescence feuillée. . . . . *G. uliginosum.*

1. G. uliginosum L.; Lorey, 490. — ☉. — Juill.-oct. — C. — Moissons argileuses, attérissements.

J'ai trouvé à la queue de l'étang de St-Didier de très petits individus florifères, hauts seulement de 1-2 centim., les uns tomenteux-blanchâtres, les autres glabrescents et verts.

2. G. luteo-album L.; Lorey, 489. — ☉. — Juill.-

sept. — R. — Taillis argileux, chemins. — Gerland, Saulon-la-Chapelle (*Lorey*) ; St-Léger-lez-Pontailler !, Collonges !, Cîteaux !, Longvay !, Seurre !, Merceuil !.

Parallèlement à la forme naine et glabrescente du *G. uliginosum*, le *G. luteo-album* a parfois des tiges de 4-10 centim. seulement, grêles, simples ou peu rameuses, obscurément tomenteuses. — St-Remy !, entrée du souterrain de Pouilly-en-Auxois !. — On rencontre aussi des *G. sylvaticum* presque glabrescents.

3. G. sylvaticum L.; Lorey, 489. — Pérennant ou vivace. — Juill.-sept. — C. — Taillis humides, moissons argileuses.

Folioles involucrales à sommet jaunâtre ou brun, ou encore, mais très rarement, rosé. En ce dernier cas, l'aigrette est d'une teinte rose.

24. ANTENNARIA *R. Br*.

1. A. dioica Gærtn. — *Gnaphalium dioicum* L.; Lorey, 492. — ♃. — Juin-juill. — RR. — Pelouses granitiques et siliceuses. — Broindon, Laroche-en-Brenil, Rouvray (*Lorey*); Saulieu, Conforgien (*Lombard*); St-Didier (*Charleux !*).

Les tiges foliifères sont stoloniformes, couchées-radicantes.

25. BUPHTHALMUM *L.*

1. B. salicifolium L.; Lorey, 495. — ♃. — Juin-juill. — R. — Pelouses des bois, coteaux incultes. — Essarois ! (*Lorey*); Châtillon, Leuglay, Voulaines (*G. G.*); Pothières !, Faverolles !, Recey !, Moloy !.

Rhizome oblique, simple ou brièvement rameux, subligneux, couronné par les bases pétiolaires brunes et marcescentes.

26. PULICARIA *Gærtn*.

Plante ⊙ ; une racine . . . . *P. vulgaris*.

Plante ♃; un rhizome drageonnant . . . . . *P. dysenterica.*

Feuilles obscurément embrassantes, non auriculées; fleurons ligulés à peine rayonnants. . . . . *P. vulgaris.*
Feuilles embrassantes-auriculées; fleurons ligulés longuement rayonnants . . . . *P. dysenterica.*

1. P. vulgaris Gærtn. — *Inula Pulicaria* L.; Lorey, 488. — ⊙. — Juill.-sept. — C. — Moissons humides, attérissements, bords des fossés.

2. P. dysenterica Gærtn. — *Inula dysenterica* L.; Lorey, 488. — ♃. — Juill.-sept. — C. — Fossés, lieux aquatiques.

27. INULA *L.*

1 Plante ∞. . . . . *I. Conyza.*
  Plantes ♃. 2
2 Souche volumineuse; racine et pseudorrhizes robustes, charnues, napiformes, brusquement atténuées à leur extrémité; racine persistant quelques années; pseudorrhizes 1-3 . . .
  . . . . *I. Helenium.*
  Souche non volumineuse; racine bientôt remplacée par un rhizome; pseudorrhizes nombreuses, filiformes ou cylindracées, non charnues. 3
3 Souche non ligneuse; bourgeons adventifs aux pseudorrhizes.
  . . . . *I. Britannica.*
  Souche plus ou moins ligneuse; point de bourgeons adventifs aux pseudorrhizes. 4
4 Rhizome lentement progressif, très brièvement rameux, muni vers son sommet de vieilles gaînes pétiolaires desséchées et noirâtres . . . . *I. montana.*
  Rhizome progressif, plus ou moins longuement rameux-drageonnant, dépourvu vers son sommet de gaînes pétiolaires desséchées 5
5 Rhizome assez robuste, décidément ligneux, relevé de petites protubérances (bourgeons expectants); drageons très courts,

un peu fétides, à écailles ovales ou ovales-lancéolées et rapprochées ; pseudorrhizes peu nombreuses, la plupart filiformes-
cylindracées. . . . . I. *squarrosa*.
Rhizome assez grêle, peu ligneux, dépourvu de protubérances ;
drageons nombreux, très longs, inodores, à écailles lancéolées et notablement espacées ; pseudorrhizes nombreuses,
toutes filiformes . . . . I. *Salicina*.

1 Fleurons tous égaux. . . . . I. *Conyza*.
  Fleurons extérieurs rayonnants. 2
2 Plante très robuste ; involucre à folioles largement ovales . .
  . . . . I. *Helenium*.
  Plante peu robuste ; involucre à folioles lancéolées ou linéaires. 3
3 Feuilles et involucres velus ou soyeux ; akènes glabres . . . 4
  Feuilles, involucres et akènes glabres 5
4 Feuilles supérieures amplexicaules ; capitules ordinairement
solitaires ; plante aromatique . . . . I. *montana*.
  Point de feuilles amplexicaules ; plusieurs capitules par tige ;
plante non aromatique . . . . I. *Britannica*.
5 Feuilles raides, à bords ciliés-spinulescents, les supérieures sessiles ; fleurons extérieurs à partie rayonnante égalant le diamètre du capitule ; capitules en corymbe dense. I. *squarrosa*.
  Feuilles à bords obscurément ciliés, les supérieures semi-amplexicaules ; fleurons extérieurs à partie rayonnante une fois
plus longue que le diamètre du capitule ; capitules en corymbe lâche . . . . I. *Salicina*.

1. I. Conyza DC. — *Conyza squarrosa* L.; Lorey, 484.
— ⊗. — Juill.-sept. — C. — Lieux incultes, rochers.

La souche a souvent de fortes pseudorrhizes qui peuvent finir par égaler et même par remplacer la racine. — Quand quelque accident a détruit la tige centrale et qu'il lui succède 1-2 tiges latérales, celles-ci, se développant moins que ne l'eût fait la tige centrale, sont parfois insuffisantes à épuiser la souche, qui produit alors des bourgeons de remplacement et pourra ainsi fleurir deux années de suite.

2. I. Helenium L.; Lorey, 485. — ♃. — Juill.-sept.
— A. R. — Berges des ruisseaux, taillis et pâturages argileux. — Arcelot, Quincey, Tailly, Bligny (*Lorey*); Magny-s-Tille (*Maillard*); St-Remy!, Benoisey!, Pothières!, Prissey!, Thoisy-la-Berchère!, Semur!, Champ-d'Oiseau!, Jeux!, Thivauches!.

La racine et les pseudorrhizes sont aromatiques et subissent de nombreuses et profondes exfoliations annuelles.

3. I. montana L.; Lorey, 487. — ♃. — Juin-août. — Pelouses arides et bois de la Côte où il est assez commun. — Plombières (*Lorey*); Beaune, Santenay! (*G. G.*); Marcilly!, Mâlain!, La-Cude!, Gevrey!, St-Romain!, chaumes d'Auvenet!, Vauchignon!.

Feuilles aromatiques.

4. I. squarrosa L.; Lorey, 486. — ♃. — Juin-juill. — R. — Rochers et pelouses arides de la Côte. — St-Aubin (*Boreau*); La-Cude!, Gevrey!, Nuits!, Chambolle!, Blagny!.

L'*I. graveolens* (*Solidago graveolens* Lmk) est indiqué à Boncourt-la-Ronce par Lorey (p. 482).

5. I. Salicina L.; Lorey, 486. — ♃. — Juin-août. — A. C. — Bois, prairies, coteaux incultes. — Arcelot, Sombernon, vallée de l'Ouche (*Lorey*); St-Remy!, Larrey-lez-Poinçon!, Riel-les-Eaux!, Veuxhaules!, Recey!, Diénay!, Orgeux!, Samerey!, Remilly!, etc.

6. I. Britannica L.; Lorey, 485. — ♃. — Juin-août. — A. R. — Buissons et prairies humides du Val-de-Saône. — Talmay, Saulon-la-Rue, Satenay, Longvay (*Lorey*); Cîteaux (*Lombard*); Magny-s-Tille (*Maillard*); Pontailler!, Auxonne!, St-Jean-de-Losne!, Seurre!, Merceuil!.

Les bourgeons adventifs des pseudorrhizes s'épaississent à leur base qui devient abondamment radicante ; ils peuvent donc se suffire à eux-mêmes et n'empruntent plus rien à la pseudorrhize mère. La règle pour les bourgeons nés de la racine ou des pseudorrhizes des *Linaria vulgaris*, *Euphorbia Cyparissias*, etc., est, au contraire, de se nourrir à l'aide de la racine ou pseudorrhize mère, qui prend un notable accroissement, tandis que la partie hypogée du bourgeon adventif ne fournit que quelques faibles pseudorrhizes adjuvantes.

Avant l'épanouissement, le capitule est débordé à son sommet par les folioles involucrales, qui lui font comme une petite couronne.

28. SOLIDAGO *L*.

1. S. Virga-aurea L.; Lorey, 482. — ♃. — Juill.-sept. — C C. — Taillis, friches.

Dans les vieux taillis, cette plante, comme beaucoup d'autres du reste, tombe pour ainsi dire en léthargie et borne sa végétation à quelques feuilles radicales ; mais, le bois coupé, elle s'élance durant quelques années en vigoureuses tiges florifères et décore les jeunes taillis de ses nombreuses panicules jaunes.

29. ERIGERON *L*.

Plante pérennante ; base des tiges souvent ascendante-radicante . . . . *E. acris*.
Plante bisannuelle ou annuelle ; base des tiges jamais ascendante-radicante. . . . . *E. Canadensis*.

Capitules peu nombreux, en corymbe terminal ; fleurons extérieurs violets . . . . *E. acris*.
Capitules très nombreux, disposés en panicule ; fleurons extérieurs jaunâtres . . . . *E. Canadensis*.

1. E. acris L.; Lorey, 481. — Pérennant. — Juin-sept. C. — Pelouses, rochers, moissons sablonneuses.

Varie à aigrettes rousses (*E. serotinus* Weih.). — R. — Flavigny (*Lombard !*) ; Montbard (*Leclerc*).

2. E. Canadensis L.; Lorey, 481. — ⊙ ou ⊙. — Juin-sept. — C C. — Cultures, taillis, décombres.

Originaire de l'Amérique du Nord.

30. ASTER *L.*

1. A. Amellus L.; Lorey, 479. — ♃. — Juill.-août. — R. — Bois de montagne. — Is-s-Tille, Messigny, Larrey-lez-Dijon (*Lorey*); Asnières-en-Montagne !, Larrey-lez-Poinçon !, Villedieu !, Pothières !, Diénay !, Chambolle !.

A l'aide de leur rhizome longuement et abondamment drageonnant, divers *Aster* exotiques s'échappent facilement des jardins où ils sont cultivés. En outre, comme leur végétation envahissante se rend bientôt très incommode, on arrache souvent des fragments de rhizome qui peuvent devenir l'origine de puissantes colonies, en s'enracinant soit aux lieux où on les a jetés, soit sur les berges où ils ont été entraînés par les eaux. Ainsi de l'*A. Novi-Belgii* L. à Brazey, Nuits, Quincey (*Lorey*, p. 479), Lamarche ! et Pontailler ! ; de l'*A. brumalis* Nees aux environs de Dijon ! *(Méline)*, et de l'*A. Salignus* Willd. à Montbard !.

31. LINOSYRIS *DC.*

1. L. vulgaris DC. — *Chrysocoma Linosyris* L.; Lorey, 478. — ♃. — Août-sept. — A. R. — Pelouses arides. — Gevrey !, Aloxe et tout le long de la Côte (*Lorey*); Velars ! (*Lombard*); Beaune (*G. G.*) ; Bligny-s-Ouche !, Chassagne !.

Rhizome à destruction rapide en sa partie postérieure et réduit ainsi à une courte souche subglobuleuse ; pseudorrhizes peu nombreuses, raides, fortement filiformes.

32. ARNICA *L.*

1. A. montana L.; Lorey, 477. — ♃. — Juin-juill. — R. — Prés et pelouses granitiques. — Saulieu !, St-Léger-de-Fourches (*Lorey*); Eschamps !, St-Germain-de-Modéon !.

33. DORONICUM *L.*

Souche cylindracée, simple ou rameuse, lentement progressive,
non drageonnante. . . . . *D. Austriacum.*
Souche subglobuleuse-épaissie, drageonnante ; drageons longs
de 10-15°, renflés au sommet . . . . . . *D. Pardalianches.*

Feuilles à très nombreuses anastomoses, les radicales non flétries à la floraison ; capitule central à peine dépassé par les
latéraux ; akènes striés-cannelés . . . . . *D. Austriacum.*
Feuilles à peu nombreuses anastomoses, les radicales flétries à
la floraison ; capitule central longuement dépassé par les la-
teraux ; akènes obscurément striés . . . *D. Pardalianches.*

1. D. Austriacum Jacq.; Lorey, 476. — ♃. — Juin-juill. — RR. — Bois, broussailles. — Saulieu, Laroche-en-Brenil (*Lorey*); St-Didier, St-Léger-de-Fourches ! (*Lombard*); Rouvray ! (*Berthiot, Lucand*).

2. D. Pardalianches L. — ♃. — Mai-juin. — RRR. — Bois près de la ferme au-dessous de la gare de Gevrey ! (*Bonnet*).

Les feuilles radicales du *D. Pardalianches* paraissent 15-25 jours plus tôt que celles du *D. Austriacum*, et elles ont les oreillettes contiguës-chevauchantes, le pétiole un peu élargi en son tiers inférieur, et non bordé. Chez le *D. Austriacum*, les oreillettes ne sont pas contiguës et le pétiole est très élargi en ses 2/3 inférieurs, où il porte une bordure foliacée. — Les akènes sont verts chez les deux espèces.

34. CINERARIA *L.*

1. C. lanceolata Lmk. — ♃. — Mai-juin. — RR. — Prairies aquatiques, lieux tourbeux. — Pothières!, Riel-les-Eaux!, Val-des-Choues!.

A fréquemment pour voisin d'habitat le *Senecio aquaticus*. La souche du *C. lanceolata* diffère par l'absence de tout renflement et par des pseudorrhizes plus abondantes et plus grêles, filiformes-capillaires.

35. LIGULARIA *Cass.*

1. L. Sibirica Cass. — *Cineraria Sibirica* L.; Lorey, 469. — ♃. — Juill.-août. — RR. — Lieux tourbeux. — Combe-Noire du Val-des-Choues ! (*Lorey*); prairies du Beuvron à Aignay-le-Duc !

Ressemble beaucoup au *Caltha palustris* par son court rhizome et par la forme de ses feuilles radicales, mais en diffère par les nombreux filaments pétiolaires qui couronnent sa souche, par ses pseudorrhizes noirâtres, moins robustes, et par ses feuilles velues et non glabres à la face inférieure.

36. SENECIO *L.*

1 Plantes ⊙, ⊙, ⊗ ou pérennantes 2
  Plantes ♃. 4
2 Racine plus forte que les pseudorrhizes nées de la base de la tige; plantes ⊙ ou ⊙. *S. vulgaris, S. viscosus, S. sylvaticus.*
  Racine égalée ou dépassée en force, ou même remplacée par les pseudorrhizes de la base des tiges; plantes ⊙, ⊗ ou pérennantes. 3
3 Souche non épaissie-subglobuleuse; plante pérennante avec un rhizome, ou bisannuelle avec une racine . . . *S. Jacobæa.*
  Souche plus ou moins renflée-subglobuleuse; plante ⊗ ou ⊙. . . . . *S. aquaticus.*
4 Une racine robuste, ligneuse, avec pseudorrhizes adjuvantes, ou bien racine se détruisant à la fin et remplacée pour la direction et le volume par l'une des pseudorrhizes les plus inférieures . . . . *S. adonidifolius.*
  Un rhizome; pseudorrhizes toutes peu robustes. 5
5 Rhizome à drageons robustes, très allongés, devenant libres dans l'année . . . . *S. crucæfolius.*
  Rhizome rameux, à ramifications peu allongées, ne devenant pas libres; point de drageons. 6

374   COMPOSÉES.

6 Rhizome à moelle volumineuse et lacuneuse; pseudorrhizes
 flasques à la dessiccation . . . . *S. paludosus.*
 Rhizome subligneux, non fistuleux; pseudorrhizes fermes à la
 dessiccation . . . . *S. nemorensis.*

1 Fleurons ligulés nuls ou courts, réfléchis-enroulés 2
 Fleurons ligulés étalés-rayonnants. 4
2 Fleurons ligulés nuls. . . . . *S. vulgaris.*
 Fleurons ligulés courts, réfléchis-enroulés 3
3 Plante glanduleuse; akènes glabres. . . . . . . *S. viscosus.*
 Plante non glanduleuse; akènes pubescents . . *S. sylvaticus.*
4 Feuilles dentées 5
 Feuilles toutes ou la plupart à divisions profondes. 6
5 Tige fistuleuse; feuilles étroitement lancéolées, à dents linéai-
 res-allongées; capitules hémisphériques. . . *S. paludosus.*
 Tige point ou très peu fistuleuse; feuilles largement lancéolées-
 oblongues, à dents courtes triangulaires; capitules cylindracés . . . . *S. nemorensis.*
6 Feuilles toutes 2-3 pinnatiséquées, à lobes linéaires-filiformes.
 . . . . *S. adonidifolius.*
 Feuilles la plupart pinnatipartites-lyrées, à lobes, au moins le
 terminal, non linéaires-filiformes 7
7 Pédoncules peu élargis au sommet; capitules ayant leur plus
 grand diamètre en la partie moyenne; réceptacle obconique,
 largement fistuleux, à surface un peu concave. *S. Jacobæa.*
 Pédoncules très élargis au sommet; capitules ayant leur plus
 grand diamètre en leur partie supérieure; réceptacle hémisphérique, à peine fistuleux, à surface plane-convexe . . .
 . . . . *S. aquaticus.*

1. S. vulgaris L.; Lorey, 475. — ☉ ou ⊙. — Mars-
oct. — CCC. — Jardins, cultures, friches.

Une tératologie très fréquente consiste dans le géantisme et la
stérilité des akènes qui deviennent aussi longs que l'involucre, et
rendent l'aigrette exserte sur toute sa longueur.

2. S. viscosus L.; Lorey, 472. — ☉ ou ⊙. — Juin-
sept. — C. — Décombres, rues, friches, taillis.

3. S. sylvaticus L.; Lorey, 473. — ⊙. — Juill.-août. — A. C. — Taillis. — Montbard !, Cîteaux !, Semur !, etc.

4. S adonidifolius Lois. — *S. artemisiæfolius* Pers.; Lorey, 470. — ♃. — Juill.-août. — A. C. — Friches granitiques. — Arnay-le-Duc !, Saulieu !, Laroche-en-Brenil ! (*Lorey*); Voudenay !, Eschamps !, St-Didier !, St-Germain-de-Modéon !, Vernon !, Frémoy !. — J'ai rencontré un unique et vigoureux échantillon sur les talus de la route forestière des bois de Cîteaux.

5. S. Jacobæa L.; Lorey, 471. — Bisannuel et pérennant. — Juin-août. — C. — Friches, cultures, prairies, taillis.

M. Grenier [1] rattache le *S. Jacobæa* G. G. de la *Flore de France* au *S. nemorosus* Jord., non au *S Jacobæa* L., et il se fonde sur ce que la plante de la *Flore de France* est bisannuelle et que l'espèce Linnéenne est vivace. Mais le *S. Jacobæa* L. est très capricieux dans sa durée. Quoiqu'ordinairement bisannuel, il a pourtant assez souvent des bourgeons de remplacement et devient alors pérennant, ce que j'ai vérifié même sur des *S. nemorosus* Jord. que je tenais de l'obligeance de M. Grenier. On doit donc comprendre le *S. nemorosus* Jord. dans le *S. Jacobæa* L., mais en ayant soin d'indiquer les variations que cette espèce présente en sa durée. Le savant auteur de la *Flore Jurassique* objecte encore que le *S. Jacobæa* L. doit avoir ses tiges aggrégées ; or, ce caractère n'a pas plus de fixité, ni de généralité, que celui qui est tiré de la durée, et il ne se révèle que pour les individus très vigoureux. Peuvent aussi devenir pluricaules les sujets qui ont eu à souffrir une amputation caulinaire avant floraison. Cette amputation provoque ordinairement à la base de la tige l'émission de rosettes de remplacement qui, au printemps suivant, fournissent plusieurs tiges florifères. Pour les souches qui, après floraison, deviennent pérennantes, elles émettent ordinairement aussi plusieurs bourgeons de remplacement ; mais le plus souvent ces bourgeons sont rendus

1. *Fl. Jurass.*, p. 410.

libres par la destruction de la souche mère, et alors, quoique très rapprochés les uns des autres et paraissant appartenir par aggrégation au même individu, ils constituent en réalité autant de sujets distincts et par conséquent unicaules.

6. S. aquaticus Huds.

Var. α. *aquaticus* (S. *aquaticus* Lorey, 471). — Tige compressible, ordinairement peu rameuse ; feuilles d'un vert gai, les radicales souvent simples ; panicule à rameaux dressés-étalés ; capitules plus gros que dans la variété *erraticus*. — ∞ ou ⊙. — Mai-juin. — A. C. — Prairies marécageuses, cultures humides.

Var. β. *erraticus* (S. *erraticus* Bert.). — Tige incompressible, ordinairement très rameuse; feuilles d'un vert sombre, les radicales souvent lyrées-pinnatipartites ; panicule à rameaux allongés, étalés-divariqués. — ⊙. — Juill.-août. — A. R. — Lieux argileux, talus des fossés. — Vielverge !, Seurre !, Jeux !, etc.

Dans les cultures, la variété *aquaticus* est vigoureuse, souvent rameuse dès la base de la tige, et il lui suffit de deux ans pour accomplir son évolution. Aussi la racine persiste-t-elle, bien que dépassée par les pseudorrhizes adjuvantes de la souche. Les sujets des prairies marécageuses sont au contraire plurannuels, perdent leur racine et ont leur souche tronquée en court rhizome subglobuleux.

Les deux variétés se reproduisent de semis avec leurs principaux caractères ; quelques individus cependant sont d'une détermination douteuse et leur servent de trait d'union.

7. S. paludosus L. ; Lorey, 473. — ♃. — Juin-juill. — A. R. — Bords des eaux, bois marécageux. — Limpré, Saulon-la-Rue ! (*Lorey*); Magny-s-Tille (*Maillard*); Pothières !, Vonges !, Lamarche !, St-Jean-de-Losne !, Satenay !.

8. S. nemorensis L.; Lorey, 474. — ♃. — Juill.-août. — Bois couverts. — Arcelot, Saulieu (*Lorey*); Flavigny !, Menessaire !, Ste-Isabelle !, St-Andeux !, Rouvray !, Champ-d'Oiseau !.

Feuilles glabres ou pubescentes, lancéolées-acuminées ou ovales-aiguës, sessiles ou munies d'un pétiole de 6-12 millim. de longueur.

Le rhizome est ligneux, court; ses ramifications ne dépassent pas 10-15 centim. même dans les sols légers et meubles, et restent toujours reliées à la souche mère. Il en est tout autrement du *S. Saracenicus* L., plante étrangère à la Côte-d'Or, dont la souche courte, tronquée, émet une quantité de drageons pouvant acquérir jusqu'à 80 centim. de longueur, et devenant libres dès la première année.

Ce qui m'a été communiqué de la Côte-d'Or sous le nom de *S. Cacaliaster* Lmk n'était que du *S. nemorensis* à feuilles sessiles.

37. EUPATORIUM *Tourn.*

1. E. cannabinum L.; Lorey, 467. — ♃. — Juill.-oct. — CC. — Bords des eaux, lieux marécageux.

38. TUSSILAGO *L.*

1. T. Farfara L.; Lorey, 467. — ♃. — Mars-avril. — Bords des chemins, terres argileuses, lieux humides et ombragés.

Les drageons du rhizome se couronnent en avril d'une rosette de feuilles radicales destinées à se détruire en hiver. Au premier printemps, ces axes émettent de leur sommet, dès lors aphylle, une ou plusieurs hampes florifères qui périssent après floraison; tandis que de nouveaux axes souterrains, nés aux nœuds mérithalliens du rhizome, s'épanouiront en rosette foliifère, pour répéter l'évolution qui vient d'être décrite. — Capitules rarement fructifères.

39. PETASITES *Tourn.*

1. P. vulgaris Desf. — *Tussilago Petasites* L.; Lorey, 468. — ♃. — Mars-avril. — R. — Bords des eaux, lieux ombragés et humides. — Le long de l'Ouche (*Lorey*); Saulieu (*Lombard*); Nolay (*Gillot*) ; St-Marc!, Moloy!, Liernais!, St-Andeux!, Toutry!.

Rhizome longuement rameux-drageonnant, comme chez le *Tussilago Farfara*, mais beaucoup plus robuste en toutes ses parties. Les ramifications mettent plusieurs années à devenir libres ; elles naissent sur toute l'étendue du rhizome chez le *T. Farfara*, mais seulement au voisinage des rosettes foliifères chez le *P. vulgaris*.

Les petites feuilles du *Petasites vulgaris* ont à peu près les dimensions des grandes du *Tussilago Farfara*. Mais chez le *P. vulgaris*, le pétiole est fétide, arrondi-anguleux, fistuleux avec face supérieure munie d'une rainure ailée ; le limbe de la feuille offre de nombreuses et fines anastomoses et l'échancrure de la base est semi-orbiculaire, bordée d'une épaisse nervure. Chez le *Tussilago Farfara*, le pétiole est d'une odeur poivrée-piquante, arrondi non anguleux, plein avec face supérieure plane ; les anastomoses des feuilles sont peu nombreuses, et l'échancrure de la base est triangulaire polygonale, non bordée par une forte nervure.

SOUS-FAMILLE II. — LIGULIFLORES. — CHICORACÉES.

40. LAPSANA *L.*

1. L. communis L.; Lorey, 545. — ☉ ou ⊙. — Juin-sept. — CC. — Cultures, taillis.

41. ARNOSERIS *Gærtn.*

1. A minima Koch. — *Lapsana minima* Lmk; Lorey, 545. — ⊙. — Juin-août. — Moissons et friches siliceuses ou granitiques. — Auxonne, Saulieu!, Laroche-en-Brenil (*Lorey*); Seurre (*Duret*); Vielverge!, Voudenay!, Arnay-le-Duc!, Le-Maupas!, Liernais!, Semur!, St-Andeux!, Courcelles-Frémoy!.

42. CICHORIUM *L.*

1. C. Intybus L.; Lorey, 571. — ☉. — Juill.-sept. — CC. — Bords des chemins, pâtis.

J'ai trouvé des individus pérennants dans les sentiers des vignes de Poinçon.

43. HYPOCHOERIS *L.*

Plante annuelle; racine grêle; point de pseudorrhizes. . . .
. . . . *H. glabra.*
Plante vivace ou au moins pérennante; racine et pseudorrhizes robustes, cylindracées, souvent épaissies; pseudorrhizes finissant ordinairement par remplacer la racine. . . . . .
. . . . *H. radicata.*

Feuilles glabres ou glabrescentes; fleurons à peu près égaux à l'involucre.. . . . . *H. glabra.*
Feuilles velues-hérissées; fleurons plus longs que l'involucre.
. . . . *H. radicata.*

1. H. glabra L.; Lorey, 563. — ☉. — Juill.-sept. — A. R. — Taillis, moissons sablonneuses. — St-Remy!, St-Romain!, Arnay-le-Duc!, etc.

2. H. radicata L.; Lorey, 563. — ♃. — Mai-sept. — C. — Prés humides, taillis, cultures argileuses.

Quelquefois en automne, il naît à l'aisselle de l'une des écailles inférieures caulinaires une rosette foliacée reposant sur un large empâtement. Lors de la destruction de la tige, cette rosette tombe sur le sol où elle devient radicante, comme il arrive à certaines Crucifères (*Nasturtium amphibium*, *N. sylvestre*) et Caryophyllées (*Silene nutans*).

L'*H. maculata* L., que Lorey (p. 562) dit commun sur les pelouses et dans les taillis de montagne, n'a jamais pu être retrouvé dans le département.

44. THRINCIA *Roth.*

1. T. hirta Roth ; Lorey, 565. — ♃. — Juill.-août. — A. C. — Taillis, pelouses, prairies et moissons humides. — St-Remy!, Villedieu!, Etrochey!, Pothières!, Fontaine-Française!, Marcilly-s-Tille!, Vielverge!, Cîteaux!, Longvay!, Tailly!, Merceuil!, Arnay-le-Duc!, Saulieu!, Thostes!, Jeux!, etc.

Débute par une racine accostée de pseudorrhizes adjuvantes et constitue alors la variété *arenaria* des auteurs. Mais cette racine se détruit à la 3⁰ ou 4⁰ année, et la plante prend un rhizome court subcespiteux, forme définitive de son système souterrain.

Feuilles glabrescentes ou velues, planes ou ondulées, entières ou dentées-sinuées ou pinnatifides. — Partie supérieure de la hampe recourbée-réfractée avant l'épanouissement du capitule.

45. LEONTODON *L.*

Rhizome brièvement rameux, à ramifications finissant par devenir libres ; point d'enveloppe dense formée au rhizome par les bases pétiolaires ; pseudorrhizes roussâtres. . . . . *L. hispidus.*
Rhizome simple, enveloppé d'une couche dense de bases pétiolaires noires et desséchées ; pseudorrhizes blanches. . . . . *L. autumnalis.*

Pédoncules monocéphales, à peine élargis au sommet, arqués-réfractés en leur moitié supérieure avant floraison, redressés après; aigrette à soies sur 2 rangs. . . . . . *L. hispidus.*
Pédoncules portant plus d'un capitule, très élargis à leur sommet, dressés-ascendants dès avant floraison ; aigrette à soies sur un seul rang. . . . . *L. autumnalis.*

1. L. hispidus L.; Lorey, 566. — ♃. — Juin-sept. — C. — Prairies, chemins, friches.

Grandes diversités dans la forme et la vestiture des feuilles. —

La variété tout à fait glabre (*L. hastilis* L.; Lorey, 556) est rare. — Les sujets de la Coquille-d'Étalante sont velus ou glabres, et ont en outre leurs feuilles ondulées.

Lors de la floraison, les feuilles radicales appartiennent presque toutes à la rosette de remplacement, car la plupart de celles de la rosette florifère sont déjà desséchées ou en voie de destruction.

2. L. autumnalis L.; Lorey, 567. — ♃. — Juill.-oct. — C. — Prairies, friches argileuses, chemins.

46. PICRIS *Juss.*

1. P. hieracioides L.; Lorey, 554. — Pérennant et parfois bisannuel. — Juill.-sept. — C. — Bois, friches, cultures, moissons.

Feuilles planes ou ondulées; tige tantôt rameuse sur toute sa hauteur, à rameaux étalés en ample panicule, tantôt rameuse seulement en sa partie supérieure, avec inflorescence corymbiforme. — Souvent la racine se détruit et la plante passe au rhizome.

47. HELMINTHIA *Juss.*

1. H. echioides Gærtn.; Lorey, 553. — ☉. — Juill.-oct. — R R. — Prairies artificielles, lieux incultes. — Dijon ! (*Lorey, Méline*); Varois (*Lombard*); St-Apollinaire (*Weber*).

48. TRAGOPODON *L.*

Pédoncules obscurément renflés au sommet; akènes égalant ou dépassant le bec . . . . *T. pratensis.*
Pédoncules fortement renflés au sommet; akènes ordinairement d'un tiers moins longs que le bec. . . ! . *T. major.*

1. T. pratensis L.; Lorey, 564. — ☉. — Mai-juill. — C C. — Prés, bois.

Au début de la floraison, les fleurons égalent ordinairement l'involucre, mais ils le dépassent plus tard par suite de l'accrescence du fleuron et de l'akène. Cependant il y a des capitules où, dès l'épanouissement, l'involucre est plus court (*T. Orientalis* L.) que les fleurons. Enfin on trouve tous les intermédiaires, jusque dans le même capitule, entre les akènes scabres égalant le bec (*T. pratensis*), et les akènes écailleux plus longs que le bec (*T. Orientalis*).

Les feuilles ondulées, longuement prolongées en acumen recourbé-tortile, se rencontrent fréquemment aux lieux argileux, dans les carrières à ciment ou dans les terres propres à la fabrication de la tuile, comme à Venarey!, Lugny!, etc. On récolte encore en ces stations des individus nains, dont la tige est réduite à une hampe monocéphale de 12-15 centim. de hauteur.

Non seulement les akènes intérieurs, mais aussi les extérieurs, peuvent être lisses et stériles dans certains capitules.

2. T. major Jacq.; Lorey, 564. —⊙. — Juin-juill. — A. C. — Pelouses, bois et bords des chemins de la Côte. — Baulme-la-Roche!, Remilly!, Gevrey!, Pommard!, Beaune!, St-Romain!.

49. SCORZONERA *L.*

Souche couronnée de filaments pétiolaires fauves, très nombreux et agglomérés; racine simple ou peu rameuse, pivotante, très robuste. . . . . *AusS. triaca.*
Souche couronnée d'écailles noirâtres; racine simple, fortement cylindracée, longuement (6-10 décim.) pivotante. . .
. . . . *S. plantaginea.*

Feuilles caulinaires squammiformes; capitule unique; folioles involucrales externes ovales . . . . *S. Austriaca.*
Feuilles caulinaires petites, mais non squammiformes; ordinairement plus d'un capitule; folioles involucrales externes lancéolées-acuminées . . . . *S. plantaginea.*

1. S. Austriaca Willd. — *S. humilis* DC.; Lorey, 569. — ♃. — Mai-juin. — RR. — Rochers, pelouses arides de la Côte. — Gevrey!, Couchey (*Lorey*).

2. S. plantaginea Gaud.; Lorey, 568. — ♃. — Mai-juill. — A.C. — Prairies tourbeuses. — Limpré, Vignolles, Saulieu! (*Lorey*); Lucenay!, Griselles!, Pothières!, Riel-les-Eaux!, Montigny-s-Aube!, Leuglay!, Luçay!, Avot!, Moloy!, Val-Suzon!, Pontailler!, Laroche-en-Brenil!, Rouvray!, etc.

50. PODOSPERMUM *DC*.

1. P. laciniatum DC.; Lorey, 568. — ⊙. — Juin-août. — A. R. — Friches, bords des chemins. — Dijon! (*Lorey*); Étrochey!, Poinçon!, Blaisy-Bas!, Gevrey!, Pommard!, Beaune!, chaumes d'Auvenet!, St-Romain!, Vauchignon!, Larochepot!.

Plante lisse ou scabre; feuilles entières, ou plus souvent pinnatipartites, à segments linéaires-filiformes, parfois oblongs, surtout le terminal.

51. TARAXACUM *Juss*.

1. T. Dens-leonis Desf. — ♃.

Var. α. *officinale* (*T. officinale* Wigg. — *T. Dens-leonis* Lorey, p. 550). — Feuilles plus ou moins roncinées, à lobes triangulaires-ovales, entiers ou dentés; folioles involucrales linéaires-oblongues, non calleuses au sommet, les externes réfléchies. — Avril-juill. — CCC. — Prairies, cultures.

Var. β. *lævigatum* (*T. lævigatum* DC.; Lorey, 551 et *T. obovatum* Lorey, 552). — Plante glabre ou pubescente-aranéeuse; feuilles ordinairement roncinées-pinnatipartites, à lobes dentés ou incisés-pinnatifides, lancéolés ou linéaires; folioles involucrales linéaires-lancéolées, fréquemment glaucescentes, à sommet calleux souvent bidenté, les externes étalées ou à peine réfléchies; akènes ordinairement d'un rouge brique (*T. erythrospermum* Andrz.) qui persiste même chez les sujets cultivés. — Avril-juill. — CC. — Bois, chemins, rochers, pelouses arides. — Des individus ont la nervure médiane des feuilles rouge-foncé, même aux stations ombragées

(*T. rubrinerve* Jord.). — Certaines feuilles de *T. lævigatum* sont parfois bipinnatipartites par exagération des découpures du limbe.

Var. γ. *palustre* (*T. palustre* DC.; Lorey, 551). — Feuilles ordinairement entières ou dentées; folioles involucrales ovales-lancéolées, non calleuses au sommet, les externes dressées-apprimées ou subétalées. — Mai-juin. — C. — Prairies aquatiques.

Les caractères des variétés *palustre* et *lævigatum* se sont maintenus après plusieurs années de culture. Les lobes des feuilles étaient seulement un peu moins étroits chez le *T. lævigatum*. Pour le *T. palustre*, il y avait dimorphisme entre les feuilles vernales et les estivales, ces dernières étant entières, mais les autres assez fortement sinuées-dentées.

Les hampes du *T. Dens-leonis* sont étalées-sigmoïdes avant floraison, dressées et droites pendant, étalées après, puis enfin dressées et droites à la fructification. Lors de leur étalement sur le sol après floraison, le sommet subit une courbure ascendante qui maintient le capitule dans une position verticale. — Après floraison, la hampe semble latérale, parce qu'elle est déjetée par les rosettes de remplacement; mais elle est bien réellement terminale et tous les bourgeons florifères sont définis. Le plus souvent la hampe centrale est accostée de hampes latérales un peu moins longues et moins précoces.

Les rosettes radicales de *T. Dens-leonis* se distinguent de suite de celles des *Crepis virens* et *Barkhausia taraxacifolia* par leur racine vivace, plus allongée, plus robuste, et beaucoup moins rameuse. — Les sinus des lobes des feuilles sont souvent maculés de brun ; ils le sont rarement chez le *Crepis virens* et toujours chez le *Barkhausia taraxacifolia*.

52. CHONDRILLA *L.*

1. **C. juncea** L.; Lorey, 543. — ♃. — Juin-août. — A. R. — Pelouses, bords des chemins, moissons sablonneuses. — Velars !, Pontailler !, Vielverge !, Nuits !, Beaune !, Vauchignon !, Précy-s-Thil !.

Après floraison, les rosettes de remplacement ne sont encore que rudimentaires, d'où la plante est presque toujours notée dans les flores comme bisannuelle, quoiqu'éminemment vivace. — Il y a chez les *C. juncea* et *Taraxacum Dens-leonis* beaucoup de ressemblance dans la forme des feuilles des rosettes radicales; mais la nervure médiane des feuilles du *C. juncea* est pleine avec face inférieure presque plane, au lieu d'être fistuleuse avec face inférieure très convexe. D'ailleurs la racine du *C. juncea* est cylindracée, pivotante-sinueuse, soumise à de profondes exfoliations et sillonnée de destructions partielles; tandis que celle du *T. Dens-leonis* est charnue-cylindracée, pivotante, non sinueuse, sans destructions partielles et enfin n'offre que de superficielles exfoliations.

53. PHÆNOPUS *DC*.

1. P. muralis Coss. et Germ. — *Chondrilla muralis* Lmk; Lorey, 542. — Juin-sept. — C. — Murs, rochers, bois de montagne.

M. Morelet a récolté le *Prenanthes purpurea* L. à la Pierre-qui-Vire (Yonne) près Rouvray.

54. LACTUCA *L*.

1 Plante ♃ . . . . *L. perennis.*
Plantes ☉ ou ∞ 2
2 Plante ∞; souche couronnée par les bases des anciens pétioles; racine très longuement pivotante, simple ou 2-3 furquée, à radicelles peu nombreuses, sillonnée ou même fenestrée par des destructions longitudinales. . . . *L. viminea.*
Plante ☉; souche sans couronne de bases pétiolaires; racine brièvement pivotante, munie de nombreuses radicelles. . .
. . . . *L. Scariola, L. saligna.*

1 Fleurs bleues . . . . *L. perennis.*
Fleurs jaunes. 2
2 Feuilles décurrentes, à limbe non dévié. . . . . *L. viminea.*
Feuilles non décurrentes, à limbe ordinairement dévié. . . . 3
3 Feuilles caulinaires obovales ou oblongues, la plupart roncinées, à lobes spinulescents. . . . . *L. Scariola.*

Feuilles caulinaires la plupart linéaires-acuminées, entières, à bords lisses. . . . . *L. saligna.*

1. L. perennis L.; Lorey, 542. — ♃. — Juin-juill. — C. — Moissons, vignes, coteaux incultes, rochers.

Racine charnue, volumineuse, longuement pivotante, atteinte de nombreuses exfoliations corticales et de destructions partielles.

2. L. Scariola L. — ⊙. — Juill.-août.

Var. α. *Scariola* (*L. Scariola* L.; Lorey. 540). — Akènes grisâtres, velus-hérissés au sommet. — C. — Taillis, décombres, cultures.

Var. β. *virosa* (*L. virosa* L.; Lorey, 541). — Akènes pourpre-noir, glabres. — A. R. — Taillis. — St-Remy!, Cîteaux!, etc.

Nervure médiane des feuilles très rarement inerme à la face inférieure.

Les feuilles caulinaires du *L. saligna* et celles des *L. Scariola* et *virosa* subissent en leur moitié inférieure une version d'un quart de cercle qui rend le reste du limbe vertical, et fait que les faces supérieure et inférieure regardent de côté, mais indifféremment à droite ou à gauche. Très prononcée dans les feuilles caulinaires inférieures, cette version s'affaiblit à mesure qu'on s'élève sur la tige, et elle devient même nulle chez les feuilles supérieures. Elle est en outre beaucoup moins accentuée pour les feuilles raméales que pour les caulinaires.

Les folioles bractéales et involucrales des *Lactuca perennis, saligna, Scariola* et *viminea* se parsèment subitement de gouttelettes de latex au plus léger contact et même, en dehors de tout contact, à la moindre traction opérée sur l'une d'elles. Cette efflorescence ses fait jour grâce à l'extrême délicatesse de l'épiderme; elle se montre surtout abondante à l'approche de l'anthèse, puis elle diminue à mesure des progrès de la fructification. Comme elle est en rapport avec la turgescence de la plante, elle cesse peu après qu'un échantillon a été cueilli. On la constate aussi chez le *Lactuca sativa* L., le *L. stricta* W. K., le *Mulgedium Floridanum*, etc., mais non chez des espèces voisines, comme le *Chondrilla juncea*, les *Sonchu asper, oleraceus, arvensis*, etc.

3. L. saligna L.; Lorey, 541. — ⊙. — Juill.-sept. — A. C. — Taillis, décombres, bords des chemins.

La face inférieure de la nervure médiane des feuilles est quelquefois spinulescente.

4. L. viminea Link. — *Prenanthes viminea* L.; Lorey, 544. — ♂. — Juill.-août. — A. R. — Taillis, éboulis et rochers de la Côte. — Plombières (*Lorey*); Beaune (*G. G.*); Velars!, Nuits!, St-Romain!, Vauchignon!, Santenay!.

La plante de la Côte-d'Or, avec ses fleurons jaunes aux deux faces, est généralement rapportée à la variété *chondrillæflora* (*L. chondrillæflora* Bor.). On peut, du reste, trouver sur le même individu des akènes une fois plus longs que le bec (*L. chondrillæflora*), et des fleurons à partie saillante n'égalant que moitié de la longueur de l'involucre (*L. viminea*). Parfois même les becs sont nuls et l'aigrette presque sessile. — Le *L. chondrillæflora*, avec ses fleurons plus allongés et ses becs plus courts que ceux du *L. viminea*, est à celui-ci ce que le *Tragopogon Orientalis* est au *T. pratensis*.

55. SONCHUS *L.*

Plante ♃ ; racine munie de nombreux bourgeons adventifs .
. . . . *S. arvensis.*
Plantes ⊙ ; racine dépourvue de bourgeons adventifs . . . .
. . . . *S. oleraceus, S. asper.*

1 Pédoncules et involucres très glanduleux. . . . *S. arvensis.*
Pédoncules et involucres glabres, ou munis seulement de quelques poils glanduleux 2
2 Tiges très anguleuses; feuilles à oreillettes acuminées et étalées ; akènes à côtes striées transversalement. *S. oleraceus.*
Tiges faiblement anguleuses; feuilles à oreillettes arrondies et plus ou moins contournées-réfractées ; akènes à côtes lisses.
. . . . *S. asper.*

1. S. oleraceus L.; Lorey, 539. — ⊙. — Juin-oct. — CC. — Cultures, jardins.

2. S. asper L. — *S. oleraceus* L., var. β.; Lorey, 539. — ⊙. — Juin-oct. — C C. — Cultures, jardins.

La forme et les dimensions des feuilles sont extrèmement variables chez les *S. asper* et *oleraceus*. — L'ombelle centrale-terminale des *S. asper* vigoureux est très longuement dépassée par les rameaux nés de la base de cette ombelle.

3. S. arvensis L.; Lorey, 538. — ♃. — Juill.-sept. — C C. — Moissons et cultures argileuses.

Le S. *palustris* L. que Lorey (p. 538) donne pour commun à Saulon et à Arcelot n'y a plus été rencontré. Il ne s'agissait très vraisemblablement que de la forme robuste et aquatique du S. *arvensis*.

56. BARKHAUSIA *Mœnch*.

1 Involucre hérissé de longues soies . . . . ⸓ B. *setosa*.
  Involucre dépourvu de soies 2
2 Plante fétide; pédoncules courbés avant l'épanouissement; akènes extérieurs munis d'un bec court. . . . . . *B. fœtida*.
  Plante non fétide; pédoncules dressés avant l'épanouissement; akènes tous munis d'un long bec. . . . . *B. taraxacifolia*.

1. B. fœtida DC.; Lorey, 546. — ⊙ ou ⊙. — Juin-août. — C. — Moissons sablonneuses, friches, bords des chemins.

2. B. taraxacifolia DC.; Lorey, 547. — ⊙. — Mai-juin. — C. — Prairies, cultures, moissons.

Une forme grêle croît dans les moissons à Orgeux!, Arcelot!, Arnay-le-Duc!, etc. — Certains individus ont les feuilles comme bi-pinnatilobées par les découpures profondes des lobes principaux.

Quand, en hiver ou au printemps, on arrache une rosette de B. *taraxacifolia*, les feuilles se réfractent aussitôt, à tel point que les extérieures viennent toucher la racine, ce qui rend la rosette fortement convexe. Cette réfraction est due à un défaut d'équilibre entre les deux faces. Dès que la face inférieure, qui est la moins forte, lne rencontre plus l'appui du sol, elle s'infléchit sous la pression de a face supérieure. Le mouvement ne résulte pas d'une plus grande évaporation de la face inférieure après l'arrachage : car, en cas d'arrachage incomplet, il se produit dès que la souche est dégarnie de terre; puis on le constate jusque sur des rosettes qu'on a de suite eu soin d'immerger. Une pareille réfraction, moins prononcée il est vrai, se remarque aussi chez l'*Hypochœris radicata;* mais elle n'existe ni pour le *Taraxacum Dens-leonis*, ni pour les *Crepis virens, biennis,* etc.

† **B. setosa** DC. — ⊙ ou ⊙. — Juin-août. — R R. — Moissons. — St-Andeux!; Dijon (*Lombard, Viallanes, Méline!*); Genlis (*Wéber*).

57. CREPIS *L.*

1 Plante ♃, à rhizome vertical, court; tige aphylle. *C. præmorsa.*
Plantes ⊙ ou parfois ⊙, à racine pivotante-rameuse ; tige feuillée. 2
2 Plante glanduleuse inférieurement : involucre glabre . . . .
. . . . *C. pulchra.*
Plante non glanduleuse ; involucre pubescent. 3
3 Akènes à sommet atténué et scabre . . . . . . *C. tectorum.*
Akènes lisses, à sommet obscurément atténué. 4
4 Racine robuste, brusquement atténuée ou même tronquée ; folioles involucrales pubescentes à la face interne, les extérieures lancéolées, étalées . . . . *C. biennis.*
Racine grêle, pivotante ; folioles involucrales glabres à la face interne; les extérieures linéaires, dressées . . . *C. virens.*

1. C. pulchra L. — *Prenanthes pulchra* DC.; Lorey, 544. — Juin-juill. — C. — Cultures, moissons, bords des chemins.

2. C. tectorum L.; Lorey, 548. — ⊙. — Juin-juill. — R. — Moissons, friches. — Lamarche!, Vielverge!.

3. C. virens Vill. — ⊙ ou ⊙. — Juin-oct. — Moissons, cultures, friches, bords des chemins.

Var. α. *stricta* (*C. stricta* DC.; Lorey, 548). — Tige simple inférieurement, assez grêle, ou robuste cannelée (*C. agrestis* W. K.); feuilles caulinaires grandes ou petites, pinnatipartites-sinuées, dentées ou parfois entières.

Var. β. *diffusa* (*C. diffusa* DC.; Lorey, 549). — Souche pluricaule; à tiges étalées-dressées et souvent très grêles-filiformes; feuilles caulinaires ordinairement entières et petites; panicule très ample.

Malgré l'opinion contraire de Koch (*Syn.*, 3º édit., 377), le *C. diffusa* n'est pas un *C. stricta* dont la tige centrale a été accidentellement détruite; car il possède un axe central court, et conserve son port même au sein d'herbes épaisses, conditions cependant qui devraient contrarier, sinon empêcher, la ramification inférieure. Les deux termes extrêmes du *C. virens* se rejoignent à l'aide de nombreuses formes intermédiaires.

4. C. biennis L.; Lorey, 547. — ☉. — Mai-juin. — C. — Prairies, moissons.

Le *C. scabra* de Lorey (p. 549) n'est qu'une forme mineure du *C. biennis*, propre aux sols arides.

Le *C. biennis* a tout à fait le port du *Barkhausia taraxacifolia*; il en diffère par sa racine fétide-vireuse, brusquement atténuée et même tronquée, non pivotante, par sa rosette ne se réfractant pas à l'arrachage, par les sinus des feuilles radicales beaucoup moins profonds et rarement maculés de brun, par ses folioles involucrales externes aussi larges, non plus étroites que les internes, et enfin par ses akènes dépourvus de bec.

5. C. præmorsa Tausch. — *Hieracium præmorsum* L.; Lorey, 555. — ♃. — Mai-juin. — R R. — Taillis. — Leuglay, Lugny (*Lorey*); Tarsul (*Magdelaine!*). — Bois de Dancevoir (Haute-Marne)!, à un kilomètre de la Côte-d'Or.

La culture donne à cette plante une grappe paniculée de 35ᶜ de longueur.

58. HIERACIUM *Tourn.*

1 Plantes ordinairement pourvues de stolons; tige aphylle. . . 2
  Plantes dépourvues de stolons; tige feuillée. 3

2 Feuilles plus ou moins tomenteuses à la face inférieure ; capitule unique. . . . . H. *Pilosella.*
Feuilles non tomenteuses à la face inférieure ; ordinairement plus d'un capitule. . . . . H. *Auricula.*
3 Feuilles lancéolées-linéaires, entières, longuement atténuées en pétiole ; capitules petits, en corymbe court et dense. . . . . H. *præaltum.*
Feuilles ovales-oblongues, lancéolées ou parfois linéaires, dentées, sinuées ou pinnatifides, très rarement entières, point ou très peu atténuées en pétiole ; capitules assez gros, en panicule ou en corymbe lâche. 4
4 Tige grêle de 10-20 centim. de hauteur ; feuilles glanduleuses sur le vif ; inflorescence réduite à 2-3 capitules. . . . . H. *Jacquini.*
Tige assez robuste de 30-80 centim. de hauteur ; feuilles jamais glanduleuses ; inflorescence très rarement réduite à 2-3 capitules 5
5 Feuilles radicales la plupart plus grandes que les caulinaires, paraissant dès l'automne et persistant à la floraison, les caulinaires inférieures à pétiole très distinct et non bordé ; capitules non déprimés au sommet ; folioles involucrales ne débordant jamais le capitule en bouton . . . H. *murorum.*
Feuilles radicales réduites à des écailles, les caulinaires inférieures atténuées en un pétiole bordé ; capitules déprimés au sommet ; folioles involucrales externes débordant ordinairement le capitule en bouton 6
6 Feuilles ovales-oblongues ou oblongues-lancéolées ; folioles involucrales toutes dressées. . . . . H. *lævigatum.*
Feuilles lancéolées ou linéaires ; folioles involucrales externes à sommet ordinairement recourbé en dehors . . . . H. *umbellatum.*

1 H. Pilosella L.; Lorey, 536. — ♃. — Mai-sept. — Pelouses, friches, prés secs, bords des chemins.

Var. α. *Pilosella.* — Feuilles plus ou moins tomenteuses à la face inférieure ; involucre pubescent-subtomenteux. — CC.
Var. β. *Peleterianum* (H. *Peleterianum* Mérat). — Beaucoup plus

robuste que la variété α.; feuilles blanches tomenteuses en dessous, longuement velues soyeuses à la face supérieure, ainsi que l'involucre. — R. — Pelouses arides en face de la gare de Velars !.

Ces deux variétés extrêmes se relient par de nombreux intermédiaires, qui ont les poils des feuilles et de l'involucre moins abondants et moins longs que chez l'*H. Peleterianum*.

Aux lieux arides, la souche de l'*H. Pilosella*, surtout chez la variété *Peleterianum,* n'a pas de stolons, mais des bourgeons de remplacement très courts et sessiles. Sous l'influence de la culture, on voit ces bourgeons s'allonger et devenir plus ou moins stoloniformes-radicants. De tels individus sont pour l'*H. Pilosella* ce que l'*Ajuga pyramidalis* est pour l'*A. reptans*. — Les souches non stolonifères, s'accroissant chaque année d'un article nouveau finissent par constituer un rhizome oblique et assez long ; mais les sujets stolonifères n'ont au contraire qu'une souche très courte, puisque chaque année les stolons entraînent à une grande distance le bourgeon de remplacement ou centre de végétation, et que tout groupement d'articles se trouve empêché par la destruction des parties postérieures des stolons.

Par les grandes sécheresses, les feuilles se recourbent longitudinalement sur la face supérieure qui est presque nue et partant plus accessible à l'évaporation et à la contraction. La face inférieure est alors seule en évidence et donne à toute la plante un aspect blanchâtre-tomenteux.

2. H. Auricula L.; Lorey, 557. — ♃. — Mai-sept. — C. — Prairies et pelouses argileuses et humides.

La tige prend 2-4 feuilles chez les sujets cultivés en terre fraîche et ombragée. — Parfois la tige n'est que monocéphale, mais elle porte alors au-dessous du capitule 2-3 bractées, tantôt complètement stériles, tantôt aisselant un capitule rudimentaire.

Au printemps, chaque rosette fournit une hampe centrale avec quelques latérales et de plus des stolons feuillés, puis elle perd ses feuilles et s'atrophie. Les stolons sont moins grêles et beaucoup moins rameux que chez l'*H. Pilo ella*, et pendant l'été ils forment de nouvelles rosettes, elles-mêmes déjà stolonifères. Il y a donc par an deux générations bien distinctes de stolons, les uns issus d'une rosette mère, les autres nés des rosettes fournies par les premiers stolons. L'année suivante, chaque rosette se constitue en nouvelle souche mère; mais parfois, aux sols fertiles et humides, les stolons peuvent être florifères dès la première année, ce qui arrive beaucoup plus rarement à ceux de l'*H. Pilosella*.

3. H. præaltum Vill. — *H. cymosum* Lorey, 558 et 1064; non L. — ♃. — Juill.-août. — RR. — Coteaux incultes. — Savigny, Saulieu, Semur, Meursault et ailleurs (*Lorey*); coteau dominant le canal entre Dijon et Plombières! (*Méline*); St-Romain!, Auxey!.

4. H. murorum L. — ♃. — Mai-sept. — CC. — Vieux murs, rochers, coteaux incultes, bois.

Var. α. *murorum* (*H murorum* Lorey, 560). — Feuilles caulinaires 1-3, rarement bractéiformes.

Var. β. *sylvaticum* (*H. sylvaticum* Lmk; Lorey, 560). — Feuilles caulinaires 3-10; tige parfois ramifiée dès la base et formant une très ample panicule feuillée. — Les feuilles radicales sont moins nombreuses et persistent moins de temps que dans la variété α., mais par compensation l'*H. sylvaticum* possède un plus grand nombre de feuilles caulinaires.

Feuilles radicales obtuses, aiguës ou acuminées, ovales-suborbiculaires ou lancéolées-oblongues, entières, dentées-incisées, ou même à moitié inférieure pinnatifide, atténuées ou tronquées-cordées à la base, subsessiles ou longuement pétiolées, vertes ou glaucescentes, glabres ou pubérulentes-poilues jusque sur la face supérieure, enfin maculées ou non de brun. La même rosette peut offrir réunies la plupart de ces diversités. Ainsi les feuilles extérieures ou automnales sont plus courtes, plus élargies, plus obtuses, moins grandes et plus entières que les intérieures ou vernales. Il n'est donc pas d'espèce plus polymorphe, ni qui se soit prêtée à de plus nombreux dédoublements.

M. Lucand m'a communiqué divers échantillons d'*H. murorum* qu'il a récoltés à Rouvray et qui ont été déterminés par M. Boreau sous les noms suivants, tous de M. Jordan: *H. prasinifolium, cinerascens, ovalifolium, exotericum, sparsum, bounophilum, sylvivagum, brevipes* et *acuminatum*.

5. H. Jacquini Vill.; Lorey, 561. — ♃. — Juin-juill. — R. — Rochers de la Côte. — Gevrey, Couchey, Bouilland!, Chambolle! (*Lorey*); Beaune (*G. G.*); Fixin (*Lombard*).

A des feuilles caulinaires bien développées, malgré l'assertion contraire de Lorey.

6. H. lævigatum Willd. — ♃. — Bois et friches surtout des sols argileux.

Var. α. *tridentatum* (*H. tridentatum* Fries). — Feuilles caulinaires lancéolées-oblongues, les supérieures sessiles, atténuées à la base. — Juill.-sept. — A. C. — St-Remy!, Montbard!, Balot!, Is-s-Tille!, Dijon!, Saulon-la-Rue!, Eschamps!, Rouvray!, etc.

Var. β. *boreale* (*H. boreale* Fries. — *H. Sabaudum* L., *Suec.*; Lorey, 559 et omn. fere auctor.; non L., *Sp.* — Feuilles caulinaires ovales-oblongues ou ovales, les supérieures sessiles, à base élargie et obscurément embrassante. — Août-sept. — A. C. — Champ-d'Oiseau!, Larrey-lez-Poinçon!, Blaisy-Bas!, Gevrey!, Cîteaux!, Jallanches!, Tailly!, Jeux!, etc.

Comme les *H. lævigatum* et *umbellatum* manquent de feuilles radicales, il s'ensuit que les individus non florifères se présentent avec une tige stérile. L'*H. murorum*, même en sa variété *sylvaticum*, n'a jamais au contraire que des tiges florifères, car sa période foliifère s'accomplit à l'aide de rosettes radicales. — Chez les *H. lævigatum* et *umbellatum*, les feuilles caulinaires sont assez souvent rapprochées en fausse rosette vers le milieu de la tige, puis offrent en la partie caulinaire supérieure un subit espacement et une rapide diminution de grandeur. Le ralentissement de végétation pendant les sécheresses de l'été est la cause du raccourcissement des mérithalles et du rapprochement des feuilles en fausse rosette; mais avec les premières pluies de la fin de l'été la vigueur revient à la plante, qui élance brusquement sa tige en mérithalles allongés et pourvus de petites feuilles. Une pareille inégalité de végétation ne s'observe plus pendant les années humides, ni dans les jardins où se rencontrent toutes les conditions d'une végétation continue. — Les capitules supérieurs de l'*H. lævigatum* sont parfois disposés en ombelle, comme il est de règle chez l'*H. umbella-*

tum. — Le capitule en bouton de l'*H. lævigatum* est déprimé-tronqué au sommet, et les folioles involucrales internes sont courbées-repliées en leur partie supérieure ; aussi sont-elles débordées par les folioles externes, car celles-ci sont dressées avant l'épanouissement du capitule et ne perdent ainsi rien de leur longueur. Bien que réfractées à leur sommet, les folioles involucrales externes débordent aussi les internes chez l'*H. umbellatum*, où en effet le sommet des boutons floraux est encore plus déprimé que chez l'*H. lævigatum*. En raison de la forme ovoïde non déprimée des jeunes boutons, les folioles involucrales internes de l'*H. murorum* ne sont, à aucune époque, dépassées par les folioles externes.

7. H. umbellatum L. ; Lorey, 559. — ♃. — Juill.-oct. — CC. — Bois, coteaux incultes.

J'ai récolté à Montbard des individus très élégants par leurs folioles involucrales toutes fortement réfractées et par leurs feuilles incisées-pinnatifides.

La variété *umbelliforme* (*H. umbelliforme* Jord.) a les folioles involucrales dressées et les feuilles linéaires ou linéaires-lancéolées, entières ou à peine dentées. — R. — Rouvray ! (*Lucand*); abonde à Longvay dans les taillis et les friches autour de l'étang de la Grand'-Borne !. — Des individus de St-Remy avaient l'involucre dressé de l'*H. umbelliforme* et les feuilles aussi larges que chez l'*H. umbellatum*.

Les rayons de l'ombelle sont dus les uns à la partition, les autres à la ramification ; ces derniers sont aisselés par une bractée, et comme il convient à leur origine de second ordre, ils sont en retard sur ceux de partition ; puis, au lieu d'être monocéphales, ils portent, outre le capitule terminal, 2-3 capitules latéraux. — La réfraction de l'involucre n'est plus que faiblement accentuée dans les capitules fructifères et elle disparaît complètement sur le sec.

Les *Carduacées* plurannuelles sont assez nombreuses ; elles sont notées dans les Flores comme bisannuelles ou même comme vivaces. Ces plantes, ainsi qu'il est de règle pour les végétaux plurannuels, ne sont plus que bisannuelles ou même annuelles dans la terre meuble et fertile des jardins ; mais cette précocité de floraison ne s'obtient qu'aux dépens de la vigueur des individus. — Les *Centaurea montana* et *Jacea* débutent par une racine avec pseudorrhizes adjuvantes à la souche ; mais après quelques années la racine se détruit et fait place à un rhizome. — Chez plusieurs *Carduacées* (*Cirsium lanceolatum, Centaurea Jacea, Lappa*, etc.), l'écorce de l'axe hypocotylé se relève de froncements transversaux peu de temps après la germination. — Un grand nombre de *Radiées* ont un rhizome horizontal, plus ou moins longuement rameux. Tantôt ces ramifications surculiformes restent reliées à la souche mère et ne constituent pas d'individus distincts (*Artemisia vulgaris, Senecio paludosus, S. nemorensis, Tanacetum vulgare, Aster Amellus, Inula squarrosa, I. salicina,* etc.) ; tantôt au contraire, mais moins souvent, elles deviennent libres par la destruction de la partie postérieure du rhizome (*Ormenis nobilis, Gnaphalium sylvaticum, Pyrethrum Leucanthemum, Linosyris vulgaris*, etc.). Les pseudorrhizes naissent sur toute la longueur de chacun des mérithalles de ces axes souterrains, et beaucoup, restant rudimentaires, parsèment ainsi le rhizome de petites protubérances. — Les drageons manquent aux *Chicoracées* du département ; mais des bourgeons adventifs naissent très facilement sur celles de leurs racines qui restent en terre après avoir été amputées. Ce bourgeonnement apparaît sur l'aire de la truncature, en la région de la zone génératrice (*Taraxacum Dens-leonis, Lactuca perennis*, etc.). Chez les *Phænopus muralis* et *Picris hieracioides*, cette mutilation fait de plus développer des bourgeons sur les ramifications de la racine.

Outre les canaux oléifères corticaux de leurs parties souterraines, quelques *Carduacées* (*Cirsium palustre, C. eriophorum, C. arvense, Lappa*) sont pourvues, au moins en la partie supérieure de leur tige et dans leurs feuilles, de vaisseaux laticifères situés dans le liber des faisceaux vasculaires. Par réciprocité, certaines *Chicoracées*, telles que les *Scolymus*, tout en conservant le latex propre à leur tribu, ont dans leur racine les canaux oléifères corticaux des *Carduacées* et des *Radiées* (Van Tieghem [1]). — Les parties souterraines sont aromatiques chez un grand nombre de *Radiées* vivaces (*Tussilago Farfara*, *Petasites vulgaris*, *Inula Helenium*, *Ligularia Sibirica*, *Pulicaria dysenterica*, etc.); mais le rhizome de l'*Arnica montana* et les pseudorrhizes de l'*Eupatorium cannabinum* sont fétides. Ces diverses odeurs sont dues, comme chez les *Carduacées*, à l'huile résineuse contenue surtout dans le parenchyme cortical.

L'inflorescence des *Composées* est progressive et consiste en un capitule terminal dont les fleurs s'ouvrent de la circonférence au centre. La floraison passe ensuite aux axes latéraux ou de second ordre, qui répètent l'inflorescence de l'axe central. Bien que le capitule central s'épanouisse le premier, il n'y a néanmoins pas de cyme, car les parties qui composent une cyme sont des fleurs et non des inflorescences. Le genre *Echinops* fait exception avec ses capitules uniflores qui sont groupés en des têtes où l'épanouissement est régressif et va du centre à la circonférence. — Sont parfois blanches les fleurs ordinairement purpurines des *Centaurea Scabiosa*, *C. Calcitrapa*, *Carduus nutans*, *C. crispus*, *Cirsium arvense*, *C. palustre*.

Les capitules des *Chicoracées* sont en général éminemment sommeillants. Mais en vain a-t-on voulu assigner des heures fixes à l'épanouissement du *Tragopodon pratensis*, du *Lactuca viminea* et de quelques autres espèces. Ici, de même que chez toutes les autres plantes sommeillantes, les heures de veille et de sommeil varient suivant la température, l'orientation, la nature du sol et l'âge de la fleur. — Chez les *Lactuca Scariola*, *saligna* et *viminea*, toutes les

1. *Bull. de la Soc. bot. de Fr.*, 1871, XVIII, p. 402.

fleurs d'un même capitule sont à la fois éphémères. — Les ligules des *Composées* se relèvent pour le sommeil, sauf pour les *Radiées* où au contraire elles se réfractent. Quelques Flores disent alors que les fleurons rayonnants de l'*Anthemis Cotula* sont réfractés à la fin de l'anthèse ; il conviendrait d'ajouter qu'ils l'ont été chaque soir durant toute la floraison du capitule : car ces fleurons sont sommeillants et leur sommeil consiste précisément en cette réfraction. Pareille remarque est commune aux *Anthemis arvensis*, *Ormenis nobilis*, *Matricaria inodora*, *M. Chamomilla*, etc. Mais, à la fin de la floraison du capitule, la réfraction reste continue, car il est de règle pour les corolles sommeillantes de mourir dans l'attitude du sommeil.

Les fleurons ligulés de plusieurs *Composées* (*Tussilago Farfara*, *Tragopodon pratensis*, *Picris hieracioides*, etc.) ne font qu'égaler l'involucre au début de l'anthèse ; puis, ils finissent par le déborder notablement à cause de la double accrescence du fleuron et de l'akène.

Les seules folioles involucrales intérieures et scarieuses des *Carlina vulgaris* et *acaulis* sont hygrométriques et elles le sont dès le début de la floraison. Chez d'autres *Composées* (*Centaurea montana*, *C. Scabiosa*, *C. Jacea*, *Inula Helenium*, *I. Conyza*, *Filago*, *Logfia*, *Hieracium murorum*, etc.), l'hygrométricité ne commence qu'après fructification, c'est-à-dire après la mort du capitule, mais elle s'étend à tout l'involucre. Les folioles s'étalent par la sécheresse et se relèvent par l'humidité, en cachant plus ou moins complètement le réceptacle. En outre, chez le *Centaurea microptilon*, l'acumen de l'appendice involucral est lui-même hygrométrique et exécute pour son compte particulier les mêmes mouvements que la foliole, tandis que de leur côté les cils se courbent par un temps humide sur la face interne de l'appendice.

L'adhérence qui s'établit entre les anthères des *Compo-*

sées est assez faible pour qu'on puisse les décoller très facilement.

L'aigrette des *Composées* n'est pas un calice, mais une expansion du disque de chaque fleur. — Les aigrettes sont hygrométriques chez les *Sonchus asper, Tragopodon pratensis, Inula Helenium, I. Conyza, Senecio Jacobæa*, etc.; elles ne le sont qu'obscurément chez les *Taraxacum Densleonis, Leontodon hispidus, Hieracium murorum*, etc.

Le réceptacle des *Hieracium umbellatum, H. lævigatum*, etc., plan-concave pendant la floraison, devient convexe à la maturité. Les akènes se trouvent ainsi écartés les uns des autres et ne se gênent pas dans leur développement. Il en résulte encore une plus grande facilité de dissémination.

La fasciation caulinaire (*Cichorium Intybus, Hieracium umbellatum, Crepis biennis, Inula Helenium, Pyrethrum Leucanthemum*, etc.) et la partition de la tige en deux axes surmontés chacun d'un capitule (*Taraxacum officinale, Hypochœris radicata, Scorzonera plantaginea, Hieracium Pilosella, Thrincia hirta*, etc.) sont des tératologies fréquentes dans la famille des *Composées*.

LXX. AMBROSIACÉES (Link).

1. XANTHIUM *Tourn.*

1. X. Strumarium L.; Lorey, 509. — ⊙. — Juill.-sept. — A. R. — Bords des chemins et berges des rivières dans le Val-de-Saône. — Dijon!, Vonges!, Lamarche!, Cîteaux!, Seurre!, Merceuil!.

Subdivision III. APÉTALES.

CLASSE I. APÉTALES NON AMENTACÉES.

LXXI. AMARANTACÉES (Juss.).

1. AMARANTUS *Tourn.*

Bractées spinulescentes; 5 étamines . . . . . A. *retroflexus.*
Bractées non spinulescentes; 3 étamines. . . . A. *sylvestris.*

1. A. retroflexus L.; Lorey, 741. — ⊙. — Juill.-sept. —A.R. — Rues, décombres, cultures. — Dijon!, St-Jean-de-Losne (*Lorey*); St-Remy !, St-Sauveur!, Auxonne!, Beaune!, Seurre!, Santenay!, Toutry!, etc.

2. A. sylvestris Desf.; Lorey, 740. — ⊙. — Juill.-sept. — A. C. — Rues, décombres. — Beaune!, Seurre!, etc.

L'*A. albus* L. a été récolté adventivement autour de Dijon (*Méline!, Bonnet*) et dans les rues de Rouvray *(Lucand!)*.

2. EUXOLUS *Rafin.*

1. E. viridis Moq. Tand. — *Amarantus Blitum* Lorey, 740 ; non L. — ⊙. — Juill.-sept. — C C. — Rues, décombres, cultures, jardins.

Très variable dans la grandeur de ses feuilles.

3. POLYCNEMUM *L.*

1. P. arvense L.; Lorey, 742. — ⊙. — Juill.-sept. — A. C. — Lieux incultes, bords des chemins, moissons. —

Messigny, Corcelles (*Lorey*); St-Remy!, Buffon!, Chambolle!, Beaune!, Chassagne!, etc.

Tiges étalées ou ascendantes, plus ou moins grêles, à bractées égalant environ le calice (*P. arvense* A. Br.) ou le plus souvent le dépassant (*P. majus* A. Br.).

LXXII. SALSOLACÉES (Moq.-Tand.).

1. CHENOPODIUM *Tourn.*

1 Calice fructifère subétalé, découvrant toute la face supérieure du fruit même sur le frais . . . . *C. polyspermum*.
Calice fructifère appliqué, recouvrant entièrement ou presque entièrement le fruit au moins sur le frais 2
2 Plante très fétide même sur le sec; feuilles toutes entières, ovales-rhomboïdales. . . . . *C. Vulvaria*.
Plantes peu ou point fétides: feuilles très rarement toutes entières et dans ce cas lancéolées 3
3 Feuilles tronquées-subcordées à la base, acuminées au sommet, munies de chaque côté de 3-4 grandes dents. *C. hybridum*.
Feuilles plus ou moins atténuées à la base, aiguës ou obtuses au sommet, sinuées, dentées, parfois encore subtrilobées ou entières. 4
4 Feuilles d'un blanc glauque en dessous; graines la plupart horizontales, quelques-unes verticales . . . . *C. glaucum*.
Feuilles vertes aux deux faces, ou pulvérulentes-blanchâtres en dessous; graines toutes horizontales 5
5 Graines à bord marginé-caréné . . . . *C. murale*.
Graines à bord non marginé-caréné 6
6 Feuilles triangulaires-lancéolées; sépales non carénés. . . .
. . . . *C. urbicum*.
Feuilles lancéolées-oblongues; sépales carénés 7
7 Feuilles sinuées-dentées ou entières; graines lisses . . . . .
. . . . *C. album*.
Feuilles la plupart subtrilobées, à lobe moyen oblong, obtus, beaucoup plus allongé que les latéraux; graines finement tuberculeuses. . . . . *C. ficifolium*.

1. C. polyspermum L.; Lorey, 743. — ⊙. — Juill.-sept. — C. — Lieux ombragés, attérissements, cultures.

Feuilles supérieures obtuses ou aiguës, les inférieures parfois échancrées au sommet. — Des échantillons de St-Jean-de-Losne ont leurs grappes longuement feuillées et à glomérules petits et très espacés.

2. C. Vulvaria L.; Lorey, 744. — ⊙. — Juill.-oct. — C. — Décombres, pied des vieux murs.

3. C. album L. — *C. leiospermum* DC.; Lorey, 745. — ⊙. — Juill.-oct. — CCC. — Cultures, moissons, rues, décombres, attérissements.

Feuilles dentées, sinuées ou entières, tantôt plus ou moins pulvérulentes-blanchâtres en dessous, tantôt verdâtres aux 2 faces; glomérules en grappes compactes ou lâches (*C. concatenatum* Thuill.), dressées ou étalées.

4. C. ficifolium Smith. — ⊙. — Juill.-sept. — RR. — Vases des bords des étangs. — Cîteaux (*Fleurot, Lombard!*).

5. C. murale L.; Lorey, 746. — ⊙. — Juill.-sept. — A. C. — Cultures, fossés à sec. — Dijon (*Lombard!*); St-Remy!, Buffon!, Marey!, St-Jean-de-Losne!, etc.

6. C. urbicum L.; Lorey, 747. — ⊙. — Juill.-sept. — A. R. — Cultures, décombres, attérissements, rues. — Dijon (*Lombard!*); Jeux!, Toutry!, etc.

La plante de la Côte-d'Or, avec ses feuilles très atténuées à la base et profondément dentées, se rapproche de la variété *intermedium* (*C. intermedium* M. K.).

7. C. hybridum L.; Lorey, 744. — ⊙. — Juill.-sept. — A. C. — Cultures, décombres. — Dijon (*Lombard!*); Remilly!, Auxonne!, Beaune!, Tailly!, etc.

Plante un peu fétide. — Les sépales sont décrits tantôt comme pourvus, tantôt comme dépourvus de carène, car ils ne sont carénés qu'au sommet. Ils cachent le fruit sur le frais, mais par la dessiccation ils s'étalent et le laissent à découvert.

8. C. glaucum L.; Lorey, 744. — ☉. — Juill.-oct. — R. — Décombres, rues. — St-Jean-de-Losne (*Lombard*); port du canal et sablières de la porte Neuve à Dijon! (*Méline!*); Lamarche !.

Le *C. ambrosioides* L. croît adventivement dans les décombres et les promenades autour de Dijon (*Lombard*).

2. BLITUM *Tourn.*

Plante ☉ ; racine grêle. . . . . *B. rubrum.*
Plante ♃ ; racine robuste. . . . . *B. Bonus-Henricus.*

Feuilles triangulaires-rhomboïdales, non pulvérulentes ; grappes la plupart feuillées. . . . . *B. rubrum.*
Feuilles amples, triangulaires-hastées, pulvérulentes ; grappes non feuillées. . . . . *B. Bonus-Henricus.*

1. B. rubrum Rchb. — *Chenopodium rubrum* L.; Lorey, 745. — ☉. — Juill.-sept. — R. — Attérissements, étangs desséchés. — Larrey-lez-Poinçon !.

Les *B. virgatum* L. et *B. capitatum* L. ne sont de l'aveu de Lorey (p. 753) que des espèces adventives, échappées des jardins, et que je n'ai pas rencontrées.

2. B. Bonus-Henricus Rchb. — *Chenopodium Bonus-Henricus* L.; Lorey, 747. — ♃. — Juill.-sept. — C. — Rues, décombres.

De même que chez les *Amarantus*, des faisceaux vasculaires hétérogènes se développent dans la tige de plusieurs *Salsolacées*. — Chez une Salsolacée cultivée, la Betterave (*Beta vulgaris* L.), le cylindre central de la racine est successivement, dans le cours de l'année, le siège de plusieurs zones génératrices concentriques, ce qui est la cause du rapide grossissement de cette racine. Les vieilles zones deviennent inertes, et c'est la moins âgée qui préside à l'accroissement, jusqu'à ce qu'elle cède à son tour ce rôle à une nouvelle zone plus jeune et plus externe. La pratique vicieuse de l'effeuillement, encore trop généralement suivie, altère la vigueur de la *Betterave* au grand détriment du volume de la racine; et la souche, afin de remplacer ses feuilles, est obligée de se surhausser en un cône subligneux de nulle valeur économique.

3. ATRIPLEX *Tourn.*

1. A. hastata L. emend. — ⊙. — Juill.-oct. — C C. — Rues, décombres, cultures.

Feuilles la plupart larges, triangulaires-hastées (*A. hastata* L. Lorey, 748), ou oblongues-lancéolées (*A patula* L.; Lorey, 749), ou linéaires (*A. angustifolia* Smith; Lorey, 750).

Les graines sont dimorphes : les unes petites, noires, brillantes, lisses, un peu convexes ; les autres 1-2 fois plus grandes, brun-fauve, finement chagrinées, un peu concaves.

L'*A. littoralis* de Lorey (p. 750) n'est que l'*A. angustifolia* Smith à tiges dressées. Le véritable *A. littoralis* L. est une plante des bords de la mer.

Quelques pieds de *Salsola Tragus* L. (1874) et de *Beta maritima* L. (1879) ont été récoltés dans une fouille pour l'extraction du sable, joignant le rond-point de l'avenue du parc de Dijon ! (*Méline*).

LXXIII. POLYGONÉES (Juss.).

1. RUMEX *L.*

1 Feuilles hastées ou sagittées, à saveur acide	2
Feuilles ni hastées ni sagittées, à saveur herbacée ou obscurément acide	4
2 Ni bourgeons adventifs aux racines, ni drageons ; sépales extérieurs réfractés.	*R. Acetosa.*
Des bourgeons adventifs aux racines ou des drageons ; sépales extérieurs dressés-apprimés.	3
3 Des bourgeons adventifs aux racines ; feuilles vertes, oblongues-lancéolées; fleurs dioïques.	*R. Acetosella.*
Des drageons ; feuilles glauques, triangulaires-ovales ; fleurs polygames.	*R. scutatus.*
4 Calice fructifère à valves entières ou denticulées à la base	5
Calice fructifère à valves munies d'une ou plusieurs dents plus ou moins allongées	8

5 Feuilles ordinairement ondulées ; valves suborbiculaires. . .
. . . . R. *crispus*.
Feuilles planes ; valves plus ou moins allongées, non suborbiculaires. 6
6 Feuilles longues de 8-10 décimètres, atténuées aux 2 extrémités. . . . . R. *Hydrolapathum*.
Feuilles longues de 2-4 décimètres, arrondies ou tronquées-cordées à la base. 7
7 Un granule à chaque valve fructifère ; fascicules floraux la plupart pourvus d'une feuille bractéale. R. *conglomeratus*.
Granule nul ou rudimentaire à deux des valves fructifères ; fascicules floraux la plupart dépourvus d'une feuille bractéale . . . . R. *nemorosus*.
8 Feuilles lancéolées ; 2 dents à chaque valve. . R. *maritimus*.
Feuilles ovales ou oblongues ; plus de 2 dents à chaque valve. 9
9 Tige flexueuse, à rameaux étalés-divariqués ; valves à dents raides-spinulescentes ; un granule à chaque valve. . . . .
. . . . R. *pulcher*.
Tige droite, à rameaux dressés-étalés ; valves à dents molles ; granule bien développé à une seule valve. . R. *obtusifolius*.

1. R. maritimus L. ; Lorey, 756. — ♃. — Juill.-sept. — R. — Fossés, bords des étangs, atterrissements. — Saulon, Citeaux, Boncourt *(Lorey)* ; Saulieu *(Lombard)* ; Labergement-lez-Seurre *(Berthiot)* ; Larrey-lez-Poinçon !, Lamarche !.

Var. β. *palustris* (R. *palustris* Smith ; Lorey, 756). — Fascicules floraux la plupart espacés, non rapprochés-agglomérés ; dents n'égalant pas la longueur de la valve. — R R. — Labergement-lez-Seurre *(Berthiot)* ; La-Canche, Arnay-le-Duc *(Duret)* ; Collonges !.

2. R. pulcher L. ; Lorey, 757. — ♃. — Juin-août. — A. C. — Prés secs, friches, bords des chemins. — Dijon et le long des murs et des chemins de toute la Côte *(Lorey)* ; Beaune *(Berthiot)* ; St-Remy !, Buffon !, St-Romain !, Santenay !, Semur !, etc.

Grappe progressive en son ensemble, régressive en ses détails, comme il est de règle pour les *Rumex*. Les fascicules axillaires supérieurs et les plus inférieurs sont formés chacun d'une cyme bipare; les intermédiaires sont beaucoup plus fournis et comprennent chacun une série de cymes agglomérées.

3. R. obtusifolius L.; Lorey, 757. — ♃. — Juin-août. — C. — Prés, bords des chemins.

Var. β. *acutifolius* (*R. pratensis* M. K. — *R. acutus* L.; Lorey, 758). — Feuilles aiguës, même les inférieures; valves triangulaires ovales, non oblongues. — Certains individus, qui ont les dents des valves courtes et parfois même presque nulles, pourraient être tout aussi bien du *R. crispus* que du *R. obtusifolius*. On trouve encore les granules très développés non plus sur une seule, mais sur deux valves, ou au contraire tous les granules restent rudimentaires. Cette oblitération des dents et ces caprices dans la présence des granules s'observent aussi chez le *R. obtusifolius* type.

4. R. crispus L.; Lorey, 759. — ♃. — Juin-août. — C. — Prés, bords des chemins.

5. R. Hydrolapathum Huds. — *R. aquaticus* Vill.; DC.; Lorey, 760; non L. — ♃. — Juill.-août. — A. R. — Bords des eaux. — Pouillenay!, Pontailler!, Vielverge!, Samerey!, St-Jean-de-Losne!, etc.

6. R. conglomeratus Murr. — *R. Nemolapathum* Ehrh.; DC.; Lorey, 759. — ♃. — Juill.-sept. — C. — Prés, bois, chemins, berges des rivières.

Var. β. *rubrinerve*. — R. — Buffon!, Rouvray!.
Certains individus rentrent dans le *R. conglomeratus* par leurs trois granules calicinaux, et dans le *R. nemorosus* par leurs fascicules floraux espacés et presque tous nus.

7. R. nemorosus Schrad. — ♃. — Juill.-sept. — C. — Prés, rues, bois.

La variété *sanguineus* (*R. sanguineus* L; Lorey, 759) est une plante cultivée dans les jardins ou subspontanée autour des habitations, et qui diffère du type par ses nervures et pétioles d'un rouge foncé jusque dans le système vasculaire.

8. R. scutatus L.; Lorey, 763. — ♃. — Mai-août. — C. — Pierrailles, vieux murs, carrières.

9. R. Acetosa L.; Lorey, 761. — ♃. — Mai-juin. — CC. — Friches, coteaux sablonneux.

10. R. Acetosella L.; Lorey, 762. — ♃. — Mai-juill. — Très commun dans les moissons et cultures des sols siliceux et granitiques. Très rare aux localités calcaires où sa présence décèle quelque affleurement siliceux, comme dans la friche des bois de Montbard près du Petit-Jailly!, dans les bois de Bouilland! et les chaumes d'Auvenet!.

L'indication du *R. bucephalophorus* L. près de Renève-l'Eglise (Lorey, p. 763), sur les confins de la Côte-d'Or et de la Haute-Saône, paraît extrêmement douteuse.

2. POLYGONUM *L.*

1 Plantes ♃: un rhizome; étamines saillantes hors du calice. . 2
  Plantes ⊙; une racine; étamines incluses. 3
2 Rhizome charnu, robuste, bizarrement contourné, drageonnant;
    pétiole bordé par la décurrence du limbe . . . *P. Bistorta.*
  Rhizome subligneux, cylindracé, horizontal, longuement drageonnant; pétiole non bordé. . . . . *P. amphibium.*
3 Tiges volubiles; feuilles cordées. 4
  Tiges non volubiles; feuilles non cordées. 5
4 Tiges arrondies; sépales extérieurs à carène non membraneuse.
    . . . . *P. Convolvulus.*
  Tiges anguleuses; sépales extérieurs à carène longuement ailée-membraneuse . . . . *P. dumetorum.*
5 Fleurs axillaires. . . . . *P. aviculare.*
  Fleurs en grappes ou épis terminaux. 6
6 Plante à saveur piquante-poivrée; calice parsemé de points
    glanduleux. . . . . *P. Hydropiper.*
  Plante à saveur herbacée; calice pourvu ou non de points glanduleux 7

7 Calice offrant ordinairement des points glanduleux; fruits tous suborbiculaires-comprimés, concaves aux 2 faces. . . . .
. . . . *P. lapathifolium.*
Calice toujours dépourvu de points glanduleux; fruits les uns trigones, les autres suborbiculaires-comprimés 8
8 Epis cylindracés, non interrompus; fruits à faces l'une convexe-gibbeuse, l'autre convexe ou plane. . . *P. Persicaria.*
Epis filiformes, interrompus; fruits à faces un peu concaves.
. . . . *P. mite.*

1. P. lapathifolium L.; Lorey, 768. — ☉. — Juill.-oct. — C C. — Lieux humides, attérissements, décombres, cultures.

Une variété a les feuilles blanches-tomenteuses à la face inférieure (*P. incanum* DC).; une autre les a tachées de noir brun au milieu du limbe; chez une autre encore, la stature est élevée, les épis sont allongés, cylindracés, recourbés, et les fruits assez petits (*P. nodosum* Pers.).

Les nœuds caulinaires peuvent atteindre jusqu'à 2 centim. de diamètre. — Les fleurs sont rosées ou blanches, rarement blanc-verdâtre. — Les nuances des épis, ainsi que des tiges et des nœuds caulinaires, sont indépendantes des milieux et peuvent se montrer fort diverses en la même station.

2. P. Persicaria L.; Lorey, 768. — ☉. — Juill.-oct. — CC. — Lieux humides, attérissements, décombres, cultures.

Une variété (*P. biforme* Wahl.) a les épis allongés, assez grêles, les fruits assez petits, et semble parallèle à la variété *nodosum* du *P. lapathifolium.*

Feuilles rarement maculées. — Fleurs rosées, quelquefois blanches, ou blanc-verdâtre.

3. P. mite Schrank. — *P. pusillum* Lorey, 769. — ☉. — Juill.-oct. — C. — Attérissements, fossés à sec, cultures marécageuses.

Les sujets nains et grêles en toutes leurs parties se rapportent au *P. minus* Huds. (*P. pusillum* Lmk).

4. P. Hydropiper L.; Lorey, 768. — ⊙. — Juill.-oct. — C. — Attérissements, fossés à sec, cultures marécageuses.

5. P. aviculare L.; Lorey, 770. — ⊙. — Juin-oct. — CC. — Cultures, bords des chemins, décombres.

Tiges étalées ou dressées-ascendantes ; feuilles linéaires, oblongues ou ovales, petites ou parfois assez grandes. ☛ Une tératologie fréquente consiste dans le géantisme et la stérilité de l'akène, qui dépasse alors beaucoup le calice.

6. P. Convolvulus L.; Lorey. 765. — ⊙. — Juill.-sept. — C. — Cultures, moissons.

7. P. dumetorum L.; Lorey, 764. — ⊙. — Juill.-sept. — R. — Bois, broussailles. — Savigny-s-Beaune !, Courcelles-Frémoy !, Toutry !.

Il n'est pas rare de trouver quelques calices aptères mêlés aux calices largement ailés. — S'enroule à gauche.

8. P. Bistorta L.; Lorey, 766. — ♃. — Mai-juill.- — A. R. — Prés et bois granitiques. — St-Léger-de-Fourches (*Lorey*); Eschamps !, Laroche-en-Brenil !, St-Germain-de-Modéon !, Rouvray !, Courcelles-Frémoy !.

9. P. amphibium L.; Lorey, 767. — ♃. — Juill.-sept. — C. — Bords des eaux, lieux humides ou argileux.

Le *Fagopyrum esculentum* Mœnch et beaucoup plus rarement le *F. Tataricum* Gærtn. se rencontrent adventivement à proximité des lieux où ils ont été cultivés.

Les *Rumex* de la section *Lapathum* ont la racine et les pseudorrhizes jaunâtres, volumineuses, fusiformes, pivotantes et brusquement atténuées à leur extrémité ; les ramifications de la racine sont presque horizontales, et elles sont étranglées à leur insertion. Les pseudorrhizes de la souche sont très peu nombreuses, mais rivalisent souvent en volume avec la racine elle-même, et peuvent finir par les remplacer chez les vieux individus. En outre, les espèces aquatiques ont des couronnes de pseudorrhizes grêles aux nœuds caulinaires inférieurs. — Les *Rumex maritimus* et *pulcher* sont généralement décrits comme bisannuels ; cependant le *R. maritimus* est pour le moins pérennant ; quant au *R. pulcher*, il est éminemment vivace.

Le *R. scutatus* émet des drageons allongés, ligneux, qui restent unis à la souche mère et forment bientôt un vaste réseau ; les pseudorrhizes sont ligneuses et longuement cylindracées. Le *R. Acetosella* se distingue de suite par ses faibles dimensions et par l'abondant bourgeonnement de sa racine et de ses pseudorrhizes. Enfin le *R. Acetosa* a une souche cespiteuse et très radicante ; sa racine est assez grêle et se trouve bientôt égalée par quelques-unes des pseudorrhizes. On voit donc que ces trois *Rumex* diffèrent des *Rumex* de la section *Lapathum* autant par leurs parties souterraines que par la forme et l'acidité de leurs feuilles.

Les pseudorrhizes du *Polygonum amphibium* deviennent robustes et subligneuses, même quand elles vivent au sein de l'eau sans pénétrer dans le sol, et elles se garnissent alors des touffes denses et rapprochées d'un chevelu filiforme et court. Les fragments de tiges s'échouent aux rives pendant l'hiver, et les bourgeons des nœuds s'enracinent au printemps ; c'est là du reste un mode de propagation commun à la plupart des plantes aquatiques. — Comme les abondants drageons du *Polygonum Bistorta* ne deviennent libres qu'après plusieurs années, il en résulte un grand nombre d'individus distincts à la surface du sol, mais qui sont reliés entre eux sous terre par les ramifications d'un rhizome très complexe. Ces drageons, d'abord grêles et horizontaux, se renfleront ensuite vers leur sommet, qui sera le siège d'une nouvelle souche charnue, contournée-ascendante. — La plupart des *Polygonum* annuels vivent surtout par les nombreuses pseudorrhizes de la base ascendante des tiges ; la racine reste grêle, et le plus souvent même finit par s'atrophier.

LXXIV. CANNABINÉES (Endl.).

1. HUMULUS *L.*

1. H. Lupulus L.; Lorey, 795. — ♃. — Juill.-août. — C. — Haies, berges des rivières, bois.

Rhizome robuste, ligneux, drageonnant ; pseudorrhizes naissant aux points les plus divers des mérithalles, cylindracées-fusiformes, brusquement atténuées en un long filament, subissant chaque année une exfoliation corticale et exhalant une odeur qui rappelle celle de la racine des *Papilionacées*.

LXXV. ULMACÉES (Mirb.).

1. ULMUS *L.*

1. U. campestris L.; Lorey, 801. — ♄. — Mars-avril. — C. — Bois, haies.

Racine rameuse, longuement horizontale, émettant de nombreux bourgeons adventifs.

Toutes les transitions existent entre les états suivants : jeunes rameaux glabres ou pubescents; feuilles lisses ou scabres supérieurement, pubescentes ou velues, amples ou très petites, ovales ou oblongues, aiguës ou acuminées, enfin équi ou inéquilatérales.

Les individus à feuilles amples et incisées-dentées constituent la variété *major* de Lorey (*U. corylifolia* Host). Des échantillons de Sombernon!, Tarsul!, Pontailler! et Liernais! ont les feuilles et les rameaux de l'*U. montana* Smith, mais je n'ai pu m'assurer si la graine était placée au-dessous du centre du fruit et par conséquent loin de l'échancrure, seul caractère certain de l'*U. montana*. — Une variété est remarquable par la petitesse de ses feuilles (12-15^m de largeur), même sur les rejets de l'année et dans les sols fertiles et cultivés; elle abonde dans les bois de plaine de Perrigny-s-Ognon!, et je l'ai encore observée à St-Romain et à Vic-s-Thil.

La subérosité, quand elle existe, est très capricieuse jusque sur le même individu : tantôt elle atteint tout le rameau, tantôt seulement sa partie moyenne ou sa base ; elle peut encore se manifester une année, puis être nulle sur les rameaux de l'an suivant. Quand on recèpe sur sa souche un *Orme* subéreux, les rejets ne sont pas subéreux la première année, mais le deviendront à la seconde. En pareil cas, le suber se produit dès la première année chez l'*Acer campestre*. — Les *Ormes* subéreux cultivés à haute tige ne présentent de suber qu'aux rameaux de la partie inférieure du tronc. — La subérosité est rare et peu prononcée chez les sujets à rameaux pubescents. — Le suber est accrescent pendant quelques années, c'est-à-dire qu'il devient de plus en plus proéminent par la production de couches nouvelles qui soulèvent les anciennes ; les côtes et ailes qu'il forme sont reliées entre elles par des anastomoses.

LXXVI. URTICÉES (Juss.).

1. URTICA *Tourn.*

Une racine grêle ; point de drageons ; plante annuelle. *U. urens.*
Un rhizome horizontal, drageonnant ; pseudorrhizes robustes, comprimées, marquées d'un profond sillon sur chacune de leurs faces ; plante vivace. . . . . *U. dioica.*

Plante monoïque ; grappes courtes . . . . *U. urens.*
Plante dioïque ; grappes allongées . . . . *U. dioica.*

1. U. urens L.; Lorey, 795. — ⊙ — Juin-oct. — CC. — Cultures, décombres, rues.

2. U. dioica L.; Lorey, 794. — ♃ . — Juin-août. — CC. — Haies, décombres, pied des murs.

Les pseudorrhizes possèdent deux groupes de faisceaux fibro-vasculaires opposés, et le sillon creusé sur chacune des faces de la pseudorrhize est interposé à chacun de ces groupes.

Feuilles parfois verticillées par trois, ou encore étroites et très longuement acuminées. On a constaté depuis longtemps l'innocuité des tiges coupées et fanées des *U. dioica* et *urens*. La même innocuité, mais ici temporaire, s'observe aussi sur les sujets vivants, après un grand vent sec. Dans les deux cas, l'évaporation qui se produit rend les poils flasques et ne leur laisse plus la rigidité nécessaire pour piquer, c'est-à-dire pour percer la peau où ils se rompent en inoculant le liquide caustique qu'ils contiennent; d'ailleurs, la flaccidité des poils indique que la quantité de ce liquide a subi une très notable diminution.

2. PARIETARIA *Tourn.*

1. P. officinalis L. — ♃. — Juin-oct.

† Var. α. *erecta* (*P. erecta* M. et K. — *P. officinalis* Lorey, 792). — Tiges dressées, simples ou peu rameuses ; feuilles oblongues ou lancéolées, longuement atténuées aux 2 extrémités; calice fructifère petit, obovoïde, atténué à la base. — R R. — Rues, décombres. — Essarois, Dijon, (*Lorey*); rues de Rougemont!.

Var. β. *diffusa* (*P. diffusa* M. et K. — *P. Judaica* DC.; Lorey, 793; non L.). — Tiges étalées-ascendantes, rameuses; feuilles ovales ou ovales-oblongues, petites ou grandes suivant les stations, peu atténuées aux deux extrémités; calice fructifère assez grand, tubuleux, légèrement contracté en sa moitié inférieure. — A.C. — Vieux murs. — Beaune!, Seurre! (*Lorey*); Vielverge !, Auxonne!, Jallanches !, Semur !, etc.

LXXVII. SANGUISORBÉES (Juss.).

1. ALCHEMILLA *Tourn.*

Plante ☉ ou ☉ ; une racine grêle, rameuse . . *A. arvensis*.
Plante ♃ ; un rhizome robuste, épigé, allongé, rameux, recouvert en sa partie antérieure d'écailles (bases stipulaires-pétiolaires) desséchées-imbriquées, et en sa partie postérieure de filaments représentant le système vasculaire des écailles ; pseudorrhizes nombreuses, filiformes. . . . . *A. vulgaris*.

Plante très grêle ; fleurs en fascicules opposés aux feuilles . . .
. . . . A. *arvensis*.
Plante assez robuste ; fleurs en petites grappes scorpioïdes formant une panicule corymbiforme . . . . . . A. *vulgaris*.

1. A. arvensis Scop.; Lorey, 300. — ⊙ ou ⊙. — Mai-juill. —C. — Moissons, pelouses.

2. A. vulgaris L.; Lorey, 299. — ♃. — Mai-juill. — R. — Prés humides, bois argileux. — Baulme-la-Roche, Pont-de-Pany, Lugny ! (*Lorey*); vallon du Suzon !.

Feuilles parfois subsoyeuses. — Saulieu (*Lombard*).

2. SANGUISORBA *L*.

1. S. officinalis L.; Lorey, 300. — ♃. — Juill.-sept. — A. C. — Prés tourbeux. — Environs de Châtillon (*Lorey*); Laignes !, Pothières !, Riel-les-Eaux !, Boudreville !, Montigny-s-Aube !, Lucey !, Leuglay !, Val-des-Choues !, Étalante !, Barjon !, Moloy !, Is-s-Tille !, vallon du Suzon !, Orgeux !, etc.

La fasciation de la tige florifère est si fréquente qu'on ne peut guère la regarder comme une tératologie.

3. POTERIUM *L*.

1. P. Sanguisorba L.; Lorey, 301. — ♃. — Mai-sept. — CC. — Prairies artificielles, bois, friches, rochers.

Feuilles glabres ou poilues, vertes ou glauques ; akènes obscurément réticulés, marginés aux angles (P. *dictyocarpum* Spach), ou muriqués par des fossettes profondes avec angles munis de crêtes entières, dentées ou crénelées (P. *muricatum* Spach). La même station offre souvent toutes ces formes ; puis la réticulation et la murication peuvent varier non seulement d'akène à akène sur le même individu, mais jusque sur les faces du même akène. — Les akènes stériles ont leurs faces lisses.

Capitules parfois prolifères, comme chez les *Trifolium* et les *Composées*, c'est-à-dire que beaucoup de fleurs sont remplacées chacune par un axe que termine un petit capitule.

Plusieurs auteurs ne font des *Sanguisorbées* qu'une tribu des *Rosacées*. J'ajouterai aux analogies invoquées pour cette réunion que le système souterrain de certaines *Sanguisorbées* se rapproche beaucoup de celui des *Rosacées*, soit par un rhizome à moelle volumineuse (*Alchemilla vulgaris*), soit par des racines et pseudorrhizes robustes, pivotantes, cylindracées (*Poterium Sanguisorba*) ou fusiformes (*Sanguisorba officinalis*); puis, les capitules ou épis de ces deux dernières espèces épanouissent leurs fleurs de haut en bas, c'est-à-dire régressivement, marche propre à la plupart des *Rosacées*. Enfin les pédicelles de l'*Alchemilla vulgaris* sont dus à la partition, comme le sont aussi ceux des *Spiræa Ulmaria* et *Filipendula*.

LXXVIII. THYMÉLÉACÉES (Juss.).

1. THYMELÆA *Tourn.*

1. T. Passerina Coss. et Germ. — *Stellera Passerina* L.; Lorey, 774. — ⊙. ⚥ — Juill.-oct. — C. — Moissons.

2. DAPHNE *L.*

1 Tiges dressées, jamais radicantes; fleurs en grappes ou en fascicules latéraux. 2
 Tiges étalées-ascendantes, parfois radicantes; fleurs en grappes terminales. 3
2 Feuilles persistant jusqu'à la fin de leur seconde année; calice glabre; fleurs verdâtres . . . . *D. Laureola.*
 Feuilles caduques; calice pubescent; fleurs roses. *D. Mezereum.*
3 Feuilles persistant jusqu'à la fin de leur seconde année, linéaires-oblongues, glabres; fleurs roses. . . . . *D. Cneorum.*

Feuilles caduques, oblongues-obovales, pubescentes-velues ;
fleurs blanches . . . . D. *Alpina.*

1. D. Laureola L.; Lorey, 773. — ♄. — Mars-avril. — C. — Bois.

Chez le *D. Laureola* les fleurs se développent en petites grappes aisselées par quelques-unes des feuilles de l'année précédente ; chez le *D. Mezereum* les fleurs sont groupées en petits fascicules le long de rameaux nus.

2. D. Mezereum L.; Lorey, 772. — ♄. — Mars-avril. — C. — Bois.

3. D. Cneorum L.; Lorey, 771. — ♄. — Juin. — RR. — Bois. — Essarois !, Voulaines !, Leuglay (*Lorey*) ; Recey !.

4. D. Alpina L.; Lorey, 772. — ♄. — Juin. — R. — Rochers de la Côte. — Gevrey, Couchey, Chambolle !, Bouilland ! (*Lorey*); Blagny !, Vauchignon !.

Odorant par la dessiccation.

LXXIX. HIPPURIDÉES (Link).

1. HIPPURIS L.

1. H. vulgaris L.; Lorey, 344. — ♃. — Juin-août. — C. — Fossés, flaques d'eau, marécages.

Le rhizome forme un vaste réseau de ramifications blanches et robustes, à système cortical ample, lacuneux, et à cylindre central filiforme. Ces ramifications ou drageons se relèvent en tige dont la base ascendante porte 3 écailles ; l'une de ces écailles aisselle un vigoureux bourgeon qui prolongera le rhizome ; l'autre n'a qu'un bourgeon le plus souvent abortif; la troisième est stérile. — Les tiges qui ne sont pas florifères restent entièrement submergées; leurs mérithalles supérieurs deviennent de plus en plus courts et petits, jusqu'à complète atrophie de l'axe; c'est là aussi le mode de terminaison des tiges florifères, car une désistence florale les rend foliifères à leur extrémité.

LXXX. SANTALACÉES (R. Br.).

1. THESIUM *L.*

1 Sépales beaucoup plus courts que le fruit . . *T. humifusum.*
  Sépales égalant le fruit. 2
2 Grappes unilatérales. . . . . *T. Alpinum.*
  Point de grappes unilatérales . . . . *T. pratense.*

1. T. humifusum DC. emend. — ♃. — Juin-sept. — Pelouses arides des bois de montagne.

Var. α. *humifusum* (*T. linophyllum* Lorey, var. *humifusum*, 775). — C C.

Var. β. *divaricatum* (*T. divaricatum* Jan. — *T. linophyllum* Lorey, 775; non L.). — A. C. — Larrey-lez-Poinçon!, Recey!, Diénay!, Velars!, Mâlain!, Beaune!, Chassagne!, Santenay!, etc. — Diffère de la variété α. par sa souche plus robuste, ses tiges dressées-ascendantes, non étalées-ascendantes, ses fleurs en panicule, non en grappe peu rameuse, et par le pédicelle égalant environ moitié de la longueur du fruit, non 3-4 fois plus court.

Les racines sont pourvues de nombreux suçoirs-tubercules, à bouche plus ouverte et plus grande que chez les *Melampyrum* et *Rhinanthus*, et pouvant ainsi s'attaquer à des radicelles déjà un peu fortes. Les suçoirs atteignent parfois le volume d'un gros grain de navette; ils saisissent tous les filaments qui leur sont contigus, même les radicelles mortes. Les *T Alpinum* et *pratense* sont également demi-parasites. La racine de ces divers *Thesium* est raide, rameuse-flexueuse; la souche est ligneuse, et elle peut devenir très robuste chez le *T. divaricatum.*

2. T Alpinum L.; Lorey, 775. — ♃. — Juin-juill. — R. — Pelouses des bois de montagne. — Messigny, Notre-Dame d'Etang (*Lorey*); Essarois!, Recey!.

3. T. pratense Ehrh. — ♃. — Juin-juill. — RRR. — Pré aquatique de Fontaine-Merle à Panges! (*Viallanes*).

LXXXI. ARISTOLOCHIÉES (Juss.).

1. ASARUM *Tourn.*

1. A. Europæum L.; Lorey, 777. — ♃. — Avril-mai. — A. R. — Bois couverts. — Gouville, Marsannay, Dijon (*Lorey*); Tarsul (*Magdelaine*); Lignerolles!, Val-Suzon!, Velars!, Bourberain!, Saulon-la-Rue!, parc de Dijon!, Lusigny!, Nuits!, St-Romain!, Vauchignon!, etc.

Rhizome allongé, rameux, subligneux, épigé. — Les germinations ont en septembre une racine qui est rameuse vers le collet, et une souche munie de plusieurs pseudorrhizes simples égalant déjà la racine. Il y a tendance à une rapide atrophie de la racine qui sera bientôt remplacée par un rhizome. — Plante exhalant, surtout par le froissement, une très piquante odeur de poivre.

2. ARISTOLOCHIA *Tourn.*

1. A. Clematitis L.; Lorey, 776. — ♃. — Juin-août. — R. — Vignes, moissons, berges des rivières. — Dijon (*Lorey*); Courcelles-s-Grignon!, Beaune!, Merceuil!, Santenay!.

Fétide par le froissement.

LXXXII. EUPHORBIACÉES (Juss.).

1. EUPHORBIA *L.*

1 Plantes ☉ ou ☉☉ 2
  Plantes ♃ 4

2 Plantes toujours annuelles . . . .
　 E. *stricta*, E. *platyphylla*, E. *Peplus*, E. *exigua*, E. *falcata*.
　 Plantes n'étant pas toujours annuelles ou ne l'étant jamais . 3
3 Plante ⊙ ou ⊙ . . . . E. *Helioscopia*.
　 Plante toujours ⊙. . . . . E. *Lathyris*.
4 Un rhizome rameux, à articles courts, sympodiques, formés chacun par la base épaissie-persistante des tiges; pseudorrhizes grêles. . . . . E. *dulcis*.
　 Une racine et en outre souvent des pseudorrhizes. 5
5 Bourgeons adventifs nuls ou très rares à la racine et aux pseudorrhizes 6
　 Bourgeons adventifs nombreux à la racine et aux pseudorrhizes. 7
6 Souche très volumineuse, ligneuse; racine et pseudorrhizes robustes, à bois blanc et non fétide . . . . . E. *palustris*.
　 Souche peu volumineuse, faiblement ligneuse; racine cylindracée, pivotante, à bois jaunâtre et fétide; point de pseudorrhizes. . . . . E. *verrucosa*.
7 Une racine et des pseudorrhizes longuement horizontales; bourgeons adventifs répartis aux points les plus divers, les uns expectants, les autres évoluant surtout dans les sols meubles et légers. 8
　 Une racine pivotante ou rameuse; point de pseudorrhizes; bourgeons adventifs occupant la moitié inférieure ou basilaire de la racine, le plus souvent expectants. 9
8 Racine et pseudorrhizes grêles, à ramifications nombreuses, rampant horizontalement près de la surface du sol. . . . .
　 . . . . E. *Cyparissias*.
　 Racine et pseudorrhizes plus ou moins robustes, à ramifications peu nombreuses, rampant horizontalement à une certaine profondeur. . . . . E. *Esula*.
9 Souche pluricaule, de longue durée, munie de bourgeons de remplacement; racine pivotante. . . . . . E. *Gerardiana*.
　 Souche uni-paucicaule, de faible durée; racine rameuse, à bourgeons adventifs suppléant les bourgeons de remplacement qui manquent à la souche . . . . . . E. *sylvatica*.

1 Bractées soudées-perfoliées . . . . E. *sylvatica*.

Bractées libres. 2
2 Feuilles opposées en croix. . . . . *E. Lathyris.*
　　Feuilles éparses ou alternes. 3
3 Capsules à lobes bicarénés sur le dos . . . . . . *E. Peplus.*
　　Capsules à lobes non carénés 4
4 Capsules lisses ou finement chagrinées. 5
　　Capsules chargées de tubercules saillants hémisphériques ou
　　　　cylindriques 10
5 Glandes entières. 6
　　Glandes en croissant. 7
6 Feuilles obovales-cunéiformes; ombelles à 3-5 rayons; fleurs
　　　　fétides . . . . *E. Helioscopia.*
　　Feuilles linéaires-lancéolées ou oblongues; ombelles à rayons
　　　　nombreux; fleurs non fétides. . . . . *E. Gerardiana.*
7 Graines rugueuses, ridées transversalement 8
　　Graines lisses 9
8 Bractées ovales ou triangulaires; capsules lisses; croissant des
　　　　glandes à pointes courtes. . . . . *E. falcata.*
　　Bractées linéaires-lancéolées; capsules lisses ou très finement
　　　　chagrinées; croissant des glandes à pointes allongées. . .
　　　　. . . . . *E. exigua.*
9 Feuilles linéaires, celles des rameaux stériles presque sétacées.
　　　　. . . . . *E. Cyparissias.*
　　Feuilles obovales, oblongues, lancéolées ou linéaires-lancéolées,
　　　　celles des rameaux stériles jamais sétacées. . . . *E. Esula.*
10 Feuilles sessiles à base presque cordée. 11
　　Feuilles atténuées à la base, au moins les inférieures . . . 12
11 Capsules petites, à tubercules cylindriques; graines rougeâ-
　　　　tres. . . . . *E. stricta.*
　　Capsules assez grosses, à tubercules hémisphériques; graines
　　　　grises . . . . *E. platyphylla.*
12 Tiges très robustes; rameaux stériles naissant en été au-
　　　　dessous de l'ombelle et la dépassant longuement . . . .
　　　　. . . . . *E. palustris.*
　　Tiges peu robustes; point de rameaux stériles au-dessous de
　　　　l'ombelle 13
13 Ombelles à rayons courts, souvent simples; bractées oblon-

gues-obovales, atténuées inférieurement ; glandes jaunâtres ; capsules à sillons superficiels . . . . *E. verrucosa.*
Ombelles à rayons allongés, bi-trifurqués ; bractées ovales-triangulaires, subcordées à la base ; glandes ordinairement purpurines ; capsules à sillons profonds . . . *E. dulcis.*

1. E. Helioscopia L.; Lorey, 780. — ⊙ ou ⊙. — Mai-oct. — C C. — Cultures.

2. E. stricta L. — ⊙. — Juill.-sept. — C. — Taillis, haies, bords des chemins, berges des rivières.

En se détachant par la sécheresse, les valves de la capsule font entendre une légère crépitation.

3. E. platyphylla L.; Lorey, 780. — ⊙. — Juill.-sept. — C. — Cultures argileuses, talus des fossés, bords des chemins.

4. E. Peplus L.; Lorey, 786. — ⊙. — Juin-oct. — C C. — Cultures.

5. E. exigua L.; Lorey, 785. — ⊙. — Juin-sept. — C C. — Moissons, cultures.

Glandes parfois rouge-brun.

6. E. falcata L.; Lorey, 786. — ⊙. — Juill.-sept. — A. C. — Moissons, cultures. — Dijon (*Lombard*) ; St-Remy!, Laignes!, Ivry!, Nuits!, Beaune!, etc.

Les feuilles sont toujours dressées, apprimées-imbriquées. Cette direction s'observe aussi parfois chez les *E. exigua* et *Gerardiana.*

7. E. Lathyris L.; Lorey, 787. — ⊙ — Juin-juill. — A. R. — Rues, décombres, taillis, cultures. — St-Remy!, Fresnes!, Arceau où il est très commun dans les taillis!, etc.

C'est surtout dans cette espèce qu'abonde le latex cortical, propre à tout le genre *Euphorbia*. Il s'échappe de la moindre blessure en gouttelettes d'un beau blanc.

8. E. Gerardiana Jacq.; Lorey, 784. — ⚥. — Juin-août. — A. R. — Lieux incultes, sables, bords des routes. — Bords du Suzon à Dijon! (*Lorey*); Is-s-Tille!, Chevigny-St-Sauveur!, Brognon!, Meloisey!, St-Romain!, chaumes d'Auvenet!.

Les tiges stériles périssent bien après les tiges florifères, mais celles-ci ont commencé leur évolution beaucoup plus tôt, c'est-à-dire dès l'automne précédent, où elles apparaissent sous forme de bourgeons de remplacement déjà longs de quelques centimètres.

9. E. verrucosa L.; Lorey, 781. — ⚥. — Mai-juill. — C C. — Prés, bois.

10. E. sylvatica L.; Lorey, 787. — ⚥. — Mai-juill. — C C. — Bois, broussailles.

Le parenchyme cortical, le bois et le latex sont blancs chez l'*E. sylvatica* et jaunâtres chez l'*E. verrucosa*.

11. E. Esula L. — *E. salicifolia* DC.; Lorey, 783. — ⚥. — Mai-sept. — Commun dans le Val-de-Saône, assez rare ailleurs. — Prés, buissons, talus des fossés et des rivières.

Feuilles glabres ou pubescentes-velues, vert-pâle ou vert-foncé, obtuses ou subaiguës, oblongues-obovales, oblongues ou lancéolées, plus ou moins atténuées à la base. — La var. *collina* (*E. pinifolia* Lorey, 785) est grêle et a les feuilles linéaires-oblongues. — A. R. — Bois de montagne, coteaux arides. — Marsannay et tout le long de la Côte (*Lorey*); Essarois!, Velars!.

Il se développe assez fréquemment, surtout chez les formes à feuilles étroites, des rameaux stériles au-dessous de l'inflorescence.

12. E. Cyparissias L.; Lorey, 783. — ⚥. — Avril-juin. — C C C. — Friches, bords des chemins, bois de montagne.

Var. β. *esuloides* D C., *Fl. Fr.*, V, 362 (*E. Esula* Lorey, 782; non L.). — Diffère du type par une stature plus grande, par son ombelle à rayons plus courts et plus nombreux, par ses folioles involucrales lancéolées-acuminées, non linéaires, et par ses bractées cordiformes-ovales, non réniformes. — R R. — Haies à Seurre!. — L'*E. Esula* de Lorey n'est vraisemblablement que cette variété. Lorey rapporte sa plante à l'*E. Esula* DC., *Fl. Fr.*, V, 361, qui est bien l'*E. Esula* L.; mais on doit remarquer qu'il reproduit exactement la diagnose de l'*E. Esula* du tome III, de la *Flore Française*, p. 337 ; or cet *Esula* du tome III devient dans le t. V, p. 362 un synonyme de la variété *esuloides* de l'*E. Cyparissias*.

13. E. palustris L. ; Lorey, 782. — ♃. — Mai-juill. — A. R. — Lieux humides et bords des eaux du Val-de-Saône. — Arcelot (*Lorey*); Magny-s-Tille !, Lamarche !, St-Sauveur !, Citeaux !, Longvay !, Tailly !, Meursault !.

A l'arrière-saison, quand l'*E. palustris* a développé au-dessous de l'inflorescence ses longs rameaux stériles à feuilles étroitement lancéolées, il a tout à fait le facies d'un *Salix alba* ou *fragilis* nain.

14. E. dulcis L.; Lorey, 781. — ♃. — Mai-juill. — A. C. — Bois. — Haies de la Côte (*Lorey*); Norges (*Lombard*); St-Remy !, Flavigny !, Lantenay !, Santenay !, Laroche-en-Brenil !, Montberthault !, etc.

L'*E. Chamæsyce* L. a été trouvé une seule fois à Laroche-en-Brenil par Lorey (p. 779) ; Boreau l'indique (*Fl. Centr.*) en outre à Semur ; mais on ne l'a revu dans aucune de ces localités. Cette espèce méridionale est naturalisée dans les allées et plates-bandes du jardin botanique de Dijon !.

2. MERCURIALIS *Tourn.*

Plante ☉ ; une racine pivotante . . . . *M. annua.*
Plante ♃ ; un rhizome horizontal longuement rameux-drageonnant. . . . . *M. perennis.*

Tige rameuse ; fleurs femelles subsessiles . . . . *M. annua.*
Tige simple ; fleurs femelles longuement pédonculées . . . .
. . . . *M. perennis.*

1. M. annua L.; Lorey, 790. — ☉. — Juill.-oct. — CCC. — Cultures, jardins.

Pérennant dans le midi de la France.

2. M. perennis L.; Lorey, 790. — ♃. — Avril-mai. — C. — Haies, bois, lieux ombragés.

Le premier nœud des drageons est nu, le second radicant, puis le drageon se relève en tige aérienne. Ce nœud radicant est le siège d'un centre vital qui émettra à son tour de nouveaux drageons, et se garnira de chicots ou bases persistantes des tiges de chaque année. Comme les drageons ne deviennent pas libres, le rhizome forme assez promptement un réseau très complexe parsemé de nombreux centres vitaux. — Les fleurs sont en épis formés de petits fascicules distincts. L'épanouissement des épis a une marche des plus capricieuses, car il y débute tantôt par le bas, tantôt par le haut ; en outre, il est souvent simultané pour les points les plus divers de l'épi.

Certaines parties des *M. perennis* et *annua* se colorent ordinairement en bleu par la dessiccation ; ce sont celles qui sont gorgées de sucs à cause de leur jeunesse, de leur situation souterraine, ou de nature de leur parenchyme, comme le sommet des tiges, les feuilles supérieures, la base hypogée des tiges, le rhizome, les pseudorrhizes et les nœuds caulinaires. Il s'ensuit que le bleuissement des parties aériennes devient rare chez les deux espèces, lors de la fructification, et que pour les parties souterraines du *M. perennis* il est beaucoup plus prononcé au printemps qu'à l'automne. La teinte bleuâtre se manifeste d'autant plus, que la dessiccation a été opérée plus rapidement. Des échantillons, mis bleus en herbier, y deviennent parfois rougeâtres. — Dans la campagne, les anthères du *M. perennis* bleuissent postérieurement à la déhiscence. — Après un séjour de vingt-quatre heures dans la boîte d'herborisation, le *Veronica triphyllos* y bleuit ses sommités florifères et ses jeunes capsules. Les feuilles d'*Urtica dioica* ont aussi une tendance au bleuissement, mais beaucoup moins accentuée que chez les *Mercurialis*.

3. BUXUS *Tourn.*

1. B. sempervirens L.; Lorey, 789. — ♄. — Mars-avril. — A. C. — Rochers, bois. — St-Remy!, Châtillon!, Flavigny!, Sombernon!, Mâlain!, bois de plaine d'Arcelot où il abonde !, Flavignerot !, Gevrey !, Santenay !, Ivry !, etc.

Feuilles ovales, oblongues, lancéolées ou linéaires. Elles tombent à leur sixième année.

L'axe hypocotylé des *Euphorbia* est ordinairement allongé, et par la teinte blanchâtre de sa partie hypogée il se distingue très nettement du pivot qui est fauve ; cette différence de nuances persiste même pour quelques espèces chez les individus adultes (*E. platyphylla*). — L'axe hypocotylé porte des bourgeons adventifs chez les *E. Gerardiana*, *Esula*, *Cyparissias*, *sylvatica* et *exigua*, bourgeons qui demeurent expectants chez les *E. exigua* et *Gerardiana* et n'évoluent que rarement chez l'*E. sylvatica*.

Quelques *Euphorbia* ont des tiges semi-persistantes. Ainsi celles de l'*E. verrucosa* périssent chaque année en leurs deux tiers supérieurs, tandis qu'au printemps de nombreux bourgeons de remplacement se développent en la partie inférieure. — La tige de l'*E. sylvatica* s'allonge pendant 3-4 années, et à chaque printemps couronne son sommet par une rosette de feuilles qui ne tomberont qu'à leur seconde année, après développement d'une rosette supérieure. Enfin l'axe se terminera par une inflorescence sortie du sein d'une dernière rosette née dans l'année qui précède la floraison, puis la tige périt après la maturité des fruits. Pendant cette lente préparation à l'anthèse, certains des bourgeons adventifs de la racine se développent en jeunes tiges qui passeront par les mêmes phases de végétation, et dont les plus âgées fourniront l'inflorescence des années ultérieures. Au surplus la plante ne vit guère au delà de 8-10 ans. Il y a donc les plus grands rapports d'évolution entre les tiges florifères de l'*Euphorbia sylvatica* et celles de l'*Helleborus fœtidus* ; mais cette *Renonculacée* est d'une durée encore moindre, et s'il lui arrive de remplacer sa tige florifère éteinte, c'est à l'aide de bourgeons nés de la base de cette tige, attendu que la racine n'a pas de bourgeons adventifs.

Quand la tige centrale est amputée (*E. Helioscopia, E. exigua, E. platyphylla*, etc.), les fleurs que fournissent les tiges latérales sont disposées non plus en ombelle, mais en cymes qui constituent des grappes souvent unilatérales ; et le facies de l'inflorescence se trouve tout à fait modifié, car la tige centrale a seule le privilège de fleurir en ombelle.

La prolification de l'ombelle par ramification des rayons (*E. Esula, E. Helioscopia*), la fasciation de la tige florifère et les virescences florales sont les tératologies les plus fréquentes du genre *Euphorbia*.

LXXXIII. CALLITRICHINÉES (Link).

1. CALLITRICHE *L.*

1. C. aquatica Huds. — *C. verna* et *C. autumnalis* Lorey, 342 et 343. — ♃. — Juin-sept. — C C. — Fossés, ruisseaux, mares.

Styles dressés, puis réfléchis ; bractées falciformes, conniventes ; feuilles toutes obovales-oblongues (var. *stagnalis*), ou les inférieures linéaires (var. *platycarpa*). Styles jamais réfléchis ; bractées à peine falciformes, non conniventes ; feuilles inférieures linéaires (var. *verna*). Styles à la fin réfléchis ; bractées recourbées en crochet au sommet ; feuilles toutes linéaires (var. *homoiophylla*). — Au surplus la forme et la direction des styles et des bractées offrent une foule de transitions, et beaucoup d'échantillons sont difficilement rapportés à une variété plutôt qu'à une autre.

Le *C. aquatica* est une plante vivace et non pas annuelle ; car on trouve dans la vase des fragments de tiges de l'année précédente, qui sont radicants et servent comme de souche aux bourgeons de remplacement parus dès l'automne. Au printemps, les tiges formées par ces bourgeons perdent leurs feuilles les plus âgées et se mortifient en leur partie inférieure, puis la végétation se poursuit à l'aide des pseudorrhizes qui naissent des tiges et qui vivent exclusivement au sein de l'eau.

La forme des feuilles est à peine influencée par les milieux. On trouve en effet côte à côte, en eau soit rapide, soit stagnante, des sujets dont les feuilles submergées sont linéaires pour les uns, oblongues-obovales pour les autres; de plus la variété *homoiophylla* conserve ses feuilles linéaires, même quand elle croît dans des s'ations asséchées. Si les feuilles supérieures et surtout celles des rosettes nageantes sont plus élargies dans la plupart des variétés, elles le doivent moins aux milieux qu'à l'époque de leur évolution et qu'à leur insertion intermédiaire et terminale; ce qui arrive aussi chez d'autres plantes aquatiques, les *Sagittaria sagittæfolia* et *Sium latifolium* par exemple, où les feuilles moyennes et supérieures sont notablement plus grandes que les inférieures. Enfin les feuilles raméales peuvent être toutes linéaires, alors que les feuilles caulinaires moyennes et supérieures sont oblongues ou même obovales-suborbiculaires (*C. verna*). — Le sommet des feuilles du *C. aquatica* est muni d'une petite échancrure, qui est superficielle dans les feuilles obovales, mais profonde dans les feuilles linéaires dont l'extrémité est ainsi terminée par deux dents. — Les rosettes de feuilles ne se transforment jamais en hibernacles. — La submersion n'est pas un obstacle à l'épanouissement des fleurs.

LXXXIV. CÉRATOPHYLLÉES (Gray).

1. CERATOPHYLLUM *L.*

1. C. demersum L.; Lorey, 345. — *C. submersum* Lorey, 345; non L. — ♃. — Juill.-sept. — C. — Rivières, fossés, étangs.

En automne, le *C. demersum* n'a plus de vivant que ses sommités caulinaires et raméales, dont les feuilles-écailles élargies, plus ou moins charnues, fortement spinescentes, sont disposées en rosettes denses, obovales, qui constituent les hibernacles. J'ai trouvé pourtant dans la Saône, à Pontailler, des individus dont les hibernacles étaient remarquables par l'espacement des écailles de la rosette. — Vers le commencement de novembre, l'hibernacle, devenu plus pesant, cesse de surnager et tombe au fond de l'eau, où il développera au printemps un ou deux bourgeons axillaires, qui fourniront de puissantes touffes grâce à leur ramification multipliée. Les nouvelles tiges nées de l'hibernacle sont plus légères que l'eau ; aussi, même dans les eaux profondes, ces tiges atteignent-elles la surface, soit en devenant libres par rupture de leur partie inférieure qui se mortifie assez rapidement, soit en arrachant à la vase et aux détritus, qui le retenaient au fond de l'eau, l'hibernacle d'ailleurs notablement allégé par un commencement de résorption. — Ainsi que les *Utricularia*, le *C. demersum* n'a ni système souterrain, ni pseudorrhizes à aucune époque de son existence, bien que des racines aient été parfois accordées à ses hibernacles.

Dans les jeunes fruits, les épines latérales ne sont encore représentées que par deux tubercules plus ou moins saillants et le style n'a pas non plus atteint toute sa longueur. Le *C. submersum* de Lorey doit être un *C. demersum* en cet état, et possédant en outre des feuilles à laciniures étroites et à peine dentées.

CLASSE II. APÉTALES AMENTACÉES.

LXXXV. CUPULIFÈRES (A. Rich.).

1. FAGUS *Tourn.*

1. **F. sylvatica** L.; Lorey, 818. — ♄. — Avril-mai. — C. — Bois.

Dans la même station et à la même exposition, l'apparition des feuilles peut différer de 8-15 jours suivant les sujets. — En bordure du chemin d'Eschamps à Montabon, sont des *Hêtres* cultivés en têtards et dont certains troncs mesurent près de deux mètres de diamètre.

Les loupes qui font saillie sur le tronc et les branches sont dues à des bourgeons latents qui finissent par s'isoler du corps ligneux et par être englobés dans l'écorce, mais qui n'en restent pas moins accrescents, et dont la zone génératrice forme des couches concentriques d'écorce et de bois [1].

Comme chez le *Chêne,* la marcescence des feuilles a pour cause un défaut de maturité au moment des premières gelées. Les vieux *Hêtres*, en effet, perdent à cette époque leurs feuilles, tandis qu'elles deviennent ordinairement marcescentes sur les jeunes brins de taillis, où elles ne sont plus qu'imparfaitement aoûtées par suite de la végétation prolongée des rameaux. Aussi, quand une branche en pleine végétation a été coupée même sur les arbres à feuilles non marcescentes, les feuilles se dessèchent-elles sans se détacher. Enfin si l'on fait en août une incision corticale annulaire à la partie moyenne de la tige d'un jeune et vigoureux sujet de *Hêtre* ou de *Chêne*, l'on verra en automne les feuilles inférieures à l'incision devenir marcescentes; les autres au contraire tomberont de bonne heure, parce que, grâce à l'accumulation de cambium qui se produit dans la partie supérieure à l'incision, elles auront pu arriver au terme extrême de leur évolution, et former à leur base, par multiplication et dissociation de cellules, la couche séparatrice qui est le siège de la désarticulation.

2. CASTANEA *Tourn.*

1. C. vulgaris Lmk ; Lorey, 819. — ħ. — Mai-juin. — RR. — Bois siliceux et granitiques. — Bois de la Châtenaie à Bèze (*Lorey, Collenot*); Blanot (*Collenot*) ; bois communaux de Menessaire où les habitants m'ont dit aller ramasser des châtaignes. On rencontre quelques cépées de *Châtaigner* dans les bois de Perrigny près Dijon (*Weber*) et de Montille près Semur !.

[1]. Mer, *Bull. de la Soc. bot. de Fr.*, 1872, XIX, p. 333.

3. QUERCUS *Tourn.*

Feuilles pétiolées; pédoncules fructifères plus courts que les pétioles; fruit ovoïde. . . . . *Q. sessiliflora.*
Feuilles brièvement pétiolées ou subsessiles; pédoncules fructifères allongés; fruit ordinairement oblong. *Q. pedunculata.*

1. Q. sessiliflora Sm.; Lorey, 822. — ♄. — Avril-mai. — C.C.C. — Bois des sols maigres.

Var. β. *pubescens* (*Q. pubescens* Willd.; Lorey, 821). — Arbre peu élevé; feuilles adultes pubescentes-tomenteuses à la face inférieure; fruits petits. — A. C. — Gevrey (*Lombard*); Quincy!, Mâlain!, Velars!, Savigny-s-Beaune!, etc.

Feuilles ovales, elliptiques-oblongues ou obovales, subpinnatifides ou très obscurément lobées, atténuées ou tronquées-échancrées à la base. Dans les jeunes taillis, les feuilles de la sève d'août sont notablement moins grandes que les feuilles vernales et sont ordinairement d'une forme différente, tantôt plus, tantôt parfois au contraire moins profondément lobées. Même observation pour le *Q. pedunculata.*

2. Q. pedunculata Ehrh. — *Q. racemosa* DC.; Lorey, 821. — ♄. — Avril-mai. — C.C. — Bois des terres fortes.

Vulgairement appelé *Chêne blanc,* parce que, sauf pour les vieux individus, l'écorce est blanchâtre, et non pas gris-brun comme chez le *Q. sessiliflora.*

Les *Q. pedunculata* et *sessiliflora* sont les essences les plus communes et en même temps les plus précieuses des forêts du département. A part quelques futaies domaniales du Val-de-Saône, ils sont cultivés en taillis, où l'on ne laisse croître à haute tige qu'un petit nombre de réserves. — Après l'exploitation, la montée de la sève force les bourgeons latents des souches à se développer, mais ces bourgeons, qui renouvellent les bois taillis, sont normaux; ils ne naissent pas sur l'aire de la plaie et n'ont donc pas l'origine adventive qui leur est attribuée par Payer [1]. Si les bûcherons des-

1. *Elém. de Bot.*, 1857, p. 74.

cendaient trop bas, c'est-à-dire ne s'arrêtaient qu'à la racine, la plupart des cépées resteraient privées de bourgeons et seraient ainsi vouées à une mort certaine. De là l'obligation imposée par les cahiers de charges de ne couper les souches que rez-terre et même de laisser celles de *Hêtre* déborder le sol de quelques centimètres. Pour certaines essences cependant, comme *Tremble, Merisier, Orme, Faux Acacia, Sorbus torminalis, Rhus typhina* L. et *glabra* L., *Populus nivea* et *alba*, couper trop bas entraînerait un bien moindre dommage, parce que les racines de ces arbres jouissent du privilège d'émettre, sur toute leur longueur, des bourgeons adventifs, d'autant plus abondants que la souche aura été totalement retranchée.

4. CORYLUS *Tourn.*

1. C. Avellana L. ; Lorey, 823. — ♄. — Mars-avril. — CCC. — Bois, broussailles.

Il n'est pas rare, dans les taillis d'un an, de rencontrer des feuilles peltées, ainsi qu'il arrive aussi aux jeunes rejets de *Tilia platyphylla* (p. 53).

5. CARPINUS *L.*

1. C. Betulus L.; Lorey, 824. — ♄. — Avril. — CC. — Bois.

Les boutons sont obtusément tétragones.

L'évolution définie des rameaux de *C. Betulus* est très facile à constater. Chacun d'eux se termine par un petit mucron qui représente le sommet atrophié de leur axe; aussi le bouton supérieur, destiné à continuer la végétation l'année suivante, n'est-il en réalité qu'un bouton latéral. Cette évolution définie est encore propre à plusieurs autres arbres à feuilles alternes (*Tilia platyphylla, Corylus Avellana, Ulmus campestris, Salix Caprea*, etc.). D'autres au contraire ont des boutons terminaux, comme *Quercus, Populus Tremula, Fagus sylvatica, Cerasus Mahaleb, Malus communis*, etc. En effet le sommet du rameau ne s'atrophie pas, et la spire foliaire s'y déprimant de plus en plus finit presque par passer au verticille. Il en résulte une rosette de petits yeux au centre desquels un gros bouton terminal est bien le prolongement direct de l'axe, de même qu'on le voit encore chez les arbres à feuilles opposées. Parmi ces derniers cependant, il y a quelques cas d'axes définis : ainsi le *Rhamnus Cathartica* et souvent l'*Aubépine* et le *Poirier sauvage* terminent leurs rameaux par une épine ; l'avortement des boutons terminaux est en outre normal chez le *Cornus sanguinea* et le *Lilas commun*. Quant aux boutons du *Lilas Varin*, ils n'évoluent que s'ils sont florifères, tandis que ceux du *Lilas Josika* sont ordinairement tous actifs, encore que foliifères. Mais même quand les arbres sont indéfinis par leurs rameaux foliifères, ils sont définis par les florifères, et ils reproduisent alors en leurs parties aériennes la végétation sympodique souterraine des rhizomes des plantes herbacées, puisque les rhizomes indéfinis durant la période foliifère deviennent ordinairement définis à chaque floraison.

LXXXVI. SALICINÉES (A. Rich.).

1. SALIX *Tourn*.

1 Ecailles des chatons concolores, jaunâtres ou plus rarement rosées 2
Ecailles noires, brunes, ou rousses au moins en leur partie supérieure 5
2 Rameaux de l'année glutineux-luisants ; 5 étamines. . . . . *S. pentandra*.
Rameaux non glutineux-luisants ; 2-3 étamines 3
3 Arbrisseau peu élevé ; feuilles ordinairement arrondies à la base ; écailles florales glabres au sommet, persistantes ; 3 étamines. *S. triandra*.
Arbres ordinairement élevés ; feuilles plus ou moins atténuées à la base ; écailles florales velues-ciliées au sommet, bientôt caduques ; 2 étamines 4
4 Feuilles adultes ordinairement blanchâtres-soyeuses à la face inférieure ; capsules à pédicelle à peine aussi long que la glande . . . . *S. alba*.
Feuilles adultes glabres et souvent glaucescentes à la face in-

férieure; capsules à pédicelle 1-2 fois plus long que la glande . . . . S. *fragilis.*
5 Sous-arbrisseau drageonnant, de 20 à 70 centim. de hauteur; tiges étalées-ascendantes, radicantes. . . . . . S. *repens.*
Arbres ou arbrisseaux élevés, non drageonnants; tiges dressées, non radicantes 6
6 Stipules petites ou nulles; nervures latérales de la face inférieure des feuilles non saillantes; capsules sessiles 7
Stipules grandes; nervures latérales de la face inférieure des feuilles plus ou moins saillantes; capsules pédicellées . . . 9
7 Etamines libres; anthères jaunes avant et après l'émission du pollen; styles et stigmates allongés . . . . . S. *viminalis.*
Etamines à filets plus ou moins soudés; anthères rouges avant l'émission du pollen, noirâtres après; styles et stigmates plus ou moins courts, le style parfois nul 8
8 Stipules nulles; rameaux grêles; feuilles la plupart opposées, les adultes glabres et glaucescentes à la face inférieure; filets staminaux ordinairement soudés jusqu'à leur sommet; style nul; stigmates très courts; chatons et capsules étalés . . .
. . . . S. *purpurea.*
Stipules très petites; rameaux peu robustes; feuilles alternes, très rarement opposées, les adultes jamais glabres ni glaucescentes à la face inférieure; filets staminaux plus ou moins soudés en leur moitié inférieure; style et stigmates assez courts; chatons et capsules dressés-étalés. . . . S. *rubra.*
9 Feuilles étroitement oblongues, ou lancéolées; capsules à pédicelle 1-2 fois seulement plus long que la glande; style assez long. . . . . × S. *Smithiana.*
Feuilles ovales-suborbiculaires, ovales, obovales, oblongues, ou oblongues-lancéolées; capsules à pédicelle 2-5 fois plus long que la glande; style très court. 10
10 Bois des rameaux dépourvu de lignes saillantes sous l'écorce; feuilles à peine rugueuses, ordinairement ovales, ou ovales-suborbiculaires . . . . S. *Caprea.*
Bois des rameaux pourvu de lignes saillantes sous l'écorce (des Etangs); feuilles rugueuses, ordinairement obovales, oblongues ou oblongues-lancéolées 11
11 Rameaux robustes, pubescents; feuilles médiocrement ru-

gueuses, à sommet droit; chatons gros . . . *S. cinerea.*
Rameaux assez grêles; feuilles ordinairement glabres, fortement rugueuses, à sommet recourbé; chatons assez petits
. . . . *S. aurita.*

1. S. pentandra L.; Lorey, 813. — ♄. — Mai-juin. — R R. — Haies, lieux humides. — Saulieu ! (*Lombard*); St-Léger-de-Fourches !.

2. S. alba L.; Lorey, 810. — ♄. — Avril-mai. — C C. — Bords des eaux.

Varie à rameaux jaunes et très flexibles (*S. vitellina* L.; Lorey, 811. — *Osier jaune*) et à feuilles adultes glabres aux deux faces, parfois même glaucescentes à l'inférieure (*S. cœrulea* Sm.), ou au contraire pubescentes-soyeuses même à la face supérieure (var. *argentea* Wimm.).

La culture du *S. alba* en têtards commence à perdre de son importance dans l'arrondissement de Semur, car presque toutes les nouvelles vignes sont plantées en *Gamai*, et l'on attache les rameaux de cette variété à l'échalas même, et non pas à des perches refendues de Saule, fixées horizontalement à l'échalas, mode de palissage usité seulement pour un ancien plant, le *Chagnot*. Les perches fournies par les têtards de *S. alba* sont plus longues et plus droites, mais d'un bois moins résistant que celles du *S. fragilis*. On les obtient en coupant tous les cinq à six ans les branches des têtards. La sève, refoulée par l'étêtement, oblige les bourgeons latents de la base ou empâtement des branches à évoluer, en dépit de l'épaisseur et de la résistance de l'écorce; aussi de tels bourgeons n'ont-ils rien d'adventif, malgré l'avis contraire de Payer [1]. Chez quelques arbres seulement, comme *Marronnier d'Inde*, *Peupliers de Virginie et d'Italie*, l'étêtement détermine l'émission de bourgeons adventifs sur l'aire de la coupe, et ces bourgeons naissent en la région de la zone génératrice.

L'élagage des arbres nuit beaucoup à leur accroissement en grosseur, et même le diamètre du tronc demeure presque stationnaire, quand l'élagage est aggravé d'étêtement. Cette assertion

---

1. *Élém. de Bot.*, 1857, p. 74-75.

s'explique tout d'abord par une grande diminution dans le nombre des feuilles, et se vérifie d'ailleurs très facilement sur des sujets mis en expérience. En effet, plantez deux jeunes arbres (*Aulnes, Peupliers*, etc.) de même grosseur et côte à côte ; élaguez chaque année l'un sur presque toute sa hauteur et laissez à l'autre toutes ses branches. Au bout de 4-6 ans, ce dernier sera une fois plus gros de tige que le sujet élagué.

3. S. fragilis L.; Lorey, 810. — ƫ. — Avril-mai. — C. — Bords des eaux.

Une variété assez rare a les feuilles linéaires-lancéolées.

Les feuilles du *S. fragilis* sont généralement plus atténuées aux deux extrémités que celles du *S. alba*. La face inférieure est tapissée de petites écailles contiguës, le plus souvent gris-glauque. Chez le *S. alba* ces écailles sont distantes, blanches et entremêlées de poils soyeux ; elles sont gris-verdâtre chez le *S. triandra*.

L'*Osier rouge* est le *S. fragilis*. La couleur de l'écorce est plus ou moins rouge suivant les sujets ; puis elle tient aussi à la vigueur des rameaux. Prononcée sur les rejets qui se renouvellent après l'étêtement, elle s'affaiblit et même devient indécise sur les rameaux qui naissent de branches âgées de cinq à six ans. Il faut encore remarquer que l'écorce des rejets est plus rouge sur les têtards exploités au niveau du sol, que sur les têtards munis d'une tige. — Chez d'autres espèces, comme le *S. rubra*, certains individus ont également leurs jeunes rejets vigoureux teintés de rouge. — Le *S. vitellina* (*Osier jaune*) conserve au contraire sa teinte jaune jusque sur les rameaux peu vigoureux de ses vieilles branches. C'est donc par mégarde que Wimmer [1], le savant monographe des *Saules*, n'accorde cette couleur au *S. vitellina* que pour les rejets vigoureux provenant d'un émondage annuel, et que Fries n'y voit même qu'un état morbide.

Un *Salix*, qui est abondamment cultivé dans les vignes de la Côte, me paraît un hybride des *S. fragilis* et *triandra*. Mais jusqu'alors je n'ai pu en obtenir de fleurs, même après sept années de culture. Il diffère du *S. triandra* par la petitesse des stipules, l'ampleur des feuilles, et la ductilité des rameaux même sur le frais.

1. *Salic. Europ.*, 1866, p. 18.

4. S. triandra L.; Lorey, 809. — ħ. — Fin d'avril à juin. — C C. — Bords des eaux.

Les couches extérieures de l'écorce des vieilles branches se détachent par plaques. — Feuilles un peu coriaces et raides, d'une odeur souvent balsamique à la dessiccation.

5. S. purpurea L. — *S. monandra* Hoffm.; Lorey, 808. — ħ. — Mars-mai. — C. — Bords des eaux, bois marécageux.

Chatons petits, ou gros (*S. Lambertyana* Sm.). — Etamines parfois libres dans le tiers supérieur du filet (*S. furcata* Wimm.).

6. S. rubra Huds. — ħ. — Mars-mai. — C. — Bords des eaux.

Varie à larges feuilles (*S. Forbyana* Sm.); à feuilles étroites, allongées, finement pubérulentes (var. *viminaloides* G. G. — Pontailler!, Lamarche!. — Individus tous femelles); et à tiers supérieur des rameaux tomenteux, ainsi que la face inférieure des feuilles (var. *sericea*. — Prairie de Quincy!, Laignes!). — Enfin il n'est pas rare de rencontrer des sujets à filets libres jusqu'à la base, ou soudés seulement en leur cinquième inférieur.

Le *S. rubra* n'est pour Wimmer (*Sal. Eur.*, p. 173-176) qu'un hybride des *S. purpurea* et *viminalis*. Mais les différences indiquées dans la clef, et le port si distinct du *S. rubra* protestent contre une telle opinion. D'ailleurs Wimmer dit que les *Saules* hybrides sont toujours rares; or, à St-Remy, le *S. rubra* est plus abondant en ses stations spontanées que le *S. purpurea*. — Wimmer est encore d'avis que le *S. rubra* n'est qu'un synonyme du *S. Helix* L. Le *S. rubra* est, à la vérité, bien commun pour avoir pu échapper à Linné; néanmoins, l'assimilation proposée par Wimmer souffre grande difficulté, en présence des différences staminales dont Linné ne fait nulle mention en sa diagnose.

Les *S. rubra* et *purpurea* sont d'un jaune intense à la face intérieure de leur écorce, même dans les vieilles branches, tandis que cette face y est d'un jaune pâle ou est même blanchâtre chez les *S. alba, fragilis, triandra, cinerea, Caprea*, etc. Cette teinte jaune est assez accusée chez le *S. viminalis*.

7. S. viminalis L; Lorey, 807. — ♄. — Mars-mai. — C. — Bords des eaux.

Rameaux pubescents ou glabres, épaissis, à moelle volumineuse.

× **S. Smithiana** (*S. cinerea* × *viminalis*. — *S. Smithiana* Willd.). — ♄. — Avril-mai. — R R. — Bords des eaux, lieux marécageux. — St-Remy !, Laignes !, Lamarche !, Jeux !.

Rameaux de l'année vert-jaunâtre et glabres en leur moitié inférieure ; bois de deux ans relevé de lignes saillantes sous l'écorce ; feuilles étroitement oblongues, allongées, atténuées à la base, blanchâtres-subtomenteuses à la face inférieure ; chatons moins gros que chez le *S. cinerea*; moelle des rameaux volumineuse ; capsules stériles.

8. S. cinerea L.; Lorey, 806. — ♄. — Mars-avril. — C. — Bords des eaux, bois marécageux.

Feuilles plus ou moins profondément dentées, parfois subincisées, obtuses, aiguës ou acuminées, parfois grisâtres-subtomenteuses même à la face supérieure. — Quand un rameau vigoureux a produit à la sève d'août quelques ramuscules anticipés, les chatons qui paraîtront au printemps suivant sur ces ramuscules seront pubescents, mais non pas très velus comme les chatons du rameau lui-même ; ils sont en outre moins gros, et s'épanouissent 6-8 jours plus tard. — Les anthères du *S. cinerea* sont rose-brique, et celles du *S. Caprea* jaunes avant la déhiscence.

J'ai vu deux étangs, qui avaient été desséchés en hiver, se couvrir spontanément au printemps suivant, l'un de germinations de *S. cinerea*, l'autre de germinations non moins abondantes de *Vitis vinifera*. Les graines de cette dernière espèce provenaient des déjections laissées par des étourneaux qui, les années précédentes, venaient en grand nombre passer la nuit dans les roseaux. Ces faits prouvent l'inaltérabilité de ces diverses graines, malgré un séjour prolongé au fond de l'eau.

9. S. Caprea L.; Lorey, 805. — ♄. — Mars-avril. — CC. — Bois, sables, lieux humides, décombres.

× *S. aquatica* (*S. Caprea* × *cinerea* Wimm. — *S. aquatica* Sm.). — Chatons beaucoup moins gros et d'un mois moins précoces que ceux du *S. Caprea;* feuilles ovales, assez grandes. — R R. — Longvay!, Villy-le-Moutiers. — L'écorce des rameaux de ce *S. Caprea* × *cinerea* est pubescente-tomenteuse la première année, puis verte et glabre les années suivantes. L'absence de côtes ligneuses saillantes sous l'écorce, la forme des feuilles rapprochent ce *Saule* du *S. Caprea*.

Un autre hybride est le × *S. affinis* (*S. Caprea* × *viminalis*. — *S. affinis* G. G.) qui diffère du × *S. Smithiana* par ses feuilles lancéolées, non atténuées à la base, pubescentes-verdâtres à la face inférieure, par des rameaux d'un beau vert, et par le bois non relevé de lignes saillantes. — R R R. — Laignes !.

Les jeunes rameaux du *S. Caprea* commencent par être pubescents; ils deviennent glabres dans le cours de l'année. — Ce *Saule* est le seul du département qu'on puisse cultiver en des terrains arides.

10. S. aurita L.; Lorey, 806. — ħ. — Mars-mai. — A. R. — Bois marécageux. — Flammerans !, Longvay !, Saulieu !, St-Germain-de-Modéon !, St-Andeux !, Rouvray !, bois de Vannal à Jeux !, etc.

Quelques sujets de Jeux ! (prés de Vannal) ont les feuilles plus grandes, moins ridées, pubescentes-tomenteuses ainsi que les rameaux de l'année. Ce sont vraisemblablement des hybrides de *S. aurita* et de *S. cinerea*.

11. S. repens L. — ħ. — Avril-mai. — A. R. — Prés et bois tourbeux. — Prairies de Laignes !, de Villedieu !, et de Pothières !, bois de Magny-s-Tille !, etc.

La plante de Magny-s-Tille a les tiges ascendantes, à peine radicantes.

Les feuilles de *S. repens* sont d'un polymorphisme extraordinaire et présentent toutes les transitions entre les formes ovales, obovales, oblongues et linéaires.

2. POPULUS *Tourn.*

Bourgeons adventifs aux racines. . . . . *P. Tremula.*

SALICINÉES. 439

Point de bourgeons adventifs aux racines . . . . . *P. nigra.*

Bourgeons pubescents-tomenteux ; chatons à écailles velues.
. . . . *P. Tremula.*
Bourgeons glabres ; chatons à écailles glabres. . . *P. nigra.*

1. P. Tremula L.; Lorey, 815. — ♄. — Avril-mai. —
C. — Bois argileux, lieux humides.

Les rameaux sont tous plus ou moins velus-pubescents à leur naissance ; puis survient une exfoliation épidermique qui enlève la vestiture de la façon la plus capricieuse. Ainsi trouve-t-on sur le même individu des rameaux glabres et d'autres pubescents, d'autres enfin mi-parti pubescents et glabres, et ordinairement c'est la partie inférieure qui devient glabre. Plus rarement la partie moyenne du rameau est glabre, tandis que la base et le sommet restent pubescents, ou bien cette partie moyenne est pubescente, alors que le surplus du rameau est devenu parfaitement glabre.

Le plus souvent les feuilles des vieux individus perdent leur vestiture ; mais les feuilles des rejets restent plus ou moins velues-pubescentes. Les feuilles sont d'autant plus velues qu'elles sont plus jeunes et plus supérieures, et il n'est pas rare, chez celle-ci, d'en rencontrer de velues aux 2 faces. L'effacement de la vestiture s'opère très irrégulièrement ; il peut débuter par les bords, ou par l'une des extrémités du limbe, n'atteindre qu'une moitié de la feuille, ou encore respecter dans sa marche 1 ou 2 feuilles intermédiaires.

A l'aide de ses racines drageounantes, le *P. nivea* Willd. se propage facilement aux lieux où il a été planté. — R. — Bois d'Arceau et de Saulieu !. — N'est pour Wesmael (in DC., *Prodr.*, XVI, p. 324) qu'une variété du *P. alba* L. à feuilles du sommet des rameaux 3-5 lobées.

2. P. nigra L.; Lorey, 816. — ♄. — Avril-mai. —
A. R. — Bords des rivières, bois marécageux.

Arbre élevé, à jeunes rameaux ductiles ; tronc tortueux, à fibres ligneuses spiralées.

Le *P. pyramidalis* Rozier *(Peuplier d'Italie)* et le *P. molinifera* Ait. *(Peuplier de Virginie)* sont très abondamment cultivés et se multiplient de boutures. Wesmael (in DC., *Prodr.*, XVI, p. 328) signale des individus femelles de *Peuplier d'Italie* en Allemagne, dans la Tauride et l'Himalaya, mais la grande majorité des auteurs est au contraire d'avis que l'on ne connaît jusqu'alors que des individus mâles. Je n'ai pas rencontré, dans le département, de sujets femelles du *Peuplier de Virginie*.

Les boutons des *Populus* sont enveloppés par des écailles imbriquées, ceux des *Salix* le sont par une tunique membraneuse close, qui, au printemps, cède à la pression toujours croissante du jeune bourgeon, auquel elle livre passage sans se détacher, mais en se fendant de haut en bas par sa face postérieure. Assez souvent cependant, chez le *S. purpurea*, la tunique ne se fend pas, mais, se détachant bientôt par sa base, elle se laisse entraîner par le chaton auquel elle forme ainsi une sorte de capuchon temporaire. Cet entraînement des tuniques du *S. purpurea* s'explique par leur mortification assez fréquente pendant l'hiver, et encore par les points restreints de leur adhérence au rameau, en raison de la petitesse des boutons floraux de cette espèce.

Chez les *S. viminalis, fragilis, alba, rubra, Caprea* et *triandra*, les rameaux nés sur de vieilles branches, et par conséquent peu vigoureux, sont très fragiles à leur insertion, même la première année, bien que l'âge doive encore ajouter à cette fragilité. Ils le sont à un degré moindre chez le *S. purpurea* et sont résistants chez le *S. cinerea*. D'après Wimmer [1], le *S. fragilis* est le plus fragile des *Saules* d'Europe ; mais sur ce point il me paraît le céder encore au *S. triandra*.

Les rejets (*Osier*) des *S. vitellina, fragilis, viminalis* sont flexibles-ductiles même sur le frais ; ceux des *S. triandra, rubra, purpurea, alba* sont au contraire cassants. Mais ces derniers deviennent ductiles quand on les laisse faner, ou quand on les fait tremper dans l'eau, s'ils ont été préalablement desséchés. Le plus souvent on écorce l'*Osier*

---

1. *Salic. Europ.*, p. XXV.

avant de le dessécher. Cette distinction à faire entre les rejets frais, fanés ou desséchés, explique les assertions contradictoires des auteurs relativement à la ductilité de certains *Saules*. — Les rameaux des vieilles branches sont beaucoup moins ductiles que les rejets des têtards. — Les *S. viminalis*, *triandra* et *rubra* forment le fond des *Oseraies* cultivées dans le département pour les besoins de la vannerie. Les *S. fragilis* et *vitellina* fournissent surtout des liens à la *Vigne*; pourtant, dans la Côte, on cultive beaucoup aussi pour cet usage un *Salix* qui m'a paru un hybride des *S. triandra* et *fragilis* (p. 435).

Dans toutes les espèces de *Salix* il y a des variétés à feuilles larges ou étroites, arrondies ou atténuées à la base, et à sommet plus ou moins aigu ou acuminé. Ces différences s'observent non seulement d'individu à individu, mais parfois jusque sur le même rameau. Puis les feuilles des rejets du tronc sont beaucoup plus grandes, et moins pubescentes et rugueuses que les feuilles des branches; et la vestiture des feuilles inférieures s'est déjà plus ou moins effacée, quand elle est encore prononcée dans les feuilles supérieures. En outre, les rameaux anticipés ou estivaux ont une vestiture moins prononcée que celle des rameaux qui sont nés au printemps.

On ne doit pas, avec Wimmer (*op. cit.*, p. xxviii), attribuer tout le polymorphisme des *Saules* à l'influence des milieux, car il est certain que la plupart des sujets d'une même espèce, bien que cultivés en des conditions identiques, offrent toujours entre eux de très notables différences. C'est en présence d'un tel polymorphisme, aggravé encore de diœcie, qu'Endlicher adressa aux *Saules* ce reproche si bien fondé : « Botanicorum crux et scandalum !. » Les caractères les plus sûrs (Fries, Wimmer) doivent être tirés de la longueur du style, de celle du pédicelle des capsules, et de la forme du nectaire.

Les rameaux vigoureux des *S. rubra, viminalis, triandra* et surtout ceux du *S. purpurea* ont quelquefois leurs feuilles verticillées par trois. — La longueur des pétioles des *S. purpurea, rubra* et *viminalis* peut varier de 3 à 12^m. — Les stipules manquent ou sont petites et fugaces sur les rameaux chétifs, même chez les espèces qui ont normalement des stipules amples et persistantes. — La version du sommet des feuilles est de règle chez les *S. Caprea* et *aurita*; elle est très rare chez les *S. triandra* et *viminalis*. Elle se fait au surplus indifféremment à droite ou à gauche sur le même rameau.

Wimmer (*op. cit.*, p. xxxvii) dit que les chatons mâles de *Saule* ouvrent leurs fleurs de bas en haut; mais cette marche n'est qu'une rare exception. Le plus souvent le début de l'épanouissement a lieu dans la partie intermédiaire du chaton, à l'exemple de l'épi du *Dipsacus sylvestris*; puis, l'anthèse s'avance vers la base et vers le sommet. Comme le début a lieu plus près du sommet chez les *S. rubra, purpurea, viminalis, fragilis* et *alba*, l'épanouissement y finit par la base du chaton; il finit au contraire par le sommet chez les *S. Caprea, cinerea* et *triandra*, où le début se produit plus près de la base que du sommet. Rarement l'épanouissement commence par le sommet ou par la base ou bien encore est simultané pour toutes les fleurs d'un même chaton. La face du chaton qui est exposée au soleil est ordinairement la première à s'épanouir. L'ordre d'épanouissement des chatons femelles n'a pas non plus de règle absolue, et il peut être dans la même espèce en contradiction avec celui des chatons mâles (*S. purpurea*). La marche de l'inflorescence n'est pas moins diverse chez d'autres *Amentacées* : ainsi les chatons mâles de *Noyer* et de *Charme* fleurissent ordinairement de bas en haut, ceux de l'*Alnus glutinosa* et du *Noisetier* s'ouvrent indifféremment de bas en haut ou de haut en bas; ils obéissent même parfois à la simultanéité, ou bien encore le début a lieu dans la partie moyenne du chaton.

Les chatons, surtout les mâles, sont très odorants chez les *S. Caprea, cinerea,* × *Smithiana* et *viminalis* ; ils sont presque inodores chez les *S. alba, fragilis, triandra* et surtout chez les *S. purpurea* et *rubra*. — Au début de l'épanouissement du chaton les écailles sont rosées, mais ce rose passe vite au vert jaunâtre ou au brun noir : ainsi les écailles inférieures des *S. Caprea* et *cinerea* sont déjà brun-noir, quand les supérieures sont encore rosées.

Les fleurs de *S. cinerea* sont sujettes à de fréquentes tératologies : filet unique et simple avec anthère quadrilobée, ou filet 2-4 furqué et surmonté d'anthères inégales, imparfaites et dimidiées; ovaire remplacé par deux lames vertes filiformes-lancéolées, parfois anthérifères sur l'une de leurs faces, tantôt munies chacune d'un pédicelle, tantôt portées par un pédicelle commun ; organe sexuel gynandre, en forme de coupe verdâtre, plus ou moins évasée, anthérifère à l'intérieur et surmontant un long filet ou pédicelle. Parfois l'un des deux filets ou l'une des deux branches d'un filet unique porte une anthère et l'autre une lame verte, dressée et se terminant en stigmate. Toutes ces tératologies se sont rencontrées en abondance parmi de jeunes *S. cinerea*, dont les germinations avaient couvert un étang desséché. Ayant mis en expérience plusieurs de ces individus tératologiques, j'ai remarqué que tous leurs chatons étaient restés anormaux pendant les premières années. Après douze ans de culture, quelques sujets seulement ont cessé d'offrir des tératologies ; les autres ont subi, depuis trois ou quatre printemps, de graves changements en faveur de l'un ou de l'autre sexe, comme si les deux éléments mâle et femelle se disputaient le sexe des fleurs. C'est ainsi que le même rameau porte à la fois des chatons mâles, femelles, hermaphrodites, et d'autres encore plus ou moins monstrueux, et qu'on trouve dans le même chaton des fleurs de l'un et de l'autre sexe, mêlées à des fleurs anormales ; enfin la gynandrie passe soit au sexe femelle en fermant sa coupe, soit au sexe mâle en la transformant en une étamine quadrilobée. En d'autres fleurs gynandres, le pédicelle se bifurque au sommet, ou même se dédouble sur presque toute sa hauteur, et chaque branche porte une anthère normale ; puis les deux lames vertes, qui constituent l'organe sexuel de beaucoup de fleurs, tantôt se transforment chacune en une étamine, tantôt au contraire se soudent sur toute leur longueur pour former un ovaire normal. Mais un grand nombre de chatons continuent d'être tératologiques, et un âge plus avancé ne devra pas ramener ces individus, tous du moins, à un état complètement normal ; car on trouve assez fréquemment en pleine campagne de vieux *S. cinerea* atteints de semblables tératologies . Au surplus, plusieurs de ces anomalies peuvent se rencontrer aussi chez d'autres espèces, comme *S. fragilis, triandra, purpurea, viminalis*, où Wimmer signale particulièrement l'androgynie, le mélange des fleurs mâles et femelles dans le même chaton et la bi-trifurcation du filet. Il a trouvé 3-5 étamines chez le *S. fragilis* ; j'en ai compté trois chez le *S. alba*.

Une polycladie, mêlée de fasciation, amène assez fréquemment la production de broussins à l'extrémité des rameaux du *S. alba*. — Les roses de *Saule* sont dues à la présence d'une larve dans un bouton foliifère dont l'axe reste très court avec feuilles plus ou moins rudimentaires : les roses du *S. alba* sont ovoïdes et feuillées ; celles du *S. purpurea* sont écailleuses et subglobuleuses.

LXXXVII. BÉTULINÉES (Juss.).

1. BETULA *Tourn.*

1. **B. alba** L.; Lorey, 802. — ♄. — Avril. — CC. —

Bois granitiques et siliceux du Morvan! et du Val-de-Saône!.

Var. β. *pubescens* (*B. pubescens* Ehrh.). — Rameaux et feuilles adultes pubescents. — Croît mêlé au type.

Les parties de la tige du *B. alba* qui sont âgées de 10 à 30 ans ont l'écorce d'un beau blanc. Cette couleur disparaît, dans un âge plus avancé, par suite des larges crevasses qui se produisent sous les couches extérieures de l'écorce et qui donnent passage à un suber gris-brun dont la surface est très irrégulière. La couleur blanche est plus tardive et moins éclatante dans la variété *pubescens*.

Rameaux dressés-étalés, ou grêles, allongés, pendants-pleureurs; feuilles dentées ou incisées-dentées. — Les rameaux pubescents sont ordinairement dépourvus de verrucosités; c'est ainsi que la verrucosité, si fréquente sur les rameaux glabres de l'*Ulmus campestris*, y est nulle ou très rare sur les rameaux pubescents. — Quelquefois des rameaux glabres ont les feuilles pubescentes, ou au contraire des feuilles glabres peuvent être observées sur des rameaux pubescents.

2. ALNUS *Tourn.*

1. A. glutinosa L.; Lorey, 803. — ♄. — Mars. — C. — Bois marécageux, bords des eaux.

L'enveloppe des boutons est constituée non par des écaillles, mais par des stipules, comme on le voit encore chez d'autres *Amentacées* (*Charme, Noisetier*). — Jeunes rameaux triangulaires-glutineux, à faces canaliculées.

Les racines sont atteintes normalement d'hypertrophies en forme de pelotes ou broussins, qui ont pour point de départ la fasciation-partition d'une extrémité radicellaire. Peu après leur début, ces excroissances offrent à leur surface plusieurs divisions, qui elles-mêmes s'hypertrophient et se subdivisent par l'effet de partitions courtes et multipliées. Il en résulte un corps subglobuleux à surface ridée-rugueuse, tuméfié et très dur dans l'eau ou au sein d'une terre humide, flasque au contraire et facilement compressible, quand il est exposé à la sécheresse. Tantôt ces excroissances sont sessiles, tantôt elles sont pédicellées, suivant la longueur de la radicelle qui les porte. Les germinations d'un à deux ans possèdent déjà des rudiments de ces singulières pelotes. Je n'ai pu y reconnaître pour origine l'évolution [1] de bourgeons radicellaires. L'intervention d'un mycelium parasite [2] ou de quelque autre organisme ne me semble pas mieux fondée, et, si un mycelium finit par envahir ces broussins, il n'est en rien la cause de leur développement. On est ici en présence d'un corps normal, qui est propre aux racines de l'*Alnus glutinosa*, comme des granulations le sont à celles des *Papilionacées*.

Subdivision IV. GYMNOSPERMES.

CLASSE. CONIFÈRES.

LXXXVIII. CUPRESSINÉES (Rich.).

1. JUNIPERUS *L.*

1. **J. communis** L.; Lorey, 828. — ♄. — Avril-mai. — C C. — Bois, friches.

Une forme fastigiée, à rameaux dressés-apprimés, se rencontre à Montbard !.

L'altération de la chlorophylle, si profonde à l'automne sur les feuilles caduques, s'observe aussi, mais en hiver et beaucoup moins prononcée, sur les feuilles persistantes. Celles-ci, en effet, passent après les premiers grands froids a une teinte vert-brunâtre (*Genévrier*, *Buis*, *Lierre*, *Thuya*, etc.), puis au printemps l'élévation de la température leur rendra leur couleur nettement verte.

Les rameaux de *Genévrier* sont souvent atteints de renflements oblongs-ovoïdes, qui peuvent en décupler le volume et qui ont

---

1. Schacht, *Bull. de la Soc. bot. de Fr.*, 1854, I, p. 333.
2. Woronin, *Ibid.*, Rev. bibliogr., 1867, XIV, p. 28.

leur siège dans le bois et dans l'écorce. Cette déformation est due à un afflux séveux déterminé par la présence de quelque *Cryptogame* parasite (*Podisoma*).

Depuis une quarantaine d'années, de nombreuses plantations de *Résineux* (*Abiétinées*) ont été faites dans le département, surtout dans l'arrondissement de Châtillon. Les principales essences employées sont le *Pinus sylvestris* L., le *Larix Europæa* DC. (*Mélèze*), et l'*Abies excelsa* DC. (*Epicéa*). Le *Pin sylvestre* s'accommode des sols les plus ingrats. — On ne doit compter que sur les graines seules pour perpétuer les forêts peuplées d'*Abiétinées*, attendu que tout bourgeon normal s'est éteint sur les troncs de ces essences, qu'il ne s'y en développe pas d'adventifs, et que leurs racines n'ont pas la propriété de bourgeonner adventivement, propriété du reste dont jouissent seulement un petit nombre de végétaux. Les *Cupressinées* (*Genévrier*, *Thuya*, *If*, etc.) peuvent au contraire repousser vers la base de leurs troncs, quand ceux-ci n'ont pas été exploités trop bas.

C'est à tort qu'on a parfois refusé aux *Conifères*, qui ont perdu leur flèche, de pouvoir la rétablir à l'aide d'un bourgeon latéral. Un rameau, âgé de quelques années, peut même servir à cet effet, et il se courbe pour tendre à la verticale. La force, qui pousse les végétaux à redresser leur tronc, est si impérieuse que des *Pins* et des *Peupliers*, inclinés à dessein presque jusqu'à terre sans pourtant être gravement déracinés, font, même dans les parties âgées de 10-15 ans, décrire à leur tige une courbe très prononcée afin de se rapprocher de la verticale.

Un *Juniperus Sabina* (*Sabine*), vraisemblablement adventif, se trouve depuis de longues années à Rougemont, sur les pentes rocheuses et incultes du coteau des Tours !, où il forme un large buisson à l'aide de ses tiges étalées-radicantes.

DIVISION II. MONOCOTYLÉDONÉES.

Subdivision I. Périanthe pétaloïde, ou a pièces extérieures seules herbacées.

CLASSE I.
OVAIRE SUPÈRE.

LXXXIX. ALISMACÉES (Juss.).

1. ALISMA *L.*

1 Souche épaissie-subglobuleuse . . . . *A. Plantago.*
Souche non épaissie-subglobuleuse. 2
2 Souche stolonifère ; tiges longuement étalées, radicantes aux nœuds. . . . . *A. natans.*
Souche non stolonifère ; tiges très rarement étalées-radicantes aux nœuds. . . . . *A. ranunculoides.*

1 Inflorescence verticillée en panicule ; carpelles groupés le plus souvent en tête subtrigone évidée au centre. . *A. Plantago.*
Inflorescence non verticillée en panicule ; carpelles groupés en tête globuleuse ou en cercle. 3
2 Feuilles toutes radicales ; pédoncules en ombelle terminale, plus rarement deux ombelles superposées ; carpelles anguleux, en tête globuleuse. . . . . *A. ranunculoides.*
Feuilles caulinaires nombreuses ; pédoncules axillaires ; carpelles striés, groupés en cercle. . . . . *A. natans.*

1. A. Plantago L. ; Lorey, 840. — ♃. — Juin-sept. — C. — Bords des eaux, lieux marécageux.

Feuilles ovales, arrondies-tronquées à la base (var. *latifolium*), ou lancéolées, atténuées aux deux extrémités (*A. lanceolatum* Rchb.). — Les individus submergés ont leurs feuilles allongées, rubanées-flottantes (*A. graminifolium* Ehrh.).

Chez la variété *arcuatum* (*A. arcuatum* Michalet), l'axe et les rameaux de l'inflorescence sont arqués-recourbés ; les carpelles offrent 3 côtes sur le dos et sont groupés en tête déprimée au sommet, mais pleine au centre. Cette variété abonde aux étangs d'Arnay-le-Duc!, où la plupart des sujets croissent le pied dans l'eau. Les feuilles inférieures sont flottantes-linéaires, les supérieures émergeantes-lancéolées, et la floraison est tardive. Aux stations asséchées, tantôt l'inflorescence reste arquée-recourbée, tantôt elle se rapproche pour le port de celle de l'*A. Plantago*. D'ailleurs les carpelles de l'*A. Plantago* offrent soit un, soit deux sillons sur le dos, qui est dans ce dernier cas marqué de trois côtes, comme chez l'*A. arcuatum*; puis on les trouve (Val-de-Saône!), assez souvent encore, disposés en tête pleine au centre et parfois même subglobuleuse.

Par leurs feuilles anastomosées, les *Alisma Plantago, Damasonium stellatum, Paris quadrifolia, Tamus communis, Platanthera bifolia, Arum maculatum, A. Italicum* font exception à l'immense majorité des *Monocotylédonées*.

Les nœuds inférieurs de la panicule de l'*A. Plantago* portent chacun un verticille de 6 rameaux, groupés par paires et alternativement grands et petits. Chaque grand rameau est aisselé par une bractée qui renferme 2 autres bractées plus petites et collatérales. L'une de ces petites bractées est fertile et donne naissance au petit rameau qui accoste le grand ; suivant les individus, elle est à droite ou à gauche du grand rameau, mais elle occupe presque toujours le même côté dans tous les verticilles d'une même inflorescence. Parfois 2 bractées collatérales sont stériles, et le verticille n'a plus que 5 rameaux, ou bien toutes les deux sont fertiles et l'on compte alors 7 rameaux, 3 grands et 4 petits. Parfois encore, dans un verticille où les bractées fertiles sont à droite, l'une d'elles se trouve stérile, et celle qui lui est collatérale, c'est-à-dire qui est à gauche, devient fertile ; le nombre des rameaux reste le même, mais l'alternance est totalement rompue, puisqu'un des intervalles entre les grands rameaux n'a plus de petit rameau, qu'un autre en a un seul, et qu'enfin le 3ᵉ intervalle en a deux. Dans la région supérieure de l'inflorescence, les nœuds du rachis ne portent plus que des verticilles composés de pédoncules et de ramuscules bi-triflores. Il en est de même de la plupart des verticilles secondaires étagés sur les grands rameaux. Dans ces verticilles affaiblis, ce sont les pédoncules qui représentent les grands rameaux des verticilles vigoureux ; les ramuscules correspondent aux petits rameaux et sont beaucoup plus lents à passer à l'état de simples pédoncules. — L'ensemble de l'inflorescence est progressif, mais beaucoup de détails sont réglés par la régression.

M. Clos[1] a voulu expliquer la gémination et l'inégalité des rameaux par une excessive contraction de l'entre-nœud supérieur, d'où résulterait la fusion de deux verticilles en un seul. On ne voit pas, dans cette hypothèse, pourquoi les petits rameaux, au lieu d'occuper le milieu de l'intervalle existant entre les grands, naissent toujours aux côtés mêmes de ceux-ci. Puis elle serait bien extraordinaire cette végétation qui, après avoir formé un mérithalle si raccourci et si atrophié qu'il ne déborde pas le niveau de celui auquel il est superposé, s'élancerait ensuite brusquement en un mérithalle allongé, porteur des grands rameaux, et enfin répéterait à tous les nœuds de l'inflorescence cette étrange alternance d'extrême vigueur et d'extrême affaiblissement. — Les petits rameaux me paraissent plutôt des rameaux latéraux nés de la base des grands. Il est vrai qu'en tirant sur un grand rameau, on ne détache pas en même temps le petit, et que par conséquent celui-ci semble être indépendant du grand. La réponse à cette objection est que dans le sertule de l'*Holosteum umbellatum*, et dans les glomérules des *Galeobdolon luteum* et *Melittis Melissophyllum*, les pédicelles latéraux ne sont pas entraînés par l'arrachement du central, bien que tous les auteurs, en rapportant ces inflorescences à des cymes, entendent par là que les pédicelles latéraux sont une ramification de l'axe, c'est-à-dire du pédicelle central.

2. A. natans L.; Lorey, 839. — ♃. — Juill.-sept. — R. — Mares, fossés. — Saulieu ! (*Lorey*) ; Laroche-en-Brenil !.

1.[*Bull. de la Soc. bot. de Fr.*, 1870, XVII, p. 279-282.

ALISMACÉES.   431

3. A. ranunculoides L.; Lorey, 839. — ♃. — Juin-août. — R. — Fossés, bords des eaux. — Larrey-lez-Poinçon ! (*Lorey*) ; Laignes !, Villedieu !, Pothières !.

Rompues sur le frais, les souches et pseudorrhizes des *A. ranunculoides* et *Plantago* dégagent une pénétrante odeur de chlore.

2. DAMASONIUM *Juss.*

1. D. stellatum Rich. — *Alisma Damasonium* L.; Lorey, 841. — ♃. — Juin-sept. — A. C. — Mares et fossés du Val-de-Saône. — St-Seine-en-Bâche, Bagnot, Seurre ! (*Lorey*); St-Jean-de-Losne !.

3. SAGITTARIA *L.*

1. S. sagittæfolia L.; Lorey, 842. — ♃. — Juill.-août. — A. C. — Etangs, mares, fossés et rivières du Val-de-Saône et du vallon de l'Arroux. — A Dijon dans le canal de Bourgogne !, St-Léger-lez-Pontailler !, Collonges !, Samerey !, Longvay !, Broin !, La-Canche !, etc.

Les feuilles ont trois formes principales : les extérieures sont ensiformes et réduites à un phyllode ailé, les intermédiaires se terminent par un limbe plus ou moins distinct, enfin les intérieures sont sagittées. Toutes les feuilles ne peuvent être sagittées, même en eau stagnante et très peu profonde ; de même qu'une eau rapide, et profonde de 60-80 centim. n'empêche pas le développement de la flèche des feuilles intérieures. Cependant, si la profondeur est plus considérable et le courant impétueux, l'évolution des feuilles intérieures ou sagittées n'aura pas lieu et toutes les feuilles extérieures et intermédiaires deviennent rubanées-flottantes (s. v. *vallisneriæfolia*). — Les fleurs s'accompagnent toujours de feuilles sagittées ; et même ces feuilles se rencontrent souvent sur des individus qui ne sont encore que foliifères.

Les souches, soit florifères, soit foliifères, ont des drageons nombreux, allongés, épaissis à leur sommet qui se relèvera en rosette foliacée. Ces drageons sortent de la souche en traversant les gaînes des feuilles et ne tardent pas à s'isoler du pied mère par la destruction de leurs mérithalles postérieurs.

XC. BUTOMÉES (Rich.).

1. BUTOMUS *L.*

1. B. umbellatus L.; Lorey, 838. — ♃. — Juill.-août. — A. C. — Bords des eaux. — Canal de Bourgogne!, Laignes!, Villedieu!, Pontailler!, Citeaux!, Seurre!, etc.

Rhizome horizontal, écailleux, rameux-drageonnant, défini à chaque floraison, bien qu'ayant été cité dans quelques ouvrages comme exemple d'un rhizome indéterminé.

L'inflorescence du *B. umbellatus,* de même que celle de tant d'*Allium,* est une ombelle qui a des fleurs épanouies et des capsules, déjà presque mûres, entremêlées à des fleurs en bouton.

XCI. COLCHICACÉES (DC.).

1. COLCHICUM *Tourn.*

1. C. autumnale L.; Lorey, 909. — ♃. — Fl. sept.-oct.; fr. mai-juin. — CC. — Prairies, bois humides.

A l'automne, lors de la floraison, une rosette de jeunes feuilles, longues de 3-6 centim., entoure la base du tube du périanthe. En réalité, les feuilles sont donc aussi âgées que la fleur, mais leur évolution complète est retardée jusqu'au printemps. Aux lieux marécageux, il est parfois des sujets qui ne fleurissent qu'au printemps, et alors l'évolution aérienne des feuilles suit de très près celle de la fleur. — Dans les stations favorables, comme terre fraîche ou cultivée, ou encore taillis âgés de 3-4 ans, il n'est pas rare de rencontrer des individus portant jusqu'à 5-6 fleurs, dont 1-2 sont fournies par le bourgeon supérieur du tubercule, bourgeon, qui, dans de moins bonnes conditions de terrain, a coutume de s'atrophier.

Le corps souterrain du *C. autumnale* est un tubercule et non pas un bulbe. En effet, il n'est pas formé d'écailles ou de tuniques charnues, mais bien de deux mérithalles de forme très irrégulière : l'inférieur, très gros et constituant à lui seul presque tout le tubercule ; le supérieur très petit, et enchâssé au sommet de l'un des flancs du mérithalle inférieur. Chacun de ces mérithalles porte un bourgeon vers sa base. Le bourgeon du mérithalle inférieur est situé au bas de la face antérieure du tubercule sur une courte languette ou processus, qui fait saillie dans le sens descendant. Les dimensions du petit mérithalle ou mérithalle supérieur peuvent fournir de bons caractères spécifiques. Ainsi, chez le *C. autumnale*, il n'est long que de 4-6 millim., tandis que chez le *C. variegatum* L. il a jusqu'à 20-25 millim. de longueur et occupe la moitié de la hauteur d'une des faces latérales du tubercule. — Foliifères ou florifères, les tubercules sont définis : ils se détruisent totalement chaque année et se remplacent à l'aide de leur bourgeon inférieur. Ce n'est que dans de bonnes conditions de végétation, ou qu'après ablation du bourgeon inférieur, que le supérieur se décide à évoluer. — Chaque tubercule est complètement enveloppé par la gaîne de la feuille extérieure, gaîne qui est précédée elle-même de 1-2 gaînes minces et aphylles. Les feuilles intérieures, au nombre de 2-4, suivant la force des individus, sont insérées au sommet du tubercule, où leur chute laisse une large cicatrice concave. L'enveloppe noirâtre qui entoure les tubercules est formée des gaînes foliaires marcescentes de chaque année. Ces gaînes sont plus nombreuses sur la face postérieure du tubercule, parce que le bourgeon de remplacement est toujours inséré sur la face antérieure et qu'ainsi chaque année le nouveau tubercule laisse derrière lui les plus vieilles gaînes par cette progression toujours répétée d'arrière en avant. Souvent des pseudorrhizes, ne pouvant percer la couche épaisse des vieilles gaînes, montent alors en gagner le sommet ; ce qui arrive aussi au *Muscari comosum* et à beaucoup d'autres *Liliacées* bulbeuses. — Après la mort des pseudorrhizes à la fin du printemps, la vie s'entretient dans le bourgeon de remplacement du *C. autumnale* à l'aide des matériaux nutritifs fournis par le tubercule. La première trace de résorption se manifeste par un sillon médian longitudinal qui parcourt de bas en haut la face antérieure du tubercule. Superficiel en juillet, le sillon se creuse de plus en plus, de sorte qu'il pourra en automne loger le tube du périanthe et les jeunes feuilles encore hypogées.

Quand un tubercule a été planté trop haut, c'est-à-dire près de la surface du sol, le processus, porteur du bourgeon de remplacement, prend une grande longueur qui peut égaler presque celle du tubercule lui-même. C'est un artifice auquel la plante aura recours chaque année, tant qu'elle n'aura pas descendu son tubercule à un niveau normal. Dans les bois, à mesure que l'ombre et l'humidité s'accroissent avec l'âge des taillis, le processus se raccourcit ou devient nul, ou même l'insertion du bourgeon de remplacement se surhausse un peu chaque année; mais, après l'exploitation, la plante se hâtera d'allonger son processus afin de soustraire à la sécheresse son nouveau tubercule.

De tous ces détails il résulte que le tubercule du *C. autumnale* ne peut appartenir à la végétation de deux années, puisqu'il se détruit complètement tous les ans. L'assertion [1] sur le mouvement alternatif des tubercules de droite à gauche et de gauche à droite n'est pas mieux fondée, car, à moins de cas accidentels, le bourgeon de remplacement ne se développe que sur la face antérieure du tubercule, et la progression se dirige en un seul sens, c'est-à-dire toujours d'arrière en avant.

XCII. LILIACÉES (DC.).

† TULIPA *L.*

† **T. sylvestris** L.; Lorey, 888. — ⚥. — Avril-mai. — R R. — Prés. — Léry, Châtillon (*Lorey*); environs de Dijon (*Méline*); parcs de Lignerolles (*Magdelaine*) et de Longecourt (*Méline*). — A dû être importé en ces stations.

Je n'ai trouvé de drageons, chez le *T. sylvestris*, qu'aux seuls individus foliifères. Ces drageons sont enfermés dans une gaîne distendue, offrant à son extrémité une pointe mousse jaunâtre. Ils ont de l'analogie avec les bulbes pédicellés du *T. Gesneriana* L., mais ils sont ordinairement 2-3 et non pas solitaires, puis ils se

[1]. Adr. de Jussieu, *Bot.*, 1855, 6ᵉ édit., p. 130.

dirigent en un sens oblique-horizontal, au lieu de descendre verticalement dans le sol. — Les bulbes pédicellés du *T. Gesneriana* se produisent pour les sujets adultes plantés à une trop faible profondeur et pour les jeunes bulbes obtenus de semis. Les bulbes adultes atteignent dans l'année même à toute la profondeur normale, mais la descente des jeunes bulbes dure plusieurs années, parce qu'elle est proportionnelle au grossissement du bulbe. Une fois le niveau normal atteint, la plante cesse de se pédiceller. On ne doit donc qu'avec cette restriction accorder des bulbes pédicellés au *T. Gesneriana*. Dé même, on a trop généralisé en disant que les tuniques du bulbe de cette espèce sont velues à la face intérieure, car sont seules velues les tuniques foliifères marcescentes ; les tuniques aphylles charnues ne sont velues à aucune époque de leur existence. Il en est de même du *T. sylvestris.*

Les fleurs du *T. sylvestris* ont l'odeur agréable du *Cheiranthus Cheiri*. La hampe est courbée-réfractée avant floraison ; elle est droite et dressée chez le *T. Gesneriana*.

La hampe est parfois 2-4 flore par partition. D'autres tératologies se présentent encore : comme 7-8 pièces au périanthe et 7-8 étamines dont quelques-unes soudées au périanthe ; enfin 2-4 lames carpellaires constituent l'ovaire de certaines fleurs.

1. FRITILLARIA *L.*

1. F. Meleagris L.; Lorey, 889. — ♃. — Mai. — RR. — Prés, bois. — Bois de la Reclive près Seurre (*Lorey*): bois de Chivres (*Duret*) ; prairie de Chamblanc à Seurre ! (*Leclerc*); bois des Mayllis (*Peltier*).

Le bulbe est d'une odeur qui rappelle un peu la fétidité du bulbe du *F. imperialis* L.

2. LILIUM *L.*

1. L. Martagon L.; Lorey, 891. — ♃. — Juin-juill. — A. C. — Bois de la Côte. — Sombernon !, Blaisy-Bas !, Lantenay !, Val-Suzon !, Nuits !, Santenay !, etc.

Bulbe à écailles jaunes. — Le *L. Martagon* a les fleurs réfractées avant et pendant floraison, comme les *L. Pomponium* L., *Pyrenaicum* Gouan et *tigrinum* Gawl.; il a de plus, ainsi que le *L. Pomponium*, le rachis courbé-réfléchi en même temps que les fleurs. Lors de la fructification, les fleurs se relèvent par redressement du rachis et par arcure ascendante du pédicelle en sa moitié inférieure. Pendant l'épanouissement, les fleurs des *L. croceum* Chaix et *bulbiferum* L. sont obliquement dressées, et celles du *L. candidum* L. deviennent horizontales par courbure du sommet du pédicelle.

3. ORNITHOGALUM *L.*

Bulbe écailleux, assez gros, ovoïde, dépourvu de caïeux; écailles libres entre elles et persistant quelques années; pseudorrhizes blanches. . . . . *O. Pyrenaicum.*
Bulbe tuniqué-écailleux, petit, irrégulièrement ovoïde, anguleux par la présence de gros caïeux; pièces se résorbant toutes chaque année, les extérieures soudées entre elles par leur partie basilaire; pseudorrhizes devenant jaunâtres en vieillissant . . . . *O. umbellatum.*

Feuilles détruites à la floraison, à nervure verdâtre; fleurs jaunâtres, en grappes allongées. . . . . . *O. Pyrenaicum.*
Feuilles non détruites à la floraison, à nervure blanc-argenté; fleurs blanches, rayées de vert à l'extérieur, disposées en corymbe . . . . *O. umbellatum.*

1. O. Pyrenaicum L.; Lorey, 899. — ♃. — Mai-juin. — C. — Bois, haies, prés; rare dans les moissons, mais alors très robuste, comme à Larrey-lez-Poinçon!.

Grappe chevelue ou non avant l'anthèse, suivant les dimensions très variables des pédicelles et des bractées. — Pédicelles dressés-étalés pendant floraison, dressés-apprimés après, dressés-étalés à la fructification. — Fleurs de plus en plus petites et atrophiées dans le quart supérieur de la grappe, par analogie avec le *Muscari comosum*. — Capsule ovoïde-subglobuleuse ou ovoïde-oblongue, à sommet tronqué ou atténué.

2. O. umbellatum L., Lorey, 899. — ♃. — Mai-juin. — C. — Prés, moissons.

Beaucoup plus robuste en toutes ses parties dans les moissons du Val-de-Saône à Seurre !, Broin !, etc., mais. y a des caïeux peu abondants et n'y croît par conséquent pas en touffe dense, comme dans les prés. C'est une variété parallèle à la variété *neglectum* du *Muscari racemosum*, et qui se maintient par la culture.

Comme les pseudorrhizes jaunissent en vieillissant, le même bulbe peut en avoir de blanches et de jaunes; puis les ramifications des jaunes sont ordinairement blanches. — Après floraison, les pédicelles s'étalent pour la fructification, mais alors une courbure redresse le sommet du pédicelle et maintient la capsule en une position verticale.

L'*Ornithogalum umbellatum*, les *Anemone nemorosa, ranunculoides, Ficaria ranunculoides*, etc. ont été cités comme pouvant, à toute heure du jour ou de la nuit, ouvrir ou fermer leurs fleurs au moyen de variations de température. Mes observations ne concordent pas avec une telle assertion; et j'ai toujours échoué à vouloir ramener l'épanouissement chez ces espèces et chez tant d'autres, quand les corolles venaient de se fermer par perte de turgescence après leur veille quotidienne. Dès lors, la veille ne pourra plus être obtenue qu'après un laps de temps réparateur, qui dure normalement jusqu'au lendemain ; car la turgescence est un facteur [1] indispensable au sommeil des plantes et sans lequel beaucoup de faits demeurent inexplicables. Je n'ai pu voir non plus que les mouvements périodiques spontanés fussent indépendants des variations de température ; mais au contraire l'abaissement de la température est tout-puissant pour retarder, abréger ou même annihiler complètement l'épanouissement quotidien des corolles sommeillantes. Aussi le nom vulgaire de *Notre-Dame d'onze heures* vient-il à l'*Ornithogalum umbellatum* d'une observation inattentive des heures et conditions de l'épanouissement du périanthe ; et, comme pour toute autre plante sommeillante, il n'y a d'heure fixe ni pour l'ouverture ni pour l'occlusion de ses fleurs. Des causes accessoires, comme la sécheresse ou l'humidité du sol, l'exposition, l'âge des fleurs, etc., compliquent encore le phénomène et ajoutent à l'étendue des variations auxquelles il est soumis. — Pour plus

---

1. Il faut de plus l'action simultanée d'un second facteur, la température. Le rôle de la lumière n'est qu'accessoire.

amples détails, qui ne sauraient trouver place ici, voir mon *Essai sur le Sommeil des plantes* [1].

4. GAGEA *Salisb.*

1. G. arvensis Schultes. — *G. villosa* Duby ; Lorey, 898. — ♃. — Mars-avril. — C. — Moissons, cultures.

A la fin de la floraison, la hampe est accostée inférieurement de deux bulbes contemporains très inégaux. Après fructification, la hampe se détruit; les deux bulbes, auxquels elle servait de trait d'union, deviennent libres et chacun d'eux se montre alors creusé sur sa face commissurale d'un sillon naguère occupé par la hampe. C'est donc par mégarde que les auteurs accordent au *G. arvensis* un bulbe double ; car ces deux bulbes sont l'un le bulbe de remplacement, l'autre le bulbe de multiplication d'un bulbe mère simple.

La floraison est assez rare même dans les localités où la plante pullule, et il semble que l'abondance des bulbilles nuise à la production des fleurs. Souvent, en effet, la hampe ne porte, au lieu de fleurs, que des bulbilles agglomérés en un épi ordinairement chevelu par le développement de petites feuilles ; ou même, des paquets de bulbilles hypogés surmontent les bulbes foliifères. Les bulbilles deviennent libres à la fin de la végétation ; un certain nombre, après quelques années d'inertie, finissent par périr ; chez les autres, la floraison est précédée d'une longue période foliifère.

Lorey (p. 897) signale le *G. lutea* Duby ex parte *(G. stenopetala* Fries) dans les prés montagneux au bord des bois de la vallée de Messigny.

5. SCILLA *L.*

Epaisse couche de tuniques desséchées autour du bulbe. . . . . *S. autumnalis.*
Point d'épaisse couche de tuniques desséchées autour du bulbe. . . . . *S. bifolia.*

Feuilles linéaires-étroites; fleurs lilas, automnales; graines dépourvues d'arille. . . . . *S. autumnalis.*

1. *Ann. des Sc. nat.*, 5ᵉ série, ix, 1869, p. 345-379.

Feuilles linéaires-lancéolées, à sommet plein-cylindracé; fleurs bleues, vernales; graines pourvues d'une arille . . . . .
. . . . S. *bifolia.*

1. S. autumnalis L.; Lorey, 894. — ♃. — Sept-oct. — A. C. — Pelouses et bois de la Côte. — Gouville, Marsannay, Prissey, Quincey, Cussigny (*Lorey*); Dijon (*Lombard*); Beaune (*Berthiot*); Remilly !, Gevrey !, Lantenay !, Blagny !.

Il y a parfois une seconde hampe, mais rudimentaire.

2. S. bifolia L.; Lorey, 894. — ♃. — Mars-avril. — C. — Bois couverts argileux.

Périanthe, étamines et pistil du même bleu. Fleurs rarement blanches. — On trouve des sujets vigoureux à 2-4 feuilles larges de 25 millim., avec fleurs plus nombreuses et offrant 7-9 pièces au périanthe. Parfois un pédicelle gynobasique naît de la base de la hampe, à l'intérieur du bulbe.

6. ENDYMION *Dumort.*

1. E. nutans Dumort. — *Scilla nutans* Sm.; Lorey, 894. — ♃. — Avril-mai. — R R R. — Prés, haies. — A Saulieu dans les prés de Beauvais et à Turlin (*Lorey, Lombard*); le Morvan depuis Saulieu (*Boreau*); environs de Saulieu (*Collenot*).

Au printemps les pseudorrhizes percent, sur une large surface, la moitié inférieure du bulbe en résorption; mais, après la résorption complète de ce bulbe, on voit qu'elles sont nées au pourtour même du plateau du nouveau bulbe. — Les caïeux sont insérés au sommet de la soudure qui réunit entre elles les pièces du bulbe.

7. ALLIUM *L.*

1 Un rhizome subcylindracé, parfois très court, mais toujours
  appréciable; bulbe à tuniques toutes foliifères 2
  Un rhizome réduit à un plateau disciforme; bulbe à tuniques
  les unes foliifères, les autres aphylles 4
2 Rhizome très court, couronné de quelques filaments pétiolaires

roussâtres laissés par la résorption de la tunique interne du bulbe; bulbe à feuille intérieure articulée au niveau du sommet du bulbe. . . . . *A. ursinum.*
Rhizome assez long, dépourvu de filaments pétiolaires ; bulbe sans feuille articulée. 3

3 Rhizome de 3 à 5 millim. de diamètre, à ramifications nombreuses et courtes; pseudorrhizes filiformes . . . .
. . . . *A. Schœnoprasum.*
Rhizome de 8 à 10 millim. de diamètre, à ramifications peu nombreuses et assez allongées; pseudorrhizes cylindracées.
. . . . *A. acutangulum.*

4 Bulbe florifère conservant son plateau et ne se détruisant que par ses tuniques, c'est-à-dire bourgeon de remplacement adhérant au plateau mère. . . . . *A. oleraceum.*
Bulbe florifère se détruisant complètement après floraison, y compris son plateau, c'est-à-dire bourgeon de remplacement se séparant du plateau mère en destruction, et devenant libre. 5

5 Caïeux sessiles ou subsessiles, jaunâtres dès la première année, fétides, boudeurs, c'est-à-dire restant ordinairement aphylles plusieurs années après leur mise en liberté. . . .
. . . . *A. vineale.*
Caïeux la plupart pédicellés, parfois longuement, très rarement jaunâtres mais non la première année, d'une odeur alliacée, ordinairement feuillés l'année de leur naissance ou l'année suivante 6

6 Bulbe oblong-ovoïde ; caïeux grisâtres, parfois jaunâtres, peu nombreux, assez gros . . . . *A. sphærocephalum.*
Bulbe ovoïde; caïeux pourpre-brun, très nombreux et très petits . . . . *A. rotundum.*

1 Feuilles lancéolées, pétiolées ; fleurs grandes, blanches, d'une odeur agréable. . . . . *A. ursinum.*
Feuilles ni lancéolées, ni pétiolées ; fleurs petites, rouges, rosées ou gris-verdâtre, inodores ou fétides. 2

2 Feuilles linéaires, planes. 3
Feuilles cylindracées, semi-cylindracées ou sublinéaires, à face supérieure plus ou moins concave. 4

LILIACÉES.

3 Tiges arrondies, flexueuses-enroulées avant floraison ; feuilles minces ; spathe ovoïde, prolongée en long acumen ; fleurs d'une odeur stercorale ; étamines incluses. . . *A. rotundum.*

Tiges comprimées-ailées, courbées avant floraison ; feuilles épaisses surtout à l'un de leurs bords ; spathe ovoïde-subglobuleuse, dépourvue d'acumen ; fleurs non fétides ; étamines égalant le périanthe ou à peine exsertes . . . . *A. acutangulum.*

4 Etamines à filets tous entiers 5

Etamines intérieures à filets tricuspidés 6

5 Feuilles cylindracées-subulées ; spathe univalve, courte. . . . . *A. Schœnoprasum.*

Feuilles semi-cylindracées ou comprimées, à face supérieure concave mais presque plane vers le sommet ; face inférieure relevée de côtes saillantes et parfois scabres ; spathe bivalve à pointes très allongées et très inégales. . . *A. oleraceum.*

6 Spathe se déchirant longitudinalement ; fleurs rouges ; ombelle ordinairement multiflore et non bulbifère . . . . *A. sphærocephalum.*

Spathe se déchirant transversalement ; fleurs rose-pâle ; ombelle ordinairement pauciflore mais bulbifère . *A. vineale.*

1. A. ursinum L.; Lorey, 907. — ♃. — Mai-juin. — A.C. — Bois et broussailles des sols argileux. — Champ d'Oiseau !, Fresnes !, Arcelot !, Rouvray !, etc.

Le bulbe n'a que 2-3 tuniques ; il est presque entièrement formé par la tunique intérieure qui est très charnue.

Par suite d'une torsion normale des pétioles, les feuilles présentent au ciel leur face inférieure, qui a tout l'aspect d'une face supérieure, puisque la nervure médiane n'y est pas en saillie. Cette nervure fait au contraire saillie sur la face supérieure, devenue l'inférieure par la torsion pétiolaire.

2. A. Schœnoprasum L.; Lorey, 905. — ♃. — Juin-juill. — R. — Pelouses humides de la Côte. — De Gouville à Gevrey ; il abonde en cette dernière localité sur le plateau marécageux de Château-Renard ! (*Lorey*).

Plus robuste que l'*A. Schœnoprasum* L. (*Ciboulette*) des jardins, et constituant la var. β. *asperum* Koch. — Les premières feuilles des *Allium* à plateau (*A. oleraceum, A. vineale*, etc.) se développent dès l'automne ; celles des *Allium* à rhizome (*A. Schœnoprasum, A. acutangulum, A. ursinum*) n'apparaissent qu'au printemps ; mais ces derniers *Allium,* à la différence des *Allium* à plateau, n'ont pas de repos estival, et donnent des fleurs et des rosettes foliacées jusqu'en septembre.

3. A. acutangulum Schrad. — *A. senescens* Lorey, 906 ; non L. — ♃. — Juill.-août. — R. — Bois humides, prés. — Marais de Limpré, bois d'Arcelot !, (*Lorey*) ; prairie de Labergement-lez-Seurre (*Berthiot!*) ; bois de Magny-s-Tille (*Maillard*) ; prairie sous l'octroi de Seurre !.

Le rhizome est une miniature de celui de l'*Iris Pseudo-Acorus,* et, comme tel, défini-dichotome à chaque floraison.

4. A. oleraceum L.; Lorey, 904. — ♃. — Juin-juill. CC. — Vignes, cultures, friches, bois, rochers.

De nombreuses transitions existent entre les feuilles semi-cylindracées, canaliculées en dessus (var. *oleraceum*), et les feuilles comprimées sublinéaires, planes aux deux faces en leur partie supérieure (var. *complanatum*. — *A. complanatum* Bor.). — La profondeur du sillon de la face supérieure des feuilles est variable jusque chez le même individu ; ce sillon est parfois très profond et très étroit quand les bords sont contigus, ce qui fait paraître la feuille cylindracée. — On trouve assez fréquemment, surtout aux stations arides et dans les bois, des feuilles dont la moitié inférieure est canaliculée, puis qui sont planes et brusquement élargies en leur moitié supérieure, comme si cette moitié représentait un limbe. Cet élargissement, quoique peu prononcé, est très appréciable à l'œil et au toucher, et il persiste chez les plantes cultivées. Au surplus, le même individu peut présenter concurremment d'autres feuilles d'une largeur uniforme sur toute leur étendue. — Outre les bulbilles sessiles à la base de l'ombelle, souvent maintes fleurs transforment par prolification leur ovaire en un petit bulbille, qui lui même en émettra de plus petits encore. De telles ombelles sont ainsi presque entièrement bulbifères. — Dressés avant la floraison, les pédicelles se réfractent pendant, puis ils se redressent pour la fructification.

L'*A. oleraceum* est remarquable par sa spathe bivalve, acuminée en deux pointes allongées et qui sont très inégales. La plus grande, c'est-à-dire l'inférieure, atteint parfois chez les individus vigoureux jusqu'à 40 centim. et rivalise de longueur avec la tige elle-même. La spathe de l'*A. ursinum* est également bivalve, mais seulement aigue et non prolongée en acumen. L'ouverture se fait de haut en bas suivant les deux lignes latérales qui correspondent à la soudure des bords des deux valves, soudure qui est d'ailleurs très incomplète chez l'*A. oleraceum*. Comme les spathes des *A. Schœnoprasum, acutangulum, rotundum, sphærocephalum* sont univalves, la déhiscence, ne pouvant plus s'opérer que d'un seul côté, se trouve le plus souvent insuffisante, et l'ombelle se fraie passage en déchirant de l'autre côté la spathe, qui semble alors formée de deux pièces longitudinales. La déhiscence débute ici aussi par le sommet, point où les bords de la spathe sont libres ou très incomplètement soudés. Chez l'*A. vineale* le sommet de la spathe se termine brusquement en un long acumen plein, qui se refuse à toute déhiscence ; aussi, sous l'effort de l'ombelle, se produit-il une déchirure transversale et irrégulière vers la partie moyenne de la spathe. — L'acumen des *A. rotundum* et *vineale* dépasse la spathe en longueur ; celui des *A. Schœnoprasum* et *acutangulum* est réduit à un mucron ; enfin chez l'*A. sphærocephalum* tantôt l'acumen est aussi long, tantôt plus court que la spathe, tantôt enfin presque nul. — Les spathes sont d'abord ridées et flasques, mais bientôt l'ombelle, en grandissant, va les distendre et en occuper tout l'intérieur.

L'*A. pallens* de Lorey (p. 905) ne semble être qu'un *A. oleraceum* à ombelle exclusivement capsulifère, variété que je n'ai pas rencontrée. Son *A. carinatum* (p. 906), qu'il distingue de l'*A. oleraceum* par des feuilles planes, doit être rapporté à la variété *complanatum* de l'*A. oleraceum*, d'autant mieux que Lorey ne mentionne pas le caractère important du véritable *A. carinatum* L., l'exsertion des étamines, et qu'il dit sa plante commune en de nombreuses stations, où pourtant elle n'a jamais pu être retrouvée. Dans son système souterrain, l'*A. carinatum* L. diffère de l'*A. oleraceum*, en ce qu'au lieu d'avoir des caïeux pédicellés, souvent aphylles, il a des bourgeons sessiles foliifères insérés sur un plateau non pas discoïde, mais oblong en forme d'un très court rhizome ; et ces bourgeons foliifères rendent les bulbes cespiteux.

5. A. vineale L. ; Lorey, 903. — ♃. — Juin-juill. — C. — Prés, bois, haies.

Malgré l'assertion contraire de Lorey, cette espèce est rare dans les vignes du département. C'est par les *A. oleraceum* et *sphærocephalum* qu'elles sont infestées.

Le plus souvent l'ombelle est presque totalement bulbifère. En grossissant, les bulbilles se serrent et se repoussent mutuellement; sous ces efforts en sens contraire, il peut arriver que l'ombelle se fende avec le sommet de la tige, et l'inflorescence paraît alors composée de 2 ou 3 têtes (*A. compactum* Thuill.). Dans les moissons de Soissons ! et de Chivres !, il n'est pas rare de rencontrer au contraire des ombelles presque entièrement capsulifères. — Les bulbilles se prolongent parfois en pointe foliacée, ce qui rend l'ombelle chevelue, comme on le voit encore chez certains *A. oleraceum.*

Les feuilles de l'*A. vineale* sont fistuleuses dès leur naissance; celles de l'*A. Schœnoprasum* le deviennent de très bonne heure, et celles de l'*A. sphærocephalum* plus ou moins tardivement. Ordinairement elles restent presque pleines chez l'*A. oleraceum*. La résorption commence par le sommet.

Assez souvent les feuilles de l'*A. vineale* ont leur moitié supérieure tortile, recourbée-enroulée et infléchie vers les points les plus divers de l'horizon. Cet enroulement résulte d'une rupture d'équilibre entre les deux faces et doit avoir pour cause une moindre élongation de la face concave sous l'action desséchante du soleil ou sous le souffle d'un vent sec et froid. L'âge différent des feuilles et les variations atmosphériques quotidiennes expliquent très bien les divers sens de l'enroulement ou de la flexion pour les feuilles d'un même sujet. Cette particularité s'observe aussi chez l'*A. oleraceum*, mais beaucoup plus rarement et d'une façon moins accentuée, parce que les feuilles de cette plante, étant peu fistuleuses et ne le devenant que tardivement, opposent dans leurs jeunes parois plus de résistance à l'influence des agents atmosphériques.

A la floraison, les tiges de l'*A. vineale* sont ductiles et difficiles à casser, tandis que celles des *A. oleraceum* et *sphærocephalum* sont moins ligneuses et se rompent aisément.

6. A. rotundum L. — ♃. — Juin-juill. — A. C. — Vignes. — Semur! (*Lombard*); St Remy!, Montbard!, Quincy!, Crépan!, Viserny!, Larrey-lez-Poinçon!, etc.

7. A. sphærocephalum L.; Lorey, 903. — ♃. — Juin-juill. — C C. — Vignes, friches, cultures.

Feuilles semi-cylindracées et ovaires oblongs-pyramidaux (var. *sphærocephalum*), ou feuilles cylindracées et ovaires ovoïdes (var. *approximatum*. — *A. approximatum* G. G.). Dans les deux variétés les feuilles des caïeux sont toujours cylindracées.

Les étamines externes, d'abord beaucoup plus courtes, finissent par égaler les internes en longueur.

8. MUSCARI *Tourn.*

Bulbe gros, à caïeux nuls ou très rares; écailles intérieures
  embrassantes. . . . . *M. comosum.*
Bulbe petit ou médiocre; caïeux très nombreux ou assez nombreux; point d'écailles embrassantes . . . *M. racemosum.*

Fleurs inodores, dépourvues de liqueur visqueuse, les supérieures stériles, longuement pédicellées. . . . *M. comosum.*
Fleurs à odeur de prune, pourvues d'une liqueur visqueuse autour des organes sexuels, les supérieures stériles, brièvement pédicellées . . . . *M. racemosum.*

1. M. comosum Mill.; Lorey, 897. — ♃. Juin-juill. — CC. — Moissons, friches.

2. M. racemosum Mill.; Lorey, 896. — ♃. — Avril-mai. — A. C. — Vignes, moissons.

Var. β. *neglectum* (*M. neglectum* Guss.). — Caïeux plus gros et beaucoup moins nombreux: feuilles moins étroites, fortement canaliculées; grappes plus fournies; valves de la capsule à sommet non émarginé; plante plus robuste en toutes ses parties et souvent pluricaule. Se relie au type par de nombreux intermédiaires. Commune dans les vignes de Flavigny !.

9. PHALANGIUM *Tourn.*

Grappe ordinairement rameuse-paniculée ; style droit . . . .
. . . . *P. ramosum.*
Grappe ordinairement simple ; style coudé-ascendant . . .
. . . . *P. Liliago.*

1. P. ramosum Link ; Lorey, 893. — ♃. — Juin-juill. — C. — Bois de montagne, rochers, pelouses arides.

Les sujets grêles et languissants transforment parfois leur panicule en grappe simple, comme au contraire la grappe peut devenir rameuse chez certains *P. Liliago* vigoureux. — Pédicelles articulés vers leur sixième inférieur, tandis que ceux du *P. Liliago* le sont vers leur tiers inférieur. Quand on tire sur les pédicelles, la rupture se fait néanmoins en la partie supérieure à l'articulation.

2. P. Liliago Schreb.; Lorey, 892. — ♃. — Mai-juin. — A. R. — Coteaux incultes, pelouses arides, pierrailles. — Tout le long de la Côte (*Lorey*); Arnay-le-Duc (*Boreau*); Censerey (*Lombard*) ; Larrey-lez-Poinçon !, Châtillon !, Darcey !, Baulme-la-Roche !, Mâlain !, Gevrey !, Vauchignon !, rochers de Saumaise à Semur !.

Les bulbes sont tuniqués ou écailleux. La tunique est fermée dès le principe et non par soudure de bords qui n'ont jamais existé ; l'écaille a les bords plus ou moins ouverts. Quand les bords se rejoignent autour du bulbe, l'écaille est dite embrassante ; elle est chevauchante, si les bords se recouvrent l'un l'autre ; enfin elle est largement ouverte (*Lilium*), quand elle n'entoure qu'une faible partie du bulbe. Dans certains bulbes dont les écailles persistent plusieurs années (*Muscari comosum*), la plupart des pièces internes et moyennes sont ordinairement chevauchantes ou au moins embrassantes, tandis que les externes sont entrebâillées par l'effet de l'accroissement en nombre et en volume des nouvelles écailles. Au surplus, suivant la vigueur des individus, il y a pour les bulbes d'une même espèce de grandes différences dans la forme des écailles et surtout dans leur tendance à être embrassantes ou chevauchantes. Les bulbes à pièces persistantes ne sont pas tuniqués, car les tuniques ne pourraient pas se prêter au développement centrifuge du bulbe.

Principales divisions des bulbes :

1º Bulbes à pièces toutes libres entre elles.

1) Bulbes écailleux :

α. Ecailles naissant en petit nombre chaque année, persistantes-accrescentes pendant plusieurs années, toutes foliifères ou de la série foliifère, les plus extérieures seules se résorbant chaque année (*Muscari comosum, Ornithogalum Pyrenaicum, Jacinthe*, etc.).

β. Ecailles naissant en grand nombre chaque année, à pièces disposées en deux séries alternantes, une série externe foliifère, et une série interne aphylle ; pièces ne persistant que deux ans, les plus extérieures se résorbant chaque année (*Lilium candidum, L. bulbiferum*, etc.).

γ. Ecailles toutes annuelles et foliifères, les 2-3 plus intérieures seules charnues (*Poa bulbosa*).

δ. Ecailles toutes annuelles, disposées en deux séries : les écailles externes sont foliifères et membraneuses, les internes aphylles et charnues, toutes peu nombreuses (*Saxifraga granulata*); ou bien les écailles de la série externe sont membraneuses et les plus externes seules foliifères, et les écailles de la série interne sont aphylles, un peu charnues, toutes très nombreuses (*Oxalis Deppei* H. B.).

2) Bulbes tuniqués :

α. Tuniques toutes foliifères, annuelles et se résorbant à chaque printemps (*Narcissus poeticus, N. Pseudo-Narcissus, Leucoium vernum, Galanthus nivalis, Allium acutangulum, A. Schœnoprasum, A. ursinum,* etc.).

β. Tuniques toutes annuelles et naissant chaque année en deux séries : l'une externe et foliifère, se résorbant avant et après floraison ; l'autre interne et aphylle-charnue, ne se résorbant qu'en automne et au printemps suivant (*Tulipa sylvestris*, *Tulipa Gesneriana*, *Gagea arvensis*, *Allium rotundum*, *A. oleraceum*, *A. vineale*, *A. sphærocephalum*, etc.).

3) Bulbes tuniqués-écailleux :

α. Pièces toutes annuelles : les externes sont des tuniques foliifères, coriaces-membraneuses après floraison ; les internes sont des écailles aphylles-charnues ne se résorbant qu'au printemps suivant (*Iris Xiphium* L.).

2° Bulbes à pièces plus ou moins longuement soudées-concrescentes.

1) Bulbes écailleux :

α. Pièces largement charnues, soudées en leur quart inférieur, se résorbant de l'automne au printemps (*Fritillaria imperialis* L.).

2) Bulbes tuniqués-écailleux :

α. Pièces toutes foliifères ou de la série foliifère, se résorbant d'automne au printemps : les externes sont des tuniques très épaisses, soudées-concrescentes sur les deux tiers *(Endymion nutans, Scille des jardins)* ou sur le tiers (*Ornithogalum umbellatum*) de la hauteur du bulbe ; les internes sont des écailles de moins en moins épaisses et de moins en moins soudées en se rapprochant du centre du bulbe.

Les écailles de ces *Endymion* et *Ornithogalum* appartiennent bien à la série foliifère par leur sommet muni d'un limbe rudimentaire ou d'un acumen qui déborde le bulbe. D'ailleurs la consistance charnue des tuniques externes rend superflue une seconde série interne et nourricière. Enfin il faut remarquer combien de tels bulbes diffèrent de ceux d'un *Tulipa Gesneriana*, d'un *Allium oleraceum*, dont les pièces les plus charnues sont les intérieures, non les extérieures. Dès le début de la végétation, en mi-septembre, le jeune bourgeon, qui est au centre du bulbe des *Endymion nutans* et *Ornithogalum umbellatum*, est formé de petites pièces toutes libres entre elles ; ce ne sera que plus tard qu'elles se souderont par concrescence basilaire.

Telles sont les principales divisions des bulbes ; mais les détails sont si nombreux qu'ils ne pourraient trouver place que dans une monographie. Il suffira donc ici d'en indiquer quelques-uns : — La résorption des pièces peut être précipitée par l'aridité du terrain, ou par une plantation près de la surface du sol ; alors le fonctionnement des pseudorrhizes devient moindre et la plante est obligée d'entamer beaucoup plus tôt et beaucoup plus largement sa réserve alimentaire. — Les bulbes tuniqués à deux séries de pièces ont leur série externe ou foliifère coriace à la résorption (*Tulipa, Allium oleraceum, A. rotundum*, etc.) ; l'interne, dont les pièces sont très charnues et constituent après floraison tout le bulbe, n'est pas coriace à sa résorption qui a lieu d'automne au printemps. — Dans les bulbes tuniqués à pièces toutes foliifères, les pièces externes sont aussi épaisses (*Leucoium vernum, Galanthus nivalis, Narcissus poeticus, Allium acutangulum*) que les internes. Quant aux bulbes écailleux à pièces persistant plus d'une année (*Muscari comosum, Ornithogalum Pyrenaicum, Lilium,* etc.), les pièces les plus grandes et les plus épaisses sont les externes, c'est-à-dire les plus âgées. Enfin, les pièces les plus épaisses de l'*Iris Xiphium* sont les internes ou écailles aphylles ; les pièces externes ou tuniques foliifères se résorbent dès la floraison et deviennent plus ou moins coriaces. Quand les pièces sont soudées entre elles (*Endymion nutans, Ornithogalum umbellatum*, etc.), elles sont d'autant moins épaisses, moins grandes et moins soudées qu'elles sont plus intérieures, et en outre, la soudure est toujours beaucoup moins prononcée sur l'un des bords de la pièce que sur l'autre. — Dans toutes les catégories de bulbes tuniqués, les tuniques ont une face plus épaisse que l'autre ; mais la différence est surtout notable chez le *Leucoium vernum*, où l'épaississement est dix fois plus prononcé sur l'une des faces que sur l'autre. Il y a alternance dans les tuniques pour la face la plus épaisse. — La règle pour les écailles est d'être insensiblement amincies sur les bords ; il en est pourtant autrement de celles de l'*Iris Xiphium* dont les bords commissuraux sont brusquement amincis et brièvement chevauchants en biseau. — La plupart des bulbes sont d'une consistance très visqueuse à l'écrasement (*Ornithogalum Pyrenaicum, O. umbellatum, Endymion nutans, Narcissus poeticus*, etc.). — La couleur de certains bulbes change à l'air et surtout au soleil : ainsi les bulbes de *Jacinthe* et de *Lilium candidum* s'y teintent de rose et ceux d'*Endymion nutans* de jaune. — Le bourgeon de remplacement est petit chez les bulbes qui ont de nombreuses pièces persistantes (*Ornithogalum Pyrenaicum, Muscari comosum*) ; il est gros au contraire et composé de pièces très charnues chez les bulbes dont les pièces sont annuelles, peu nombreuses et prennent tout d'abord leur entier développement (*Tulipa Gesneriana, T. sylvestris, Allium oleraceum, A. vineale, Iris Xiphium,* etc.). — Les bulbes sont insérés tantôt sur un plateau ou rhizome disciforme (*Tulipa Gesneriana, T. sylvestris, Allium oleraceum, A. sphærocephalum, Muscari comosum*, etc.), tantôt, mais plus rarement, sur un rhizome horizontal, plus ou moins allongé (*Allium acutangulum, Lilium candidum*, etc.) ; et parmi les bulbes à plateau on pourrait encore distinguer ceux dont le plateau se détruit à la fructification et laisse en liberté le bourgeon de remplacement (*Tulipa Gesneriana, T. sylvestris, Gagea arvensis, Allium sphærocephalum*, etc.), et ceux au contraire dont le plateau survit à la fructification et porte le bourgeon de remplacement (*Allium oleraceum, Muscari comosum, Ornithogalum Pyrenaicum*, etc.).

On peut juger par ces quelques détails, qu'en se bornant à attribuer un bulbe à la souche des *Liliacées, Amaryllidées,* etc., les Flores ne laissent guère soupçonner tout le trésor de particularités qui se cachent sous cette vague dénomination.

Les pièces de la série aphylle sont obtuses ou mutiques et ne débordent pas le bulbe ; elles contrastent brusquement par leur brièveté et leur grande épaisseur avec les dernières pièces de la série foliifère (*Tulipa Gesneriana*, *T. sylvestris* etc.). Aussi, ne doit-on pas hésiter à tenir pour pièces de la série foliifère, même les écailles les plus intérieures des *Muscari comosum*, *Ornithogalum Pyrenaicum*, etc., qui se relient aux pièces nettement foliifères par un limbe rudimentaire ou par un acumen débordant toujours le bulbe; de plus, la transition s'établit encore entre ces diverses pièces par une diminution d'épaisseur très bien ménagée des pièces externes aux pièces internes. — Il faut encore ajouter que les premières pièces ou pièces les plus externes des bulbes tuniqués (*Allium oleraceum*, *A. vineale*, *Endymion nutans*, *Narcissus poeticus*, etc.) consistent en gaînes fugaces et à peine épaissies, qu'elles débordent notablement le bulbe et qu'elles appartiennent à la série foliifère par leur évolution, comme on voit les bourgeons des autres végétaux commencer souvent par des phyllodes leur spire foliaire.

Dans les bulbes à deux séries de pièces, chaque période végétative débute par la série foliifère et se termine par la série aphylle (*Tulipa Gesneriana*, *Allium oleraceum*, *Gagea arvensis*, *Iris Xiphium*, etc.). Les *Lilium* (*L. croceum*, *L. candidum*, *L. bulbiferum*, etc.) se distinguent par leurs pièces toutes également charnues, aussi bien les foliifères que les aphylles, ces dernières restant d'ailleurs toujours les intérieures. A la fin de l'été, c'est-à-dire quand les premières feuilles vont sortir de terre, on pourrait tout d'abord se méprendre sur l'ordre d'apparition de chacune des deux séries, et regarder la série aphylle, qui est due à la végétation de la saison précédente, comme formant les premières pièces du nouveau bulbe. Mais chez toutes les *Monocotylédonées* à double série, tant indigènes qu'exotiques, dont j'ai pu suivre la végétation, j'ai toujours vu les feuilles se développer avant les pièces aphylles, et celles-ci terminer, non commencer, l'évolution de chaque année. La série aphylle, loin de se former au début de chaque période végétative, entre au contraire en résorption en ce moment et ne peut donc appartenir qu'à la fin de la végétation précédente. La double série de pièces se retrouve encore jusque chez certaines *Dicotylédonées*, ainsi qu'en témoignent *l'Oxalis Deppei* et le *Saxifraga granulata*. C'est le grand nombre des écailles, plutôt que leur épaisseur, qui forme un bulbe à l'*O. Deppei*; les externes ou foliifères sont membraneuses, et, comme chez la *Tulipe*, elles ont leur face intérieure velue. Si le bulbe de l'*Oxalis Deppei* et du *Saxifraga granulata* avait des tuniques et non des écailles, il rentrerait sous beaucoup de rapports dans la catégorie des bulbes des *Tulipa Gesneriana*, *Allium oleraceum*, etc.

Pendant les années de leur période rossulifère, les bulbes des *Lilium Martagon*, *croceum*, *bulbiferum*, etc. se composent d'écailles alternativement foliifères et aphylles; mais aussitôt que ces plantes ont une tige soit florifère, soit même seulement foliifère, le bulbe ne semble plus avoir que des écailles aphylles, puisque toute feuille radicale fait défaut. En réalité pourtant, la série foliifère existe toujours, mais réduite à 2-3 écailles munies d'un limbe rudimentaire, et en somme la loi d'alternance demeure donc observée. Pour le *Lilium candidum*, il possède toujours, à ses divers âges, des feuilles radicales, concurremment avec les caulinaires; et chaque série foliifère offre la particularité d'être formée, non d'un seul, mais de deux groupes de feuilles bien distincts, l'un automnal, l'autre vernal. Entre chacun de ces groupes se trouvent quelques écailles qui, bien qu'à limbe nul ou rudimentaire, se rattachent manifestement à la série foliifère par leur longueur et par l'époque de leur évolution. Ces écailles, qui paraissent tout d'abord séparer le groupe automnal du groupe vernal, leur servent donc au contraire de trait d'union. — Le bulbe florifère des *Lis* est défini, comme l'est aussi celui de la *Jacinthe* et du *Galanthus nivalis* que plusieurs *Traités de Botanique* citent comme bulbes indéfinis, c'est-à-dire comme bulbes fleurissant sur une hampe latérale, non terminale. Il est vrai que, par suite du développement du bulbe de remplacement, la hampe se trouve déjetée de côté, et qu'elle peut tout d'abord paraître latérale, mais dans le principe il est facile de vérifier qu'elle est bien terminale et centrale.

Il ne sera peut-être pas superflu de donner une vue d'ensemble de toutes les phases que parcourt la période végétative d'un bulbe, et l'exemple sera emprunté au bulbe du *Tulipa Gesneriana*, c'est-à-dire à un bulbe tuniqué, dont toutes les pièces sont annuelles et disposées en une série foliifère et en une série aphylle. En automne, lors de la reprise de la végétation et de l'apparition des premières pseudorrhizes, on trouve au pourtour du bulbe quelques tuniques résorbées-coriaces, qui enveloppent d'autres tuniques épaisses, très charnues et n'offrant encore que de faibles traces de résorption. Toutes ces pièces appartiennent à la dernière période végétative : les externes ou coriaces étaient foliifères, les internes ou charnues constituaient la série aphylle. Suivant l'âge ou la force du bulbe, les pièces sont 2-4 par chaque série soit foliifère, soit aphylle ; mais ces nombres descendent souvent à l'unité pour les caïeux ou les très petits bulbes. Le nouveau bulbe débute par 1-2 gaînes qui, tout en débordant notablement le bulbe, n'ont qu'un limbe rudimentaire ou même nul. Elles appartiennent, comme il a été expliqué plus haut, à la série foliifère. Ces premières gaînes ou tuniques sont à peine épaissies, elles se résorbent et disparaissent bien avant floraison. Les tuniques qui les suivent portent les feuilles et sont plus ou moins épaissies en la partie qui enveloppe le bulbe ; elles se résorbent et deviennent coriaces vers l'époque de la fructification. Plus intérieurement enfin sont les pièces aphylles, très charnues et ne débordant jamais le bulbe. Ces dernières pièces terminent la période végétative annuelle et correspondent aux écailles des boutons des arbres. Mais au lieu d'être membraneuses et de se borner au rôle de pièces protectrices, elles sont charnues et chargées d'alimenter le bourgeon qu'elles enveloppent ; dans ce but elles inaugurent une lente résorption dès la destruction estivale des pseudorrhizes, destruction qui est complète chez un très grand nombre de plantes bulbeuses et qui rend obligatoire une réserve de matériaux alimentaires. Si le bulbe est florifère, et si par conséquent il termine et éteint son bourgeon par une tige florale, les pièces aphylles feront défaut, puisqu'il n'y aura plus de bourgeon central à nourrir. On voit alors 1-2 gros bourgeons latéraux de remplacement naître à l'aisselle des tuniques foliifères les plus internes ; et comme la première tunique de ces bourgeons appartient à la série foliifère par sa consistance coriace et sa longueur et parfois en outre par la feuille qu'elle porte, il s'ensuit que l'évolution de ces bourgeons de remplacement débute par la série foliifère, ainsi que le faisait le bulbe mère lui-même. Pareille observation s'applique aux caïeux, car leur tunique externe aussi devient coriace à la résorption.

Les pseudorrhizes sont annuelles et simples chez les *Tulipa, Endymion, Ornithogalum umbellatum, O. Pyrenaicum, Jacinthe, Iris Xiphium, Allium Moly, A. rotundum, A. sphærocephalum, Leucoium, Narcissus*, etc. Elles sont bisannuelles et rameuses chez les *Lilium, Allium acutangulum* et autres *Allium* munis à la fois de bulbes et d'un rhizome ; ces plantes, outre les pseudorrhizes de la base de leurs bulbes, ont encore des pseudorrhizes insérées sur le rhizome. — La tige des *Lilium* produit, à la sortie du bulbe, des pseudorrhizes adjuvantes, assez grêles et disposées en 2-3 couronnes.

Les caïeux diffèrent des bulbes de remplacement en ce qu'ils sont moins gros et qu'ils naissent surtout à l'aisselle des pièces externes du bulbe : ce sont des organes de multiplication émis aussi bien par les bulbes foliifères que par les florifères. La couleur de la tunique externe des caïeux de certains *Allium* peut servir de caractère spécifique ; cette tunique est en effet rouge-vineux pour l'*A. rotundum*, jaunâtre pour l'*A. vineale* et grise pour l'*A. oleraceum*. Tantôt les caïeux sont solitaires à l'aisselle mère (*Allium vineale*), tantôt ils y sont assez nombreux (*Muscari racemosum*), ou même leur abondance est telle qu'ils forment comme une couronne autour du plateau (*Allium rotundum*), et chez cette dernière espèce ils sont assez souvent groupés au sommet d'une languette fasciée. — Les caïeux des *Allium oleraceum, sphærocephalum*, etc. sont ordinairement pédicellés ; quand ils sont nombreux à chaque aisselle, ils ont d'autant plus petits et plus longuement pédicellés qu'ils ont plus latéraux. La plupart, n'ayant pu percer les tuniques, montent sortir au sommet de celles-ci, c'est-à-dire au dessus du bulbe mère. D'ailleurs ils sont assimilables à des bulbilles et par conséquent ils se trouvent très bien de végéter tout d'abord près de la surface du sol.

Pendant les années qui suivent leur naissance, les caïeux descendent peu à peu dans le sol en atténuant et en entraînant inférieurement la base de leur bourgeon, et les pseudorrhizes naissent précisément du côté où s'accentue le plus la descente. Les bulbilles tombés des ombelles de certains *Allium* et les germinations usent encore de ce procédé, afin de descendre jusqu'au niveau normal pour la plante adulte. Les jeunes bulbes des *Muscari comosum, Endymion nu-*

tans et *Ornithogalum Pyrenaicum* donnent de bons exemples de cette descente, quand ils ont été plantés à fleur de terre. Ils savent alors se prolonger par an de 2-4 centim. inférieurement aux vieilles tuniques, et ce prolongement est égal et parfois même supérieur à la hauteur totale du bulbe. Cette descente de l'élément ascendant se retrouve encore chez les *Gladiolus*, *Crocus*, etc., dont le principal bourgeon de remplacement est inséré vers le sommet du tubercule. Il semble que chaque année le nouveau tubercule de ces *Iridées* devrait élever son niveau de toute la hauteur de l'ancien ; mais il n'en est rien, car le nouveau, par l'effet d'une formation descendante, revient occuper la place même que la résorption de l'ancien lui a faite. Ce qu'il est facile de vérifier en recouvrant de terre des *Gladiolus* reposant sur une grille métallique, solidement fixée. Vers la fin de l'été, le nouveau tubercule se trouvera contigu à la grille dont, lors de la plantation, il était séparé par l'ancien. Or le jeune tubercule n'a pu reprendre le niveau du vieux que grâce à une formation descendante, puisque la grille pare à tout affaissement du sol, et que les fortes et nombreuses pseudorrhizes, sur lesquelles sont assis les *Gladiolus*, n'ont pu permettre au nouveau tubercule de tomber, pour ainsi dire, dans le vide laissé par la résorption de l'ancien.

Pendant leur travail de descente, les caïeux et jeunes bulbes sont étroitement oblongs et ils ne prendront la forme ovoïde, qu'une fois arrivés à la profondeur normale. Cette profondeur est ordinairement plus notable pour les bulbes à plateau que pour les souches ordinaires et les rhizomes; sinon, les plantes bulbeuses à plateau auraient bientôt à souffrir de la sécheresse, car leurs pseudorrhizes sont annuelles et n'ont donc pas le temps d'acquérir beaucoup de développement, ni de descendre à une grande profondeur. — Le bulbe de certains *Lilium* affleure normalement le sol

(*L. bulbiferum*, *L. Pyrenaicum*, *L. Pomponium*); plantés plus bas, ces bulbes s'emploieront les premières années à remonter près de la surface. Une autre particularité du *L. bulbiferum*, c'est qu'au moment où les rosettes florifères sortent du sol, les boutons floraux sont déjà gros et se montrent à découvert, au centre d'une coupe formée par les écailles et feuilles caulinaires densément imbriquées. Les autres *Lis* que je connais ne laissent au contraire apercevoir leurs boutons floraux que quand la tige a acquis presque toute sa hauteur.

L'émission des caïeux est favorisée par la culture en un sol léger et meuble, mais surtout par la plantation du bulbe à une faible profondeur, ainsi que par la suppression des feuilles et de la hampe. Enfin j'ai vu des caïeux sortir de blessures profondes, faites à dessein à des bulbes de *Muscari comosum* et d'*Ornithogalum Pyrenaicum*, bien que normalement les caïeux soient nuls ou très rares chez ces espèces.

L'évolution foliifère des caïeux de certains *Allium* est très capricieuse, et généralement elle a lieu d'autant plus tôt que le caïeu est plus longuement pédicellé et par conséquent plus rapproché de la surface du sol. Ainsi beaucoup de caïeux des *A. oleraceum, sphærocephalum* et *rotundum* sont foliifères dès l'année de leur naissance ; mais les caïeux sessiles et profondément enterrés de l'*A. vineale* sont presque tous boudeurs de longues années, dans l'attente de quelque maniement de terrain qui les rapproche de la surface du sol. Un certain nombre finissent même par périr ; aussi cette espèce est-elle beaucoup moins abondante en ses stations que les *A. oleraceum* et *sphærocephalum*. En général les caïeux ne fleurissent qu'après quelques années de période foliifère.

Les caïeux des *Allium* sont enfermés dans une gaîne dont la partie inférieure est, chez certaines espèces, distendue en forme de pédicelle. M. Germ. de St-Pierre enseigne [1] que le caïeu naît de la gaîne qui l'enveloppe ; mais je crois [2] au contraire que le caïeu a le plateau pour point de départ et d'origine, plateau auquel d'ailleurs le relie un caudicule filiforme qu'il est facile d'isoler du pédicelle chez l'*A. oleraceum*. M. Germ. de St-Pierre ne voit dans ce caudicule qu'une production axile descendante du caïeu. Mais le caïeu, dépourvu à sa naissance de feuilles et de pseudorrhizes, ne peut assurément pas se suffire à lui-même, et loin d'envoyer au bulbe une production axile, c'est de ce bulbe qu'est émané le système vasculaire qui lui a transmis les éléments nécessaires à sa formation. L'origine des bulbes pédicellés des *Tulipa Gesneriana* et des drageons du *T. sylvestris* est la même ; mais, comme pour les *Allium*, MM. Germ. de St-Pierre et Loret [3] l'attribuent à la gaîne où ils sont enfermés.

Beaucoup de plantes, surtout parmi les *Liliacées* bulbeuses, peuvent avoir des pseudorrhizes dimorphes : les unes filiformes, obliques-horizontales, naissant en automne ou au premier printemps ; les autres charnues, pivotantes, dauciformes-cylindracées, glabres et se formant vers le milieu du printemps. Ces pseudorrhizes charnues sont ordinairement solitaires ou géminées ; leur volume est beaucoup moindre quand elles sont nombreuses, et alors elles se relient par des intermédiaires aux pseudorrhizes filiformes. C'est ainsi que les *Gagea arvensis*, *Ornithogalum umbellatum*, *Allium rotundum* en ont dont l'extrémité cesse d'être charnue et n'est plus que filiforme. Les pseudorrhizes dauciformes de certaines espèces deviennent très grosses, et j'en ai vu, chez de jeunes *Muscari comosum*, qui atteignaient jusqu'à 15 millim. de diamètre et qui dépassaient en vo-

1. *Bull. de la Soc. bot. de Fr.*, 1855, II, p. 183-187.
2. *Ibid.*, 1870, XVII, p. 251.
3. *Ibid.*, 1875, XXII, p. 186-190.

lume le bulbe lui-même. Ces organes, renflés par hypertrophie cambiale, tiennent en réserve des aliments qui permettent à la plante d'accomplir toute son évolution végétative annuelle, après que la sécheresse a frappé d'inertie ou de mort les pseudorrhizes filiformes. Aussi, la présence des pseudorrhizes dauciformes est-elle normale chez les germinations, les caïeux et les jeunes individus dont le système radicellaire, peu éloigné de la surface du sol, est en souffrance dès l'arrivée des premières sécheresses. Certains bulbes adultes en sont dépourvus, parce qu'ils vivent à une assez grande profondeur, comme *Muscari comosum, Ornithogalum Pyrenaicum* ; mais pour les obliger d'en produire, il suffira de les planter près de la surface du sol. Il est superflu d'ajouter combien le printemps, suivant qu'il est sec ou pluvieux, a d'influence sur l'apparition et le volume des pseudorrhizes dauciformes. Leur résorption a lieu sur la fin de la végétation ; elle débute vers la base de l'organe, puis en gagne l'extrémité, en annonçant ses progrès par des rides circulaires. On retrouve de pareilles pseudorrhizes chez beaucoup d'autres *Monocotylédonées* (*Crocus, Narcissus, Tigridia Pavonia, Arum Italicum*, etc.). Elles sont énormes chez les *Gladiolus*, mais elles font défaut chez les *Tulipa Gesneriana, Colchicum autumnale* et *Lilium candidum*, même plantés à fleur de terre. Enfin des pseudorrhizes dimorphes se retrouvent aussi chez quelques *Dicotylédonées* (*Ficaria ranunculoides, Oxalis Deppei, OEnanthe peucedanifolia*, etc.) ; mais celles qui sont renflées diffèrent des pseudorrhizes dauciformes des *Monocotylédonées* par la résorption retardée jusqu'au printemps qui suit leur formation, et par leur présence normale, au lieu d'être souvent accidentelle.

Certains *Allium* (*A. acutangulum, A. fallax* Don, etc.) à bulbes oblongs, atténués au sommet et reposant sur un court rhizome horizontal, établissent la transition entre les plantes nettement bulbeuses et à rhizome disciforme (plateau) et les plantes qui ont un rhizome de dimensions ordinaires. Ces *Allium* reproduisent en petit la végétation de l'*Iris Pseudo-Acorus*. D'un autre côté les *Endymion nutans* et *Ornithogalum umbellatum*, avec leurs bulbes à pièces plus ou moins soudées, servent de trait d'union entre les bulbes proprement dits et les bulbes solides des *Gladiolus*, *Crocus* et autres *Iridées*.

Le bulbe solide ou plus exactement le tubercule des *Gladiolus*, *Crocus*, etc., résulte d'une hypertrophie parenchymateuse qui entoure la partie vasculaire. Au centre d'une coupe transversale de ces tubercules se dessine un court cylindre vasculaire, en forme de plateau oblong, bien distinct par sa teinte et sa structure du pourtour parenchymateux, à travers lequel il envoie dans les feuilles et dans les bourgeons latéraux de rares faisceaux vasculaires horizontaux-obliques. La masse parenchymateuse déborde le bourgeon terminal de remplacement, qui se trouve de la sorte inséré dans une dépression du tubercule. Les pseudorrhizes naissent seulement à la base du cylindre vasculaire, et les bourgeons émergent indifféremment aux nœuds des mérithalles des tubercules ou en pleine surface mérithallienne. A beaucoup d'égards, un tel tubercule diffère donc d'un rhizome tubéreux, comme l'est celui de l'*Arum maculatum*. Chez cet *Arum*, en effet, les pseudorrhizes naissent sur tout le pourtour du rhizome et les bourgeons latéraux ne sont émis que par les nœuds mérithalliens ; le bourgeon terminal est proéminent au sommet du rhizome et les faisceaux vasculaires de ces divers bourgeons naissent près de la circonférence du rhizome. Enfin une coupe transversale du rhizome de l'*A. maculatum*, loin d'offrir une partie vasculaire enchâssée au sein d'un large pourtour parenchymateux, présente au contraire les faisceaux vasculaires répartis sur tout le diamètre du rhizome, bien qu'un peu plus nombreux vers la circonférence. — Le *Gladiolus Gandavensis* a très souvent, par analogie avec l'*Allium rotundum*, son plateau prolifère par bourgeonnement adventif, sous forme de petits caïeux enveloppés d'une tunique coriace, les uns sessiles, les autres agglomérés au sommet d'une languette charnue, large de 1-2 centim. Les caïeux des *Gladiolus*, *Crocus*, etc., de même que les tubercules adultes de ces plantes, sont des corps pleins. Ils sont ovoïdes-oblongs, et ils portent leur bourgeon à leur sommet.

Après ces détails sur les bulbes pleins, il y a peut-être lieu d'ébaucher une classification des corps renflés-tubéreux de certaines plantes.

1° Hypertrophie parenchymateuse interposée aux faisceaux vasculaires :

α. Pseudorrhizes (*Ophrydées*, *Tamus communis*, Igname, etc.).
β. Tubercules (*Colchicum autumnale*, *Scirpus maritimus*, etc.).

2° Hypertrophie entourant d'une épaisse couche parenchymateuse le cylindre vasculaire qui ne subit pas de dilatation :

α. Racine (*Radis*, *Rave*, *Navet*, *Bryonia dioica*, *Betterave*, etc.).
β. Pseudorrhizes (*Ranunculus Chærophyllos* L., *Ficaria ranunculoides*, *Œnanthe pimpinelloides*, *Sisum Sisarum*, *Spiranthes*, etc.).
γ. Tubercules (*Corydalis solida*, *Gladiolus*, *Crocus*, etc.).

Dans le groupe α, l'hypertrophie offre des zones génératrices surnuméraires avec faisceaux vasculaires plus ou moins nombreux.

3° Hypertrophie double : l'interne dilatant le cylindre vasculaire, l'externe enveloppant ce cylindre d'une couche parenchymateuse où l'on compte 1-2 zones génératrices surnuméraires accompagnées de faisceaux vasculaires peu nombreux.

α. Racine (*Carotte*).

β. Pseudorrhizes (*Dahlia*).
γ. Tubercules (*Pomme-de-terre, Topinambour*).

Quant à l'importance de ces deux hypertrophies, l'externe est à peu près égale à l'interne dans la *Carotte*, la *Pomme-de-terre* et le *Topinambour*, mais elle est de beaucoup la plus considérable dans le *Dahlia*.

Les tubérosités des pseudorrhizes de l'*Hemerocallis fulva* L. et les pseudorrhizes du *Valeriana tuberosa* et du *Sedum Telephium* possèdent aussi la double hypertrophie, mais sans zones génératrices surnuméraires, et le système vasculaire est réduit à des faisceaux rangés en un cercle filiforme, au dedans et en dehors duquel on ne remarque pas d'autres faisceaux vasculaires.

D'après la durée, on pourrait encore établir deux grandes divisions dans les corps tubéreux.

1° Tubérosités se détruisant et se remplaçant chaque année :

α. Pseudorrhizes (*Ranunculus Chærophyllos, Ficaria ranunculoides, Sisum Sisarum, Œnanthe peucedanifolia, Patate, Dahlia, Ophrydées, Igname*, etc.).

β. Tubercules (*Corydalis solida, Oxalis crenata, Pomme-de-terre, Topinambour, Colchicum autumnale, Gladiolus, Crocus*, etc.).

2° Tubérosités persistant pendant la vie de la plante (groupe α.) ou pendant une partie de la vie de la plante (groupe β.).

α. Racine (*Radis, Rave, Navet, Cerfeuil bulbeux, Carum bulbocastanum, Carotte, Panais, Bryonia dioica, Cucumis perennis, Thladiantha dubia, Eopopon vitifolius* [voir p. 324,] *Betterave*, etc.).

β. Pseudorrhizes (*Lathyrus tuberosus, Sedum Telephium, Spiræa Filipendula, Œnanthe pimpinelloides, Asphodelus albus, Hemerocallis fulva*, etc.).

Sur une coupe transversale de *Pomme-de-terre*, l'hypertrophie interne diffère nettement de l'externe par sa teinte, non blanche, mais jaunâtre ou violette suivant les variétés, et par sa bordure de faisceaux vasculaires. L'hypertrophie externe est de beaucoup la plus féculente ; aussi la valeur alimentaire des tubercules est-elle en raison de son développement. Il s'y produit des faisceaux vasculaires surtout vers la circonférence, mais ces faisceaux sont loin d'être aussi robustes que ceux de l'hypertrophie interne. C'est sur celle-ci seule que sont assis tous les bourgeons du tubercule, bourgeons que l'hypertrophie externe ne recouvre pas, mais entoure comme d'une gaîne. Je n'ai pas eu occasion de répéter les récentes et intéressantes expériences de M. Carrière[1] sur la faculté que des rondelles de *Pomme-de-terre*, profondément écorcées, ont de produire des bourgeons adventifs sur leur tranche et leur pourtour ; j'incline pourtant à penser que ces bourgeons ne naissent pas des cellules du parenchyme féculifère, mais des parties vasculaires et cambiales qui le traversent. Au retour de la végétation, la masse cellulaire tombe en voie de désorganisation et de résorption : c'est alors un corps inerte et bien plus un corps mort, dont la substance sert à nourrir non à procréer des bourgeons.

Le genre *Allium* présente en ses nombreuses espèces des types d'inflorescence très variés. Ainsi l'ombelle est régressive en son ensemble pour les *A. vineale, rotundum, Schœnoprasum, sphærocephalum*, etc., mais progressive au contraire pour les *A. ursinum, acutangulum, oleraceum*, etc. ; la floraison de cette dernière espèce commence cependant parfois par les pédicelles de la zone moyenne de l'ombelle. Enfin, chez beaucoup d'*Allium* exotiques, l'épanouissement débute simultanément en divers points de la surface de l'ombelle. Toutes ces diverses inflorescences sont très désordonnées en leurs détails, car des fleurs en bouton s'y montrent entremêlées à des fleurs épanouies et même à des fruits déjà mûrs. Ces bizarreries d'inflorescence ont été at-

1. *Bull. de la Soc. bot. de Fr.*, 1881, XXVIII, p. 146.

tribuées à des cymes sessiles ; mais cette explication n'est pas à l'abri de toute objection. En effet, dans les grappes, ordinairement simples, des *Campanula persicæfolia* et *rapunculoides*, l'épanouissement, soit en descendant soit en remontant le rachis, saute certaines fleurs auxquelles il reviendra ensuite. Or les fleurs de ces *Campanula* sont solitaires sur un rachis commun, et il ne peut donc être pour elles question de cymes. Cependant, contractez leurs grappes en ombelles, et vous aurez, comme chez les *Allium*, un mélange de fleurs en bouton et de fleurs épanouies. — La progression est absolue dans les grappes des *Ornithogalum Pyrenaicum*, *O. umbellatum*, *Endymion nutans*, *Muscari comosum* et *racemosum*, *Scilla bifolia* et *autumnalis*, *Phalangium Liliago* et *ramosum*, *Lilium Martagon*, etc. — Chez le *Lilium bulbiferum*, la grappe est contractée en ombelle, et l'on peut quelquefois constater un certain désordre dans l'épanouissement ; mais le plus souvent la marche va régulièrement de la circonférence au centre, comme il convient à une ombelle résultant de la dépression d'une grappe progressive. — Les pédicelles des *Lilium Martagon*, *candidum*, *croceum*, *Pyrenaicum*, etc. portent une bractée. Pour cette cause, une cyme raméale est peut-être sous-entendue, mais comme elle n'est pas effective, l'inflorescence doit être rattachée à la progression. Il faut se décider sur ce qui existe et non sur ce qui pourrait exister. Accorde-t-on aux *Scrofularia* cinq étamines, parce que leurs fleurs possèdent le rudiment d'un cinquième filet? Aussi, est-ce beaucoup s'avancer que de dire avec Payer [1] que l'inflorescence du *Lilium candidum* se compose d'une foule de petites cymes unipares scorpioïdes. D'ailleurs, en se bornant à dire de l'inflorescence d'un grand nombre de plantes, qu'elle est en cyme (*Alisma Plantago*, etc.) ou qu'elle est une cyme (*Labiées*, *Caryophyllées*, etc.),

1. *Organogénie*, p. 648.

Payer[1] n'en donne qu'une idée bien incomplète et d'où pourrait naître une fâcheuse assimilation entre inflorescences qui ont des différences fondamentales. Ainsi, chez les *Labiées*, la floraison monte d'étages en étages cymifères, tandis qu'elle descend ces étages chez les *Caryophyllées*; puis, dans cette dernière famille, peut-on passer sous silence la charpente du rachis, le plus souvent axile dans la tribu des *Silénées*, mais sympodique au contraire dans celle des *Alsinées*?

XCIII. ASPARAGINÉES (A. Rich.).

1. CONVALLARIA *L.*

1. C. maialis L.: Lorey, 884. — ♃. — Mai-juin. — CC. — Bois.

Les drageons sont nombreux et à mérithalles allongés, et, comme ils ne deviennent libres qu'après plusieurs années, le rhizome forme bientôt un vaste réseau horizontal. Il est parsemé de centres vitaux verticaux, à mérithalles très raccourcis et dont le sommet porte les feuilles et la tige. L'espace compris entre chacun de ces centres vitaux ou souches partielles forme un des articles du rhizome et chaque article est lui-même formé de plusieurs mérithalles. Les pseudorrhizes sont émises par tous les nœuds des mérithalles ; les drageons ne le sont guère que par les nœuds les plus voisins des centres vitaux. — Les sujets foliifères n'ont qu'une fausse tige constituée par les gaines des feuilles, comme chez tant d'autres *Monocotylédonées;* ces gaines sont libres entre elles chez le *Convallaria maialis;* celles du *Paris quadrifolia* sont soudées en un cylindre charnu. — Fleurs en grappe unilatérale, dressées avant l'anthèse, arquées-réfléchies pendant et après.

2. POLYGONATUM *Desf.*

Rhizome souvent fétide, très rameux ; articles charnus, subcylindracés, obscurément atténués sous le sommet. *P. vulgare.*

[1]. *Organogénie*, p. 686, 553, 336.

Rhizome toujours fétide, peu rameux ; articles charnus, s'atténuant de la base jusque sous le sommet . . *P. multiflorum.*

Tiges anguleuses ; pédoncules ordinairement 1-3 flores ; étamines à filets glabres . . . . *P. vulgare.*
Tiges cylindriques ; pédoncules 3-6 flores ; étamines à filets poilus . . . . *P. multiflorum.*

1. P. vulgare Desf. — *Convallaria Polygonatum* L.; Lorey, 883. — ♃. — Mai-juin. — C. — Bois de montagne, haies.

Les individus vigoureux, qui ont les pédoncules rameux pluriflores, constituent le *C. latifolia* Hoffm.; Lorey, 883.

Les feuilles des *P. vulgare* et *multiflorum* sont dirigées d'un côté et les fleurs de l'autre. La grappe commence au niveau de la courbure qui amène presque à l'horizontale la partie supérieure de la tige. La courbure de la tige et des pédicelles a lieu dans le sens de la déclivité du sol, mais pourtant avec des exceptions assez nombreuses pour que je n'aie pas cru devoir citer (p. XII) le *P. vulgare* parmi les plantes qui offrent cette particularité. Les mêmes exceptions se remarquent aussi pour la grappe du *Gladiolus communis.* — Suivant les sujets, les fleurs du *P. vulgare* sont inodores ou odorantes, et dans ce dernier cas le rhizome n'est pas fétide.

2. P. multiflorum All. — *Convallaria multiflora* L.; Lorey, 884. — ♃. — Mai-juin. — C. — Bois argileux.

Atteint parfois jusqu'à un mètre de hauteur. — Lorey dit les baies rouges à la maturité, bien qu'alors bleuâtres comme celles du *P. vulgare.*

Les rhizomes des *P. multiflorum* et *vulgare* sont éminemment sympodiques. Chaque année en effet, ils montent à tige et sont définis, lors même que la tige n'est que foliifère, tandis qu'il est de règle, pour la grande majorité des souches, de n'être définies qu'autant qu'elles sont florifères. Il faut pourtant remarquer que, les 2-3 premières années après la germination, une tige manque aux jeunes *Polygonatum;* ils n'ont qu'une feuille radicale pour toute végétation aérienne et leur rhizome est alors indéfini et dépourvu de cicatrices. Mais bientôt la plante possédera une tige foliifère e[t] plus tard une tige florale, et le rhizome se marquera des cicatrices laissées par la chute de ces tiges. L'intervalle entre chaque cicatrice mesure l'accroissement annuel du rhizome, ou en d'autres termes la longueur de chaque article. Ces articles sont d'autant moins volumineux qu'ils comptent un plus grand nombre d'années et que par conséquent leur résorption est plus avancée ; ils persistent d'ailleurs très longtemps ainsi que les pseudorrhizes, ce qui est une note propre à la famille des *Asparaginées*. — Les articles du P. *vulgare* sont ordinairement plus allongés que ceux du P. *multiflorum* et peuvent avoir jusqu'à 8 centim. de longueur ; mais chez le P. *multiflorum*, à cause de l'étranglement prononcé qui existe vers le sommet des articles, les nodosités du rhizome sont plus apparentes quoiqu'elles ne soient pas plus volumineuses. Le rhizome du P. *verticillatum* All. est inodore et moins robuste que celui des P. *vulgare* et *multiflorum;* puis le sommet des articles y est encore moins atténué que chez le P. *vulgare*. — Les bourgeons de remplacement atteignent presque tout leur développement en automne : puis, au printemps, ils forment à leur sommet un empâtement ou nodosité qui porte la tige et d'où sortent les pseudorrhizes, les bourgeons de remplacement et les ramifications du rhizome.

La grappe des *Polygonatum* est formée de pédicelles groupés en petits corymbes ; ces pédicelles naissent de partition, et, comme il est de règle avec une telle origine, ils épanouissent leurs fleurs suivant le mode progressif.

3. MAIANTHEMUM *Wigg.*

1. M. bifolium DC. ; Lorey, 885. — ♃. — Mai-juin. — R. — Bois couverts. — Vau de Gevrey, combe de Marsannay (*Lorey*) ; Saulieu ! (*Charleux*) ; Marey-s-Tille (*Morelet*) ; Moloy !, Pâques !, forêt de Velours !, Collonges !, Moux !, Longvay !.

Le rhizome diffère de suite de celui du *Convallaria maialis*, en ce que les drageons naissent des nœuds les plus divers des articles et non pas presque exclusivement de ceux qui sont au voisinage des centres vitaux.

4. PARIS *L.*

1. P. quadrifolia L.; Lorey, 882. — ♃. — Mai-juin. — C. — Bois couverts.

Il n'est pas rare de rencontrer des individus à 5-6 feuilles, avec augmentation correspondante dans le nombre des pièces de la fleur.

Rhizome jaunâtre, un peu charnu, horizontal, rameux-drageonnant, à articles (pousse annuelle) de 8-10 centim. de longueur et comprenant chacun trois mérithalles. Chaque article aboutit à un petit renflement où est la cicatrice de la tige détruite, et d'où est sorti latéralement le bourgeon de remplacement. Les drageons sont peu nombreux et naissent au nœud du mérithalle supérieur de quelques articles. Ils sont pleins et portent leurs pseudorrhizes aux points les plus divers des mérithalles : il en est de même pour les ramifications du rhizome des *Polygonatum*; mais, chez les *Convallaria maialis* et *Maianthemum bifolium*, bien que les drageons soient pleins aussi, l'insertion des pseudorrhizes est limitée aux nœuds mérithalliens.

5. RUSCUS *L.*

1. R. aculeatus L.; Lorey, 886. — ♃. — Mars, avril, mai, août, sept. et oct. — C. — Bois de montagne.

Rameaux foliiformes (cladodes) ovales ou lancéolés. — Fleurs parfois géminées.

Depuis Turpin et de Candolle les expansions foliacées (cladodes) du *R. aculeatus* sont considérées comme des rameaux aplatis-ailés. M. Duval-Jouve [1], se rangeant à l'avis de Nees von Esenbeck et de Koch, veut au contraire que le cladode soit une feuille, tantôt libre, tantôt soudée à un rameau florifère émergeant au centre de la face supérieure de cette feuille. Il base son opinion sur l'anatomie des cladodes, qui, d'après ses observations, est celle des feuilles pour les cladodes stériles et pour la partie supérieure des cladodes florifères, tandis que la partie du cladode, inférieure à la fleur,

---

1. *Bull. de la Soc. bot. de Fr.*, 1877, xxiv, p. 143-148.

offre l'anatomie d'un rameau. Mais il n'y a rien d'étonnant à ce que les cladodes stériles et la partie supérieure des cladodes florifères soient réduits à l'anatomie d'une feuille, puisqu'ils en prennent la forme et en remplissent les fonctions. En outre, l'interprétation de M. Duval-Jouve ne peut être admise en présence des objections suivantes que je tire surtout des positions respectives du cladode et de la feuille-mère :

1) Il serait étrange, quand le cladode se trouve stérile, et quand par conséquent, selon M. Duval-Jouve, il représente une feuille libre, de voir cette feuille aisselée par une autre feuille, la feuille mère qui est ici petite et scarieuse.

2) Si au contraire le cladode est fertile, c'est-à-dire soudé à un rameau florifère, il doit en être la prime-feuille ; or cette prime-feuille serait placée entre le rameau et la feuille mère, et superposée ainsi à cette dernière, insertion en contradiction avec les insertions opposées ou le plus souvent latérales que les primes-feuilles d'un rameau occupent dans toutes les autres plantes, par rapport à la feuille mère. Enfin une prime-feuille est toujours beaucoup plus petite et non beaucoup plus grande que la feuille mère.

3) Le cladode terminal de la tige et des rameaux n'est pas une feuille, puisqu'il continue nettement et immédiatement l'axe, et que d'ailleurs une feuille ne saurait jamais terminer un rameau. Les axes du *Ruscus aculeatus* transforment leur sommet en épine, comme le font la plupart de ceux du *Prunus spinosa*.

4) Les feuilles, même les plus persistantes, finissent par tomber après un certain nombre d'années, ce qui n'arrive à aucun des cladodes du *Ruscus aculeatus ;* car tous, même les stériles, ou se dessèchent ou se détruisent en partie sans jamais se détacher de la plante.

Pour ces divers motifs, on doit continuer de regarder le cladode comme un rameau aplati-ailé, tantôt stérile, tantôt fertile.

L'*Asparagus officinalis* L. (Lorey, p. 881), abondamment cultivé dans les vignes des environs de Dijon, est presque naturalisé dans les bois et buissons du Val-de-Saône. Le rhizome est subligneux, rameux, écailleux, horizontal, marqué à la face supérieure de cicatrices distiques correspondant aux insertions des tiges ; les pseudorrhizes sont robustes, cylindracées et pivotantes.

XCIV. DIOSCORÉES (R. Br.).

1. TAMUS *L.*

1. T. communis L.; Lorey, 886. — ♃. — Juin-juill. — C. — Bois couverts, buissons.

Chaque année le tubercule, issu de la germination du *Tamus communis*, grossit, s'allonge inférieurement, émet surtout au pourtour de sa moitié supérieure de nombreuses fibres radicales et finit par devenir énorme et pivotant. Cette masse charnue est de la nature d'une pseudorrhize; c'est une production du système descendant. Elle est surmontée par le système ascendant ou souche, qui émet les bourgeons et qui, tout en faisant corps avec le tubercule, n'en constitue pourtant qu'une très faible partie. Dans les sols frais et humides, beaucoup de fibres radicales sont ascendantes et montent affleurer la surface du sol.

Le tubercule du *T. communis* n'est donc pas, à proprement parler, un véritable tubercule, puisque sa masse presque entière appartient au système descendant. Il en est de même d'une *Dioscorée* alimentaire, l'*Igname* (*Dioscorea Batatas* Dcne), dont le tubercule n'est qu'une pseudorrhize claviforme, démesurément hypertrophiée. Ce tubercule diffère de celui du *Tamus communis* en ce qu'au lieu de persister en toutes ses parties et d'être accrescent pendant toute la vie de la plante il se détruit et se remplace chaque année dans sa pseudorrhize charnue, et n'est persistant que dans son système ascendant, c'est-à-dire dans une petite et courte souche fibro-vasculaire, anguleuse, de la grosseur d'une aveline, qui produit le bourgeon de remplacement, la pseudorrhize tubéreuse et quelques-unes des pseudorrhizes fibreuses. Le surplus de ces dernières est émis par le tubercule en sa partie supérieure (base organique) qui est contractée en un col plus ou moins allongé. J'ai du reste décrit ailleurs [1] tous les détails de la végétation souterraine de l'*Igname*.

Les tubercules des *Ophrydées*, à la différence de celui de l'*Igname*,

[1]. *Bull. de la Soc. centr. d'Hortic. de Fr.*, 1873, VII, 2ᵉ série, p. 733-738.

ne portent jamais de fibres radicales, et ne peuvent en aucune circonstance bourgeonner adventivement; en outre, leur bourgeon de remplacement est sessile, enchâssé en leur sommet, tandis que celui de l'*Igname* repose non sur le tubercule lui-même, mais bien sur une petite souche persistante. — On ne peut donc pas assimiler la masse charnue de l'*Igname* à un rhizome, puisque cette masse n'offre aucune trace de mérithalles et ne possède ni écailles ni bourgeons normaux. Elle peut seulement, ainsi que celle du *Tamus communis*, émettre des bourgeons adventifs ; mais encore faut-il dans les deux plantes qu'une telle émission soit provoquée ou par la suppression de tous les bourgeons normaux, ou par l'amputation de la souche.

XCV. IRIDÉES (Juss.).

1. IRIS *L*.

Rhizome hypogé, d'une progression assez rapide, parsemé de filaments, à articles très distincts, et à rides transversales (cicatrices laissées par la chute des feuilles) superficielles et espacées . . . . I. *Pseudo-Acorus*.
Rhizome épigé, d'une progression très lente, dépourvu de filaments, à articles courts, presque indistincts, et à rides transversales nombreuses, profondes et rapprochées . . . . . .
. . . . I. *fœtidissima*.

Plante des lieux aquatiques; feuilles non fétides par le froissement; fleurs jaunes . . . . I. *Pseudo-Acorus*.
Plante des lieux couverts; feuilles fétides sur le frais par le froissement; fleurs violettes. . . . . I. *fœtidissima*.

1. I. fœtidissima L.; Lorey, 876. — ♃. — Juin-juill. — A. R. — Bois argileux, haies. — Verrey-s-Salmaise, Antilly (*Lorey*); Thenissey (*Lachot*); St-Remy!, Quincerot!, Darcey!, Venarey!, Millery!, Corsaint!, etc.

L'*I. Germanica* L. (Lorey, p. 874) se rencontre çà et là sur les vieux murs et les toits de chaume où il se maintient et s'étend même, grâce à son rhizome robuste et longuement rameux. Il abonde sur les rochers de Semur! et sur les ruines du vieux château de St-Romain!.

2. I. Pseudo-Acorus L. : Lorey, 875. — ♃. — Juin-juill. — C. — Bords des eaux, lieux humides.

Le rhizome est défini-dichotome à chaque floraison; il reste indéfini et simple dans les stations très ombragées, car il n'est jamais alors que foliifère. — Après floraison le bourgeon florifère s'éteint, et deux bourgeons latéraux lui succèdent qui ne fleuriront eux-mêmes qu'après une période foliifère de 2-4 ans; mais comme le rhizome possède des ramifications de différents âges, et qu'il en est toujours quelques-unes à leur phase de floraison, la plante n'est jamais sans porter de fleurs. C'est là un exemple, commun du reste dans le règne végétal, de bourgeons les uns définis florifères, les autres indéfinis foliifères sur le même rhizome. — L'*I. fœtidissima*, même florifère, a le rhizome simple et non dichotome, parce qu'ordinairement il n'est pourvu que d'un seul bourgeon de remplacement.

L'inflorescence des *Iris* est régressive en son ensemble et en ses détails, puisque la floraison débute par le sommet de l'axe, puis descend au sommet des rameaux. Les *I. fœtidissima* et *Germanica* ne comptent au total que 3-6 fleurs, tandis que l'*I. Pseudo-Acorus* en peut offrir jusqu'à 15. Les fleurs sont groupées 2-5 au sommet des rameaux de l'*I. Pseudo-Acorus*, avec une fallacieuse apparence de progression, car les fleurs centrales s'épanouissent les dernières; mais en réalité on est en présence d'une ombelle de cymes unipares sessiles. Chez un *Iris* des jardins, à grandes fleurs odorantes et bleuâtres (*I. pallida* Lmk?), les cymes ne sont pas sessiles, mais insérées sur de petits axes sympodiques, longs de quelques millim. Il en résulte une courte grappe de cymes dont les fleurs les plus jeunes se trouvent les plus élevées en apparence et correspondent ainsi aux fleurs centrales de l'ombelle de cymes, qui termine les rameaux de l'*I. Pseudo-Acorus*. D'ailleurs la position de certaines bractées, qui seraient adossées à l'axe caulinaire prolongé idéalement, doit de suite mettre en défiance contre l'existence d'une ombelle ou d'une grappe progressive, puisqu'une pareille position ne permet pas d'attribuer ces bractées à l'axe caulinaire, mais oblige de les rattacher à des axes latéraux de divers ordres. — Dans un autre genre de la famille, le genre *Gladiolus*, le type de l'inflorescence est au contraire progressif, car les fleurs sont solitaires le long d'un rachis axile, et s'ouvrent successivement de bas en haut. Il est vrai que les deux bractées qui accostent chaque fleur sont un indice de cyme; mais enfin cette cyme ne se développe pas, et le ferait-elle, que l'ensemble de l'inflorescence n'en resterait pas moins progressif, et séparerait toujours nettement un *Gladiolus* d'un *Iris*.

XCVI. AMARYLLIDÉES (R. Br.).

1. NARCISSUS *L.*

Bulbe irrégulièrement ovoïde, à tuniques fortement sillonnées, les externes blanc-roussâtre à la résorption, caïeux 1-4 . . .
. . . . *N. poeticus*.
Bulbe ovoïde, à tuniques obscurément sillonnées; les externes brunes à la résorption; caïeux nuls ou très rares. . . . .
. . . . *N. Pseudo-Narcissus*.

Fleurs blanches, à couronne rosée au sommet, beaucoup plus courte que le périanthe. . . . . *N. poeticus*.
Fleurs jaunes, à couronne concolore, égalant le périanthe. .
. . . . *N. Pseudo-Narcissus*.

1. N. poeticus L.; Lorey, 879. — ♃. — Avril-mai. — R. — Prairies. — Nuits, Lugny, Léry, Baigneux (*Lorey*); pré de fontaine Merle à Pânges (*Weber*); bois des Maillys

(*Peltier*); St-Remy!, Crépan!, Fain-lez-Montbard!, pré de Vadenay à Lucenay-le-Duc!, Riel-les-Eaux!, Val-Courbe!.

Fleurs dressées avant l'anthèse, horizontales pendant et après par arcure du sommet de la hampe, de même que chez le *N. Pseudo-Narcissus*. — Hampe parfois biflore.

2. N. Pseudo-Narcissus L.; Lorey, 878. — ♃. — Mars-avril. — R. — Bois de montagne. — Messigny, Gevrey, Beaune (*Lorey*); Saulieu (*Lombard*); St-Andeux. dans les bois à l'ouest de l'étang (*Berthiot*); Lignerolles (*Magdelaine*); Val-Suzon!, Lantenay!.

2. LEUCOIUM *L.*

1. L. vernum L.; Lorey, 880. — ♃. — Févr.-mars. — A. R. — Bois couverts. — Vallées de Messigny, de Marsaunay et de toute la Côte (*Lorey*); Gevrey (*Lombard*); Flavigny!, Courtivron!.

3. GALANTHUS *L.*

1. G. nivalis L. — ♃. — Févr.-mars. — R R R. — Bois de Lachaume entre Lachaume et Vanvey (*Magdelaine!*); récolté près des confins de la Côte-d'Or dans les taillis entre Lesgoulles et Rouvre (Haute-Marne) par M. Magdelaine, et à St-Aignan (Nièvre) par M. Charleux. Indiqué sur l'autorité de Durande dans la *Flore Française* de de Candolle au Mont-Afrique, à Lantenay et à Sombernon, mais sans doute par suite de quelque confusion avec le *Leucoium vernum*.

En général le bulbe des *Amaryllidées* (*Narcissus poeticus, N. pseudo-Narcissus, Galanthus nivalis, Leucoium vernum, Jonquille*, etc.) diffère de celui des *Liliacées* par une fétidité plus fréquente, par des rainures longitudinales, par l'absence d'une série aphylle, absence qui n'est que l'exception chez les *Liliacées*, par la tunique la plus intérieure du bulbe florifère ouverte et non fermée; par la hampe non amincie-atténuée en la partie incluse dans le bulbe, mais au contraire élargie, par la présence fréquente de 2-3 hampes dues à l'évolution florale de caïeux latéraux enveloppés dans les tuniques extérieures du bulbe florifère, par la destruction des tuniques retardée jusqu'au printemps, enfin par la petitesse du bourgeon de remplacement. Il faut ajouter cependant que quelques *Liliacées* bulbeuses à rhizome, comme l'*Allium acutangulum*, ont de commun avec les *Amaryllidées* l'absence d'une série aphylle, la durée des tuniques, la petitesse du bourgeon de remplacement et la présence de 2-3 hampes au bulbe florifère.

XCVII. ORCHIDÉES (Juss.).

Tribu I. OPHRYDÉES.

Souche tubériforme.

1. ACERAS R. Br.

1. **A. anthropophora** R. Br. — *Ophrys anthropophora* L.; Lorey, 862. — ♃. — Mai-juin. — C. — Friches, pelouses.

2. LOROGLOSSUM Rich.

1. **L. hircinum** Rich. — *Orchis hircina* Crantz; Lorey, 861. — ♃. — Mai-juin. — C. — Friches, pelouses, bois.

Labelle à sommet parfois échancré-bilobé. — La plupart des labelles ont leur moitié supérieure contournée en spirale qui se dirige à gauche.

3. ANACAMPTIS Rich.

1. A. pyramidalis Rich. — *Orchis pyramidalis* L.; Lorey, 860. — ♃. — Mai-juin. — C. — Pelouses, bois.

4. ORCHIS L.

1 Tubercules entiers 2
   Tubercules palmés 7
2 Périanthe à divisions extérieures conniventes en casque avec les 2 intérieures. 3
   Périanthe à divisions extérieures non conniventes en casque avec les 2 intérieures. 6
3 Labelle trilobé, à lobe moyen entier ou tronqué-subémarginé. . . . . *O. Morio.*
   Labelle tripartit, à lobe moyen profondément bifide 4
4 Bractées égalant moitié de la longueur de l'ovaire; fleurs petites; éperon 2-3 fois plus court que l'ovaire. . *O. ustulata.*
   Bractées 2-3 fois plus courtes que l'ovaire; fleurs grandes ou assez grandes; éperon égalant presque moitié de l'ovaire. . 5
5 Fleurs grandes; casque ovoïde-subglobuleux, d'un pourpre plus ou moins foncé . . . . *O. purpurea.*
   Fleurs assez grandes; casque ovoïde, acuminé, d'un rose pâle. . . . . *O. galeata.*
6 Bractées uninervées; éperon égalant presque l'ovaire. . . . . *O. mascula.*
   Bractées plurinervées; éperon notablement plus court que l'ovaire. . . . . *O. laxiflora.*
7 Tige pleine même après floraison; feuilles supérieures bractéiformes; périanthe à divisions extérieures latérales étalées; bractées la plupart plus courtes que les fleurs. *O. maculata.*
   Tige fistuleuse même avant floraison; feuilles supérieures non bractéiformes; périanthe à divisions extérieures latérales redressées; bractées la plupart plus longues que les fleurs. *O. latifolia.*

1. O. ustulata L.; Lorey, 859. — ♃. — Mai-juin. —

R. — Pelouses. — Gouville (*Lorey*); St-Remy!, chaumes d'Auvenet!.

2. O. purpurea Huds. — *O. militaris* D C.: Lorey, 857. — ♃. — Mai-juin. — C. — Bois, friches des coteaux.

Grandeur et forme du labelle extrêmement variable, comme chez tant d'autres *Orchidées*. — On rencontre assez souvent la var. *hybrida* (*O. hybrida* Bnngh.), dont le casque est d'un pourpre peu foncé et dont les divisions du lobe moyen du labelle sont presque aussi étroites que les lobes latéraux, plus ou moins divergentes et parfois incisées-dentées. — Les pièces extérieures du périanthe sont cohérentes entre elles en leur moitié inférieure, mais si légèrement que la moindre traction les met en liberté. — Face supérieure des feuilles brillante-vernissée.

3. O. galeata Lmk; Lorey, 858. — ♃. — Mai-juin. — A. C. — Pelouses des bois, prés secs. — St-Remy!, Riel-les-Eaux!, Montigny-s-Aube!, Moloy!, Val-Suzon!, etc.

Un échantillon d'*O. simia* Lmk m'a été communiqué par M. le Dr Gillot comme provenant de Nolay. — Lorey (p. 857 et 859) signale l'*O. variegata* Lmk au parc de Dijon et dans les bois et l'*O. coriophora* L. à Magny et à Jouvence; M. Lombard mentionne aussi ce dernier *Orchis* à Liernais. Mais ces plantes n'ont pas été revues depuis.

4. O. Morio L.; Lorey, 857. — ♃. — Avril-juin. — A. C. — Prés, pelouses. — Pré de Fontaine-Merle à Panges!, Lamarche!, Seurre!, Santenay!, Laroche-en-Brenil!, etc.

Lobe médian du labelle tantôt plus large, tantôt plus étroit que les latéraux.

5. O. mascula L.; Lorey, 856. — ♃. — Avril-mai. — CC. — Bois, prés.

Périanthe à gorge blanche ou rosée, à divisions externes aiguës, ou acuminées (*O. speciosa* Host); labelle trilobé, trifide ou tripartit dans le même épi.

La tige est pleine même à la floraison, comme celles des *O. maculata* et *Loroglossum hircinum*.

6. O. laxiflora Lmk; Lorey, 855. — ♃. — Mai-juin. — R. — Prés marécageux. — Magny, Saulon, Chevigny, Seurre (*Lorey*); Laignes!, queue de l'étang Bailly à Larrey-lez-Poinçon!, Villedieu!, Gevrolles!.

Je n'ai rencontré dans le département que la variété *palustris* (*O. palustris* Jacq.) qui diffère du type par le lobe médian du labelle égalant ou dépassant les latéraux, au lieu d'être beaucoup plus court ou presque nul. Lorey donne au labelle de sa plante un lobe médian tantôt presque nul, tantôt au contraire égal aux latéraux, d'où l'on peut induire qu'il a rencontré les deux variétés.

A la floraison, le tubercule de remplacement n'est guère qu'au cinquième de sa grosseur, tandis que chez les *Orchidées* non aquatiques il est alors arrivé à son volume presque complet.

7. O. maculata L.; Lorey, 854. — ♃. — Mai-juin. — C. — Prés, bois argileux.

Lobe moyen du labelle parfois beaucoup plus étroit et plus long que les latéraux. — Les feuilles des *O. maculata*, *latifolia* et *muscula* sont tachées ou non de brun noirâtre, et leurs fleurs sont quelquefois blanches. — Un *O. maculata* tératologique avait 4 pièces au périanthe (2 extérieures et 2 intérieures) et 2 étamines à anthères bilobées; il était dépourvu de labelle et d'éperon.

8. O. latifolia L.; Lorey, 854. — ♃. — Mai-juin. — CC. — Prés aquatiques.

Dans le même pré, des sujets ont leurs feuilles inférieures et moyennes oblongues-ovales, étalées; d'autres ont toutes leurs feuilles étroitement lancéolées, dressées (*O. incarnata* L.). Enfin, une variété avec feuilles encore plus étroites, tige plus grêle et épi pauciflore, représente l'*O. incarnata* L. β. *angustifolia* Rchb.; G.G., et se rencontre à Pontailler! et dans la Combe-Noire du Val-des-Choues!.

Lorey (p. 855) indique à Lusigny l'*O. pallens* (*O. sambucina* L., secund. Durel, Op. manuscr.; non *O. pallens* L.).

5. OPHRYS *L.*

1 Labelle terminé par un appendice 2
 Labelle dépourvu d'appendice à son extrémité. 3
2 Appendice recourbé en dessus, rarement étalé ; anthère à bec court droit. . . . . *O. arachnites.*
 Appendice recourbé en dessous ; anthère à bec long, flexueux. . . . . *O. apifera.*
3 Labelle entier ou échancré au sommet avec ou sans dent au fond de l'échancrure ; les deux divisions intérieures du périanthe oblongues-lancéolées . . . . *O. aranifera.*
 Labelle trilobé ; les deux divisions intérieures du périanthe filiformes. . . . . *O. muscifera.*

1. O. muscifera Huds. — *O. myodes* Jacq. ; Lorey, 863. — ♃. — Mai-juin. — C. — Pelouses, friches.

2. O. aranifera Huds.; Lorey, 863. — ♃. — Mai-juin. — A. C. — Pelouses, bois. — St-Remy!, Buffon!, Viserny!, Moutiers-St-Jean!, etc.

Varie à fleurs jaune-verdâtre (var. *Pseudo-Speculum* Coss. Germ. — *O. Pseudo-Speculum* DC.).
Saillies latérales du labelle plus ou moins prononcées.

3. O. arachnites Hoffm.; Lorey, 864. — ♃. — Mai-juin. — C. — Pelouses, coteaux incultes.

Les deux divisions intérieures du périanthe sont quelquefois blanches. — Des sujets ont l'appendice du labelle étalé, non redressé, ou encore trilobé, non entier.

4. O. apifera Huds. ; Lorey, 865. — ♃. — Mai-juin. — C. — Pelouses.

Les fleurs offrent assez fréquemment les variations suivantes : divisions intérieures du périanthe tantôt réduites à une dent triangulaire très courte, tantôt presque aussi longues que les extérieures ; divisions extérieures réfléchies, non étalées ; lobes latéraux du labelle à peine gibbeux, longuement acuminés et non triangulaires, étalés et non infléchis ; lobe médian du labelle à bords étalés et non réfractés ; sommet du labelle renversé en dessous en toutes ses parties, au lieu d'être recourbé en dessus avec appendice replié en dessous.

L'*Herminium Monorchis* R. Br. (*Ophrys Monorchis* L.) a été indiqué par Lorey (p. 865) à Cussy dans les prés autour de la Colonne, et par Fleurot et Boreau à Semur dans les bois de Montille.

6. GYMNADENIA *R. Br.*

1 Fleurs verdâtres ; éperon très court . . . . *G. viridis*.
Fleurs rosées ou purpurines ; éperon allongé 2
2 Eperon une fois plus long que l'ovaire . . . . . *G. conopsea*.
Eperon égalant à peine l'ovaire . . . . . . *G. odoratissima*.

1. G. conopsea R. Br. — *Orchis conopsea* L.; Lorey, 853. — ♃. — Mai-juin. — C. — Bois, friches.

Des individus ont l'épi grêle et les petites fleurs du *G. odoratissima*.

2. G. odoratissima Rich. — *Orchis odoratissima* L.; Lorey, 853. — ♃. — Juin-juill. — R R. — Bois humides. — Vallées de Messigny et de Savigny (*Lorey*); Voulaines (*Lombard*); Charrey-s-Seine !, Moloy !, Avot !, Grancey-le-Château !.

Lobes latéraux du labelle oblongs ou ovales-triangulaires.

3. G. viridis Rich. — *Orchis viridis* Crantz ; Lorey, 852 — ♃. — Juin-juill. — R. — Prés, bois. — Val-des-Choues (*Lorey*); Noiron-lez-Cîteaux (*Viallanes* !); La Guette, Liernais (*Lombard*); pré de Fontaine-Merle à Panges !, Flammerans !, Nolay !, Laroche-en-Brenil !.

7. PLATANTHERA *Rich.*

1. P. bifolia Rich. — *Orchis bifolia* L.; Lorey, 860. — ♃. — Juin-juill. — C. — Bois argileux, prés.

La variété *montana* (*P. montana* Schmidt) a les lobes de ses anthères espacés et divergents inférieurement. — A. C. — Laignes!, Larrey-lez-Poinçon!, prairies d'Orgeux! et de Brognon!, Satenay, etc. — Des formes intermédiaires relient cette variété au type: ainsi des anthères ont leurs lobes très espacés mais parallèles, ou encore divergents mais presque contigus supérieurement. Du reste il arrive souvent que les lobes, d'abord parallèles, deviennent dans les vieilles fleurs plus ou moins divergents par suite d'un élargissement de la partie inférieure de la colonne.

L'éperon est très allongé et, comme chez le *Delphinium Consolida*, contient un liquide sécrété par la fleur.

TRIBU II. NÉOTTIÉES.

Souche non tubériforme.

8. LIMODORUM *Tourn*.

1. L. abortivum Sw.; Lorey, 872. — ♃. — Juin-juill. — A. C. — Bois de montagne. — Gouville, Marsannay, Concœur, Meursault (*Lorey*); St-Remy!, Pothières!, Veuxhaulles!, Vauchignon!, etc.

Rhizome horizontal, tortueux; pseudorrhizes peu nombreuses, fétides, persistant plusieurs années, souvent plus grosses que le rhizome, cylindracées-claviformes, pourvues d'un grêle système fibro-vasculaire. Cette plante ne m'a jamais offert de traces de parasitisme; elle végète, ainsi que le *Neottia Nidus-avis*, beaucoup plus bas que les autres *Orchidées*.

9. CEPHALANTHERA *Rich*.

1 Fleurs rouges; labelle aigu; ovaire pubescent-glanduleux . . . . *C. rubra*.
  Fleurs blanchâtres; labelle obtus; ovaire glabre 2
2 Feuilles ovales-lancéolées; bractées égalant ou dépassant l'ovaire. . . . . *C. grandiflora*.

Feuilles étroitement lancéolées ; bractées plus courtes que l'ovaire. . . . . C. *Xiphophyllum.*

1. C. grandiflora Babingt. — *Epipactis pallens* Sw. ; Lorey, 868. — ⚥. — Juin-juill. — A. R. — Bois. — Dijon, Marsannay, Meursault (*Lorey*); Marey-s-Tille (*Morelet*); St-Remy !, Flavigny !, Larrey-lez-Poinçon !.

2. C. Xiphophyllum Rchb. — *Epipactis ensifolia* Sw; Lorey, 869. — ⚥. — Juin-juill. — A. R. — Bois. — Lugny, bois de montagne de la Côte (*Lorey*); St-Remy !, Gevrolles !.

3. C. rubra Rich. — *Epipactis rubra* All. ; Lorey, 869. — ⚥. — A. C. — Bois de montagne. — Messigny, Val-Courbe (*Lorey*); St-Remy !, Villedieu !, Montigny-s-Aube !, Val-des-Choues !, etc.

Inflorescence roulée en crosse avant l'anthèse.

10. EPIPACTIS *Rich.*

Plante drageonnante. . . . . *E. palustris.*
Plante non drageonnante. . . . . *E. latifolia.*

Labelle égalant ou dépassant les divisions extérieures latérales du périanthe, à lobe médian orbiculaire-obtus ; capsule oblongue-ovoïde, pubescente, à pédicelle long de 2-5 millim. . . . . *E. palustris.*
Labelle plus court que les divisions extérieures latérales du périanthe, à lobe médian ovale subacuminé ; capsule obovoïde glabre, à pédicelle long de 8-10 millim . *E. latifolia.*

1. E. latifolia All. ; Lorey, 870. — ⚥. — Juill.-sept. — C. — Bois, friches, bords des routes.

La variété *atrorubens* (*E. atrorubens* Schult. — *E. microphylla* Lorey, 870 ; non Sw.) diffère par ses fleurs d'un pourpre foncé et son labelle à gibbosités plus décidément plissées-crépues. On trouve du reste des *E. latifolia* avec les bractées courtes de l'*E. atrorubens,* de même que celui-ci peut avoir les longues bractées de l'*E. latifolia*. Les deux plantes croissent souvent en une même station.

Pseudorrhizes cylindracées, mais plus grosses en leur moitié terminale, comme chez le *Cephalanthera grandiflora*.

2. E. palustris Crantz ; Lorey, 871. — ♃. — Juin-juill. — A. R. — Bois turfeux, aquatiques. — Jouvence (*Lorey*); Val-des-Choues, St-Léger-de-Fourches (*Lombara*) ; St-Remy !, Moloy !, Selongey !, queue de l'étang Bailly à Larrey-lez-Poinçon !, Orgeux !.

Rhizome horizontal, allongé, rameux-drageonnant. Les pseudorrhizes naissent dans la moitié antérieure des articles, et les drageons près de l'insertion des tiges.

Avant et pendant l'anthèse, les fleurs des *Epipactis palustris* et *latifolia* sont horizontales ; après, elles se réfractent chez l'*E. palustris*, mais restent horizontales chez l'*E. latifolia*.

11. NEOTTIA Rich.

Pseudorrhizes allongées, peu nombreuses, simples, dirigées en tout sens. . . . . *N. ovata*.
Pseudorrhizes courtes, très nombreuses, raides, dirigées en deux sens, c'est-à-dire de chaque côté du rhizome. . . . . *N. Nidus-avis*.

Plante verte ; 2 feuilles, assez rarement 3, largement ovales . . . . *N. ovata*.
Plante décolorée-jaunâtre, aphylle, munie d'écailles. . . . . *N. Nidus-avis*.

1. N. ovata Bluff. et Fing. — *Epipactis ovata* All.; Lorey, 867. — ♃. — Mai-juin. — C. — Bois couverts, humides.

La fausse tige des sujets non florifères est tétragone : elle est formée par la soudure des gaînes des feuilles.

2. N. Nidus-avis Rich. — *Epipactis Nidus-avis* All. ;

Lorey, 868. — ♃ ou ∞. — Juin-juill. — A. R. — Bois. — St-Remy!, Buffon!, Lugny!, Val-des-Choues!, etc.

Le rhizome est horizontal, rameux, grêle, à peine aussi gros que les pseudorrhizes. Il se détruit à la façon ordinaire, c'est-à-dire par son extrémité postérieure, à mesure que la partie antérieure s'allonge. M. Prillieux [1] dit que la plante périt après floraison, puis se survit à l'aide de bourgeons nés à l'extrémité de quelques-unes de ses pseudorrhizes. Ce que j'ai observé n'est pas d'accord avec cette double assertion. En effet, parmi les nombreux individus florifères que j'ai arrachés, presque tous portaient à la fois une tige desséchée de l'an précédent, une tige en fleurs, et des bourgeons de remplacement à l'aisselle des écailles de leur rhizome. Un petit nombre de sujets seulement avaient péri ; mais ils étaient plurannuels, et, pas plus sur eux que sur les sujets vivaces, je n'ai pu observer de bourgeons adventifs à l'extrémité de leurs pseudorrhizes, bien que l'existence de ces bourgeons ait été signalée [2] encore par MM. Reichenbach, Irmisch et Hofmeister. — Les pseudorrhizes sont atténuées vers leur extrémité ; elles se rompent très facilement, car elles n'ont qu'un système vasculaire très appauvri. Elles sont déjetées de chaque côté du rhizome, à la manière de cheveux qu'une raie médiane partage au sommet de la tête. — Pendant les années qui précèdent la floraison, le *N. Nidus-avis* a une existence purement hypogée, de même que les *Orobanche*, *Monotropa* et *Limodorum*. — Le sol où croît le *N. Nidus-avis* est toujours traversé par de nombreux filaments d'un mycelium blanchâtre, comme on le remarque aussi dans les stations du *Monotropa Hypopitys* et du *Limodorum abortivum;* mais je n'ai jamais constaté d'adhérence avec les racines soit mortes, soit vivantes des plantes voisines.

12. SPIRANTHES *Rich.*

2-4 pseudorrhizes fusiformes-cylindracées, assez grêles . . .
. . . . *S. æstivalis.*
1-2 pseudorrhizes fusiformes-oblongues, assez robustes . . .
. . . . *S. autumnalis.*

1. *Bull. de la Soc. bot. de Fr.*, 1857, IV, p. 41-43.
2. Jul. Sachs, *Traité de Bot.*, trad. Van Tieghem, p. 202.

Tige feuillée, naissant du centre d'une rosette foliifère . . .
. . . . S. æstivalis
Tige aphylle, naissant du centre d'une rosette de feuilles détruites, accostée d'un ou de deux bourgeons de remplacement. . . . . S. autumnalis.

1. S. æstivalis Rich. — ♃. — Juill.-août. — RR. — Pelouses humides argileuses. — Semur (*Leclerc, Boreau*) ; pâtis de Vielverge !.

2. S. autumnalis Rich. — *Neottia spiralis* Sw.; Lorey, 866. — ♃. — Juin-juill. — R. — Prairies. — Montaut, Boncourt, Cîteaux, Seurre (*Lorey*); Lamarche-s-Saône !, abonde dans les pelouses voisines de l'étang de la Grand' Borne à Longvay !.

La souche du *S. autumnalis*, qu'on a souvent décrite comme indéfinie, ne l'est pourtant qu'en apparence. L'évolution des bourgeons a en effet deux périodes distinctes : ils produisent une rosette de feuilles à la fin de l'été et ne deviennent florifères que l'an suivant, alors qu'ils ont perdu leurs feuilles, et la tige paraît latérale, parce qu'elle est contiguë à la nouvelle rosette de remplacement. D'ailleurs cette tige est parfois accostée non pas d'un seul mais de deux bourgeons collatéraux de remplacement, et se prouve alors nettement centrale-terminale. Chez le *S. æstivalis*, la rosette de feuilles ne paraît qu'au printemps, et, comme elle n'est pas encore détruite à la floraison, c'est de son sein que s'élève la tige florifère.

13. CYPRIPEDIUM *L.*

1. C. Calceolus L.; Lorey, 873. — Juin-juill. — RRR. — Bois. — Val-des-Choues !, Voulaines (*Lorey*) ; — Indiqué à Auberive (Haute-Marne) près des confins de la Côte-d'Or.

Les tubercules simples des *Orchidées* sont subglobuleux (*Orchis Morio, O. laxiflora, Anacamptis pyramidalis*, etc), ou ovoïdes (*Orchis purpurea, O. galeata, Aceras anthro-*

pophora, etc.); les tubercules palmés sont ordinairement comprimés obovoïdes (*Orchis maculata, O. latifolia*). Un prolongement filiforme-cylindracé termine chacune des divisions des tubercules palmés et ce prolongement se retrouve aussi dans le tubercule simple du *Platanthera bifolia*. — Les tubercules de la plupart des espèces sont plus ou moins velus-pubescents (*Loroglossum hircinum, Orchis mascula, Platanthera bifolia, Ophrys,* etc.).

Les tubercules (*Loroglossum hircinum, Orchis mascula, O. purpurea, Gymnadenia conopsea, Ophrys apifera,* etc.) sont distiques et alternent entre eux, car le nouveau qui est opposé au tubercule mère se trouve invaginé dans la pellicule du tubercule résorbé l'an précédent. Il n'y a donc pas progression, mais oscillation alternative à droite et à gauche. Le mouvement n'est que d'un quart de cercle chez le *Platanthera bifolia*; aussi cette espèce met-elle quatre ans au lieu de deux pour revenir occuper la même place.

Si, au printemps, l'on supprime le tubercule naissant d'une *Orchidée*, un second se développe à l'aisselle d'une écaille ou gaîne foliaire moins inférieure, et à l'opposite de celui qui a été enlevé, c'est-à-dire que ce second tubercule se forme du côté du tubercule mère. Il n'y aura donc pas, cette année, alternance dans le mouvement, mais bien une progression accidentelle. Le *Loroglossum hircinum* se prête très bien à cette expérience. Parfois on trouve normalement deux tubercules de remplacement; ils sont opposés, et le supérieur ou moins gros est précisément celui que ferait développer la suppression de l'inférieur. Sur 15 *Orchis Morio*, 3 m'ont offert chacun deux tubercules de remplacement. Cette gémination de tubercules se présente encore, mais beaucoup plus rarement, chez les *Orchis mascula, Gymnadenia conopsea, Ophrys aranifera, O. arachnites,* etc.

Il est donc en général inexact de dire que les *Orchidées*

ont à la fois deux tubercules ; elles n'en ont qu'un seul qui se résorbe et se détruit à mesure que celui de remplacement se développe, de sorte qu'il n'y en a jamais qu'un seul en pleine vie. Aussi, quand on arrache un sujet en fleurs, voit-on très bien que l'un des tubercules, le tubercule mère, est tout flétri et a perdu déjà moitié de son volume. L'*Herminium Monorchis* ne diffère pas sous ce rapport des autres *Orchidées* ; mais, au lieu d'un bourgeon de remplacement unique et plus ou moins sessile, il en possède 3-5, et qui sont assez longuement pédicellés dans le sens horizontal. Chacun d'eux deviendra libre par la destruction du pédicelle et formera un nouvel individu. Le nom spécifique de *Monorchis* consacre donc une erreur ; car cette plante, par suite d'un arrachage défectueux borné au tubercule mère ou à cause de la formation tardive (après floraison) de ses tubercules de remplacement, avait été d'abord regardée comme faisant contraste avec les autres *Orchidées* par l'absence d'un tubercule de remplacement, alors qu'au contraire elle en présente toujours plusieurs.

Suivant les espèces, les tubercules de remplacement sont sessiles (*Orchis maculata*), ou pédicellés brièvement et dans le sens descendant (*O. Morio*) ; l'*Herminium Monorchis* fait exception par ses pédicelles allongés et horizontaux. — Les pédicelles sont formés d'un mérithalle unique et fistuleux, avec une paroi mince et membraneuse d'un côté, épaissie-vasculaire de l'autre. Le pédicelle devient un organe de descente, s'il apparaît chez des espèces qui en sont dépourvues, ou s'il s'allonge plus que de coutume ; chez les espèces, qui l'ont descendant, toute modification dans sa longueur correspond à un changement dans l'état hygrométrique ou dans l'épaisseur de la couche superficielle du sol. Quand le pédicelle garde la même longueur, la souche reste au même niveau ; c'est ce qu'on voit très bien dans l'*Orchis Morio*. Le pédicelle de cette espèce est en effet long de 2-3 centim. ;

mais comme la tige émet pseudorrhizes et tubercule de remplacement non pas à sa base même, c'est-à-dire au niveau du tubercule mère, ainsi que chez la plupart des espèces, mais plus haut que cette base, il s'ensuit que la plante ne change pas de niveau et que l'absence d'un pédicelle entraînerait chaque année un surhaussement de 2-3 centim. — Si une *Orchidée* a besoin de se rapprocher de la surface du sol, elle raccourcit le pédicelle de son tubercule de remplacement ; si elle appartient à une espèce non pédicellée, elle surhausse le point d'insertion de ce tubercule, et le tubercule ne naîtra plus à l'aisselle de la gaîne caulinaire la plus inférieure, mais bien à celle de l'une des gaînes intermédiaires.

Diverses opinions se sont produites sur la nature du tubercule des *Orchidées*. M. Germain de St-Pierre [1] le regarde comme une agglomération de racines ; M. Fabre [2] lui donne pour origine le système ascendant et caulinaire, et n'en fait que l'extrémité hypertrophiée d'un rameau ; enfin MM. Caruel [3] et Prillieux [4], après de Candolle et Aug. de St-Hilaire, sont d'avis qu'il est constitué par un bourgeon logé au sommet (base organique) d'une racine hypertrophiée. C'est à cette dernière interprétation que je me range sans hésiter ; mais il s'ensuit que le corps charnu des *Orchidées* n'est pas un véritable tubercule, puisqu'il appartient, sauf le bourgeon du sommet, au système descendant. Les digitations du tubercule de certaines espèces (*O. maculata*) sont dues à la partition, et souvent en outre un aplatissement plus ou moins sensible indique dans le tubercule une intervention de la fasciation.

Le tubercule doit son volume à l'hypertrophie du cylindre central, au sein duquel sont épars les faisceaux vascu-

1. *Bull. de la Soc. bot. de Fr.*, II, 1855, p 657-664.
2. *Ibid.*, III, 1856, p. 96 et IV, 1857, p. 69-70.
3. *Ibid.* III, p. 163-166.
4. *Ibid.* XIII, 1866, p. 71-74.

laires. Quand un tubercule est en voie de résorption (*Orchis mascula, O. Morio, Loroglossum hircinum, Platanthera bifolia* etc.), la coupe transversale offre une surface grisâtre parsemée de réticules blanches. Les points gris sont occupés par le tissu libérien contigu aux faisceaux vasculaires, lequel est plus lent à se résorber ; tandis que le tissu conjonctif intermédiaire, déjà profondément altéré, change de couleur et se dessine en réticules blanches. Sur une coupe longitudinale, les faisceaux vasculaires et le tissu libérien apparaissent sous forme de filaments cylindracés-subtétragones, qui ont été parfois pris pour autant de racines enfermées dans une enveloppe commune ; mais le système vasculaire des pseudorrhizes contredit à cette opinion, car il est tout autre que celui des faisceaux de ces filaments.

L'embryon des *Orchidées* consiste en un petit corps cellulaire, indivis, acotylédoné, dépourvu de plumule lors de la maturité de la graine ; la première feuille et les premières pseudorrhizes ne se forment que postérieurement à la germination. Le tubercule de germination ne correspond donc pas à un axe hypocotylé. D'ailleurs, s'il en était ainsi, ce premier tubercule appartiendrait au système ascendant et différerait gravement des tubercules ultérieurs qui tous sont constitués par le système descendant.

Le bourgeon qui surmonte le tubercule de remplacement est dès la fin de la floraison accosté de quelques pseudorrhizes et proéminent de 6-12 centim. chez les *Platanthera bifolia, Orchis maculata* et *Gymnadenia conopsea*. A la même époque, ce bourgeon est au contraire dépourvu de pseudorrhizes et très peu proéminent dans les tubercules des *Orchis Morio* et *laxiflora* ; enfin il est caché dans une petite dépression chez les *Orchis purpurea, galeata* et *Anacamptis pyramidalis*. Le bourgeon du *Platanthera bifolia* est latéral, non terminal, parce que le sommet du tubercule est constitué par l'extrémité épaissie du pédicelle.

Trois phases végétatives se succèdent dans l'existence de la grande majorité des *Néottiées* ou *Orchidées* non tubéreuses (*Cephalanthera rubra, Epipactis latifolia, E. palustris*, etc.) : rosette radicale pendant les années qui suivent la germination, puis tige foliifère et enfin tige florifère. Durant la première phase la souche est indéfinie ; pendant les deux autres elle est définie, émet un bourgeon de remplacement et ne possède plus de feuilles radicales. C'est l'évolution d'un *Polygonatum vulgare*, d'un *Lilium bulbiferum* ou *croceum*, etc. Chez quelques *Néottiées* cependant, comme les *Spiranthes*, la seconde phase fait défaut, c'est-à-dire que, quand les sujets montent à tige, cette tige est toujours florifère. Il en est de même encore des *Ophrydées* ou *Orchidées* tubéreuses, où l'évolution en effet se divise seulement en deux phases : rosette foliacée dans la première phase, tige florifère dans la seconde. Mais à la différence des *Spiranthes* et autres *Néottiées*, les *Ophrydées* sont définies même dans la première phase, puisque la souche ou tubercule se renouvelle tous les ans, à partir de l'année qui suit la germination.

Les pseudorrhizes des *Ophrydées* sont annuelles ; celles des *Néottiées* persistent au contraire un grand nombre d'années et sont par conséquent plus nombreuses. Une coupe transversale de pseudorrhize d'*Ophrydée* (*Gymnadenia conopsea*, etc.) offre 5-7 faisceaux vasculaires formés chacun de 2-4 vaisseaux situés près de la circonférence du cylindre central, à l'intérieur duquel ils laissent un vaste espace occupé, ainsi que les espaces intermédiaires aux faisceaux, par un abondant tissu conjonctif. Chez les *Néottiées* (*Neottia ovata, Epipactis palustris, E. latifolia*, etc.), les faisceaux s'avancent au contraire jusqu'au centre du cylindre, où ils se rejoignent par de gros vaisseaux. Ce plus grand développement du système vasculaire rend les *Néottiées* beaucoup plus riches en tissu libérien qu'en tissu conjonctif, à l'inverse de ce qui a lieu chez les *Ophrydées*. — Amputées vers un point de leur longueur, les pseudorrhizes d'*Ophrydées* ne forment pas de ramifications ; supprimées, elles ne sont pas remplacées par d'autres et la végétation se poursuit languissamment à l'aide seule du tubercule mère en résorption. Mais chez les *Néottiées* (*Cephalanthera grandiflora, Epipactis latifolia*, etc.), la suppression des pseudorrhizes en fait développer d'autres ; l'amputation y détermine la naissance d'une ramification sur la partie conservée, ou bien il sort de l'aire même de la plaie 1-3 longs filaments qui continuent la pseudorrhize.

Les *Spiranthes* ont des pseudorrhizes charnues, oblongues, au nombre de 1-2 pour le *S. autumnalis* et de 2-4 pour le *S. æstivalis* qui possède en outre quelques pseudorrhizes cylindracées. Ces pseudorrhizes charnues, qui ont quelque ressemblance de volume avec le tubercule de certaines *Ophrydées*, en diffèrent complètement sous d'autres rapports. Ainsi le bourgeon de remplacement est inséré non pas, comme chez les *Ophrydées*, sur la pseudorrhize charnue, mais bien sur un rhizome appréciable, quoique très court ; puis ces pseudorrhizes charnues ne se remplacent pas chaque année, mais sont plus ou moins persistantes, et, quand on les ampute, un prolongement réparateur d'un diamètre moindre se produit sur la zone génératrice de la section, ce qui s'observe aussi pour les pseudorrhizes cylindracées des *Néottiées*, mais jamais pour les tubercules des *Ophrydées* ; enfin le système vasculaire, au lieu d'être réparti dans toute la tubérosité, n'en occupe que le centre sous forme d'un gros filament cylindracé. — Le nombre des pseudorrhizes charnues des *Spiranthes* est sans influence sur celui des bourgeons de remplacement, et l'on peut compter deux de ces bourgeons pour une seule pseudorrhize ou au contraire un seul pour deux pseudorrhizes, tandis qu'il y a toujours autant de bourgeons que de tubercules d'*Ophrydées*.

On voit souvent dans la campagne une ou plusieurs années de foliation succéder à une année de floraison, surtout quand le sol est aride et le printemps très sec. Dans les jardins, au contraire, la meilleure qualité du sol assure pour chaque année le retour de la floraison (*Orchis mascula, O. Morio, Gymnadenia conopsea*).

Les fleurs s'épanouissent régulièrement de bas en haut de l'épi chez toutes les *Orchidées* que j'ai récoltées dans le département. L'odeur des fleurs est très variable pour certaines espèces : ainsi tantôt les *Gymnadenia conopsea, Orchis ustulata, Epipactis latifolia* et *Spiranthes* ont une odeur suave, tantôt ils sont inodores. Le *Gymnadenia odoratissima* est toujours très odorant ; les fleurs de l'*Orchis galeata* ne sont odorantes qu'au moment de l'anthèse. Ordinairement les odeurs rappellent le parfum de la vanille. — La durée des fleurs est très longue (20-40 jours) chez la plupart des *Orchidées*, surtout dans la tribu des *Néottiées* (*Neottia, Limodorum, Epipactis*, etc.). — La grande majorité des *Néottiées* se distingue des *Ophrydées* par l'arcure de la grappe avant l'anthèse.

L'ovaire des *Ophrydées* est contourné dans sa jeunesse ; il ne l'est pas chez les *Néottiées*, sauf de rares exceptions (*Cephalanthera grandiflora, C. Xiphophyllum*) ; mais les pédicelles des fleurs des *Néottiées* (*Epipactis, Limodorum, Neottia*, etc.) sont ordinairement contournés.

Il n'y a rien de fixe dans le sens de la spire que forme l'ovaire ou le pédicelle ; aussi la voit-on dans le même épi se diriger indifféremment à droite ou à gauche (*Loroglossum hircinum, Aceras anthropophora, Orchis latifolia, Gymnadenia conopsea, Platanthera bifolia, Neottia ovata, Epipactis latifolia*, etc.). La spire de l'ovaire ne fait qu'un à deux tours et ne se prolonge pas jusqu'au sommet. Parfois même le sommet offre un tour ou un demi-tour de spire en sens inverse de la torsion du surplus de l'ovaire (*Orchis pur-*

purea). Cette spire inverse se retrouve à la base de l'ovaire du *Platanthera bifolia* et dans le pédicelle du *Loroglossum hircinum*. La torsion de l'ovaire des *Ophrydées* s'efface à mesure que le jeune fruit grossit; mais les pédicelles des *Néottiées* restent contournés même à la maturité. La torsion qu'offre le rachis des épis unilatéraux des *Spiranthes autumnalis* et *æstivalis* mérite une mention particulière, car elle ne résulte pas d'une spire unique, mais bien de deux spires courant concurremment dans le même sens. La torsion est surtout appréciable du côté de l'insertion des fleurs; elle a son sens indifféremment à droite ou à gauche suivant les individus. Parfois la tige offre au-dessous de l'épi un commencement de spire en sens inverse de celles qui vont se manifester dans l'inflorescence elle-même.

XCVIII. HYDROCHARIDÉES (Rich.).

1. HYDROCHARIS *L*.

1. **H. Morsus-ranæ** L.; Lorey, 837. — ♃. — Juill.-août. — A.C. — Fossés et flaques d'eau du Val-de-Saône. — Auxonne, St-Jean-de-Losne, Seurre (*Lorey*); Fontaine-Française!, St-Sauveur!, Pontailler!.

Vers la fin de septembre, l'*H. Morsus-ranæ* porte à l'extrémité de ses rameaux de petits corps ovoïdes-oblongs: ce sont des bourgeons-hibernacles qui sont formés de feuilles rudimentaires et d'écailles pellucides densément imbriquées. D'autres écailles pellucides plus grandes enveloppent extérieurement les hibernacles, et, quand ceux-ci se détachent en novembre et tombent au fond de l'eau, la plupart de ces grandes écailles restent au sommet du rameau où elles figurent un bouton dont le centre est absent. Une zone de désarticulation existe sous l'hibernacle et c'est par là qu'il se détache des rameaux. Ces derniers ne tardent pas à se détruire complètement, ainsi que les parties inférieures de la plante, qui n'est plus représentée que par ses nombreux hibernacles. En avril, ces organes reproducteurs, allégés par un commencement de résorption, remontent à la surface de l'eau, où ils flottent en étalant leurs premières feuilles qui sont très petites. De plus grandes feuilles apparaîtront plus tard, qui constituent une rosette mère dont les stolons, eux-mêmes pour la plupart stolonifères, s'étendent au sein de l'eau en un vaste réseau enchevêtré. Les pseudorrhizes sont filiformes et munies d'un abondant chevelu ; elles pivotent et vivent au sein de l'eau et elles ne s'enfoncent dans la vase qu'aux stations où l'eau a peu de profondeur. — Les hibernacles de l'*H. Morsus ranæ* ont été signalés par M. Chatin [1] sous le nom de bulbilles et par M. Duval-Jouve [2] sous celui de bourgeons flottants.

Entre chaque rosette de feuilles est un mérithalle unique et nu, car toutes les pseudorrhizes naissent de la base des rosettes et des aisselles des feuilles. Ces rosettes sont indéfinies pour la production des fleurs, puisque les hampes sont axillaires-latérales ; mais les tiges sont sympodiques, car elles se prolongent à chaque rosette par un stolon latéral.

† VALLISNERIA *L.*

† **Vallisneria spiralis** L. — ♃. — Juill.-sept. — Très commun dans le canal de Bourgogne à Buffon !, St-Remy !, Montbard !, Courcelles-s-Grignon !, Pouillenay !, Velars !, Dijon !, etc.; assez commun dans la Saône à Pontailler !, Lamarche !, Seurre !.— En 1856 était encore très rare dans le canal de Bourgogne, où il a dû s'introduire par la Saône, et où il est devenu tellement abondant qu'en beaucoup de localités on est obligé de le faucher, à cause des entraves qu'il apporte à la navigation ; s'est propagé aussi dans les biefs du département de l'Yonne, d'Aisy à Laroche.

Le rhizome est sympodique à tous ses articles, qui sont en effet formés chacun d'un stolon à mérithalle unique et aboutissant à une rosette de feuilles ; mais les rosettes sont indéfinies pour la production de leurs fleurs, qui sont toutes axillaires. C'est l'évolution que vient de présenter aussi l'*Hydrocharis Morsus-ranæ*. Les rosettes sont radicantes et dès la première année florifères pour la plupart,

1. *Bull. de la Soc. bot. de Fr.*, 1855, II, p. 663.
2. *Ibid.*, 1876, XXIII, p. 131.

et, comme elles restent assez longtemps reliées entre elles par le mérithalle des stolons, l'ensemble de la plante constitue un vaste réseau. Quoiqu'il n'y ait pas d'hibernacles, la propagation est extrêmement rapide, car d'une rosette mère peuvent naître par an jusqu'à 30-40 autres rosettes par une série de générations de stolons sympodiques. Les stolons naissent des aisselles des feuilles inférieures des rosettes et l'on en peut compter jusqu'à 4 à la même aisselle.

Les fleurs sortent ordinairement des aisselles des feuilles intermédiaires ; parfois la même aisselle est à la fois florifère et stolonifère. Les fleurs femelles sont groupées 1-4 par aisselle, mais le plus souvent une seule arrive à une évolution complète. Quoique la plante soit dioïque, il n'est pas rare de trouver un spadice de fleurs mâles parmi les fleurs femelles. Le pédoncule des fleurs femelles s'allonge de plus de deux mètres, afin de porter la fleur jusqu'à la surface de l'eau où elle rencontre le pollen des fleurs mâles. Ces dernières ont leur spadice brièvement pédonculé, et elles s'entr'ouvrent au fond de l'eau ; le pollen s'élève à la surface et parfois en telle abondance que l'eau en est recouverte, comme d'une poussière blanche. Plusieurs auteurs sont d'avis que les fleurs mâles se détachent pour monter elles-mêmes à la surface ; mais je n'y ai jamais vu flotter que du pollen, sans accompagnement d'aucune enveloppe florale. Après la fécondation, le pédoncule femelle se contracte de la base au sommet en spire qui tourne à gauche, et qui entraîne la fleur entre deux eaux. Comme la spire est lâche, elle est insuffisante, malgré tant de descriptions si poétiques, à ramener le fruit jusqu'au fond ; mais, à l'époque de la maturité, il y tombe de lui-même par l'accroissement de son propre poids.

† HELODEA *Rich.*

† **H. Canadensis** Rich. — ♃. — Juin-juill. — Commun dans le canal de Bourgogne à Buffon !, St-Remy !, Velars !, Dijon !, etc. : Laignes !. — Se retrouve aussi dans la partie du canal de Bourgogne, située au département de l'Yonne.

Comme son nom l'indique, l'*H. Canadensis* est originaire de l'Amérique du Nord. Il n'y a pas plus de six ans que je l'observai pour la première fois dans la Côte-d'Or et déjà il est devenu abondant au canal de Bourgogne. Les tiges sont étalées-ascendantes, et sont radicantes à tous les sixièmes ou septièmes nœuds de leur partie inférieure par une pseudorrhize ordinairement solitaire; elles forment au fond de l'eau de verts gazons denses qui étouffent les plantes aquatiques indigènes. Les pseudorrhizes sont peu nombreuses, mais fortement filiformes, très allongées et la partie qui plonge dans le vase se revêt d'un chevelu sétacé. — La partie supérieure des rameaux ne perd pas ses feuilles en hiver, mais elle se termine par une rosette densément imbriquée de petites feuilles et poursuivra au printemps son évolution en s'allongeant et en émettant des axes latéraux. Ces rosettes ne peuvent être assimilées à des hibernacles, car l'hibernacle est un bourgeon dont les enveloppes ont une forme particulière ; il a en outre la propriété de se séparer de la plante mère, qui meurt et se détruit entièrement.

XCIX. JUNCAGINÉES (Rich.).

1. TRIGLOCHIN *L.*

1. **T. palustre** L.; Lorey, 843. — ♃. — Juill.-août. — A. R. — Marécages. — Marey, Arc-s-Tille, Arcelot, Premeaux, Quincey (*Lorey*); Genlis (*Faculté des Sciences*) : Larrey-lez-Poinçon !, Baigneux !, Recey !, Sombernon !.

2. SCHEUCHZERIA *L.*

1. **S. palustris** L. — ♃. — Juin-juill. — R R R. — Bords des étangs. — Etangs Fortier et Larmier à Saulieu (*Lombard !*) ; queue de l'étang de St-Andeux (*Berthiot !*).

C. POTAMÉES (Juss.).

1. POTAMOGETON *Tourn.*

1 Feuilles toutes opposées . . . . *P. densus.*
  Feuilles alternes, sauf celles qui accompagnent l'inflorescence. 2

2 Feuilles toutes sessiles et submergées, étroitement linéaires. . 3
Feuilles sessiles ou pétiolées, toutes submergées ou les supérieures nageantes, plus rarement toutes nageantes, ovales, lancéolées, oblongues ou linéaires-oblongues 7
3 Rhizome 8-10 fois plus gros que les tiges : stipule soudée à la gaîne que la partie pétiolaire de la feuille forme autour de tige. *P. pectinatus*
Rhizome à peu près de la grosseur des tiges ; stipule libre . . 4
4 Tiges comprimées-ailées. . . . . *P. acutifolius*.
Tiges cylindracées, ou comprimées non ailées. 5
5 Feuilles obtuses. . . . . *P. obtusifolius*.
Feuilles aiguës 6
6 Rameaux fasciculés ; carpelles à dos crénelé. . *P. trichoides*.
Rameaux non fasciculés ; carpelles à dos non crénelé. *P. pusillus*.
7 Feuilles toutes sessiles 8
Feuilles toutes pétiolées, ou les submergées sessiles et les nageantes pétiolées. 10
8 Feuilles amplexicaules. . . . . *P. perfoliatus*.
Feuilles non amplexicaules. 9
9 Rhizome à mérithalles souvent renflés-épaissis ; tiges cylindriques ; feuilles planes ; carpelles obtus ; point d'hibernacles. . . . . *P. gramineus*.
Rhizome sans mérithalles renflés-épaissis ; tiges comprimées, à faces superficiellement canaliculées ; feuilles ordinairement ondulées-crispées, souvent denticulées-spinulescentes ; carpelles acuminés ; hibernacles habituellement nombreux. . . . . *P. crispus*.
10 Feuilles inférieures sessiles, les supérieures pétiolées et nageantes. 11
Feuilles toutes pétiolées. 12
11 Feuilles nageantes très brièvement pétiolées ; pédoncules cylindracés et de la grosseur des tiges. . . . *P. rufescens*.
Feuilles nageantes longuement pétiolées ; pédoncules se renflant de leur base à leur sommet, beaucoup plus gros que les tiges. . . . . *P. gramineus*.
12 Feuilles très brièvement pétiolées, toutes submergées-pellucides, quelques-unes ordinairement plus ou moins longuement cuspidées par avortement du limbe autour de la par-

tie supérieure de la nervure médiane. . . . . *P. lucens.*
Feuilles longuement pétiolées, les unes submergées, les autres nageantes, ou toutes nageantes, celles-ci coriaces; nervure médiane jamais transformée en acumen 13
13 Feuilles toutes nageantes; sommet du pétiole muni d'une longue zone de désarticulation pour la chute du limbe . . .
. . . . *P. natans.*
Feuilles inférieures submergées; point de zone de désarticulation au sommet du pétiole . . . .
14 Limbe des feuilles possédant ordinairement 2 plis à sa base; pédoncules aussi gros que les tiges; épis grêles; carpelles petits, rougeâtres sur le sec . . . . . *P. polygonifolius.*
Point de plis à la base du limbe des feuilles; pédoncules plus gros que les tiges; épis robustes; carpelles gros, ne rougissant pas à la dessiccation . . . . *P. fluitans.*

1. P. natans L.; Lorey, 844, part. — ♃. — Juin-juill. — A. C. — Etangs, fossés. — St-Remy à l'étang de Ste-Barbe!, Fontenay à l'étang St-Bernard!, Lucenay-le-Duc à l'étang de Vadenay!, Laignes!, Pothières!, Marcy-s-Tille!, Pontailler!, Vielverge!, Meursault!, Arnay-le-Duc!, Liernais!, Saulieu!, etc.

La partie inférieure des tiges est aphylle, et n'a que des gaines se terminant par des phyllodes linéaires-acuminés, atténués de la base au sommet, convexes à la face inférieure, plans-concaves à la supérieure, et représentant le pétiole et la nervure médiane. Dans les eaux rapides et profondes (la Laignes à Griselles!), ils sont nombreux, atteignent jusqu'à 40 centim. de longueur et donnent à la plante un facies particulier. Les phyllodes sont précédés d'une ou de deux gaines, dépourvues même de phyllode, comme on le voit aussi pour les *Potamogoton fluitans* et *lucens*. — Avant leur étalement, les feuilles sont roulées longitudinalement sur leur face supérieure et la plupart forment alors un cylindre émergeant obliquement de l'eau. Les feuilles sont ovales, avec base arrondie-subcordée et possédant deux plis à la jonction du limbe et du pétiole. Plus rarement elles sont oblongues-lancéolées, et, si dans ce cas elles sont atténuées à la base, on a le *P. fluitans* DC., *Fl. Fr.*, III,

184 ; non Roth. Toutes les feuilles sont coriaces et nageantes, et celles qui ne pourraient atteindre à la surface de l'eau sont réduites à des phyllodes.

De l'époque de la floraison à novembre, le limbe des feuilles tombe par une désarticulation qui s'opère au sommet du pétiole. Le lieu de là désarticulation future est indiqué chez les jeunes feuilles par une teinte jaunâtre répartie sur une longueur de 15-20 millimètres. En cette zone, le pétiole a un calibre moindre et une consistance charnue-duriuscule. Lors de la vieillesse et de l'inertie du limbe, la zone de désarticulation devient le siège d'une grande activité et, comme les cellules du parenchyme charnu s'y dissocient en se multipliant, il s'ensuit la chute du limbe, que le système vasculaire est trop faible pour supporter à lui seul. Les pétioles ainsi dépouillés de limbe diffèrent des phyllodes en ce qu'ils ont un diamètre conforme sur toute leur longueur, et qu'ils sont irrégulièrement tronqués à leur extrémité et non pas longuement atténués en acumen. Après avoir persisté quelque temps, ils finissent par tomber, car une zone de désarticulation existe aussi à leur base. C'est ainsi que les feuilles de la plupart des *Rubus* ont également une double zone de désarticulation, une d'abord pour les folioles et plus tard une autre pour le pétiole lui-même. Il est donc inexact de dire avec les auteurs que le limbe des feuilles inférieures du *P. natans* se détruit après floraison, puisque ce limbe n'a jamais existé ; la perte du limbe n'a lieu que pour les feuilles moyennes et supérieures.

2. P. fluitans Roth. — *P. natans* Lorey, 844, part. — ♃. — Juin-juill. — C. — Eaux courantes ou stagnantes.

Les *P. fluitans* et *natans*, qui parfois sont réunis spécifiquement, se séparent pourtant par des différences aussi nombreuses que capitales. Chez le *P. fluitans*, les nœuds caulinaires inférieurs n'ont qu'un ou deux phyllodes, assez courts, atténués seulement en leur moitié supérieure, et souvent ailés par des rudiments de limbe ; la double zone de désarticulation manque pour la chute du limbe et du pétiole, qui disparaissent sous l'action de destructions lentes et partielles. La face supérieure des pétioles est convexe chez le *P. fluitans*, plane-concave chez le *P. natans*. La partie inférieure des tiges du *P. fluitans* se détruit complètement, celle du *P. natans* persiste en hiver et produira des bourgeons au printemps. Le rhizome du *P. natans* entre en végétation sur toute son étendue et envahit rapidement des étangs entiers ; celui du *P. fluitans* se détruit en ses parties postérieures et n'occupe que des espaces assez restreints. Enfin, à l'extrémité des ramifications du rhizome du *P. fluitans*, il se développe en automne un groupe de 4-5 bourgeons très rapprochés, subdigités, à écailles fauves, épaissies et fragiles-crustacées. C'est par ces bourgeons que la plante continue au printemps sa végétation ; le supérieur ou les supérieurs restent inertes, mais les autres se développent en tiges d'autant plus vigoureuses qu'ils sont plus inférieurs. De tels bourgeons ne peuvent être assimilés à des hibernacles, puisque le propre de l'hibernacle est de naître sur une tige aérienne.

La forme des feuilles est insuffisante à distinguer les *P. fluitans* et *natans*. Car le *P. natans* a parfois, même en eau stagnante, les feuilles oblongues et atténuées à la base du *P. fluitans*, ce qui prouve que cette forme tient à l'individu bien plutôt qu'aux milieux.

3. P. polygonifolius Pourr. — ⚥. — Juin-août. — R. — Ruisseaux tourbeux. — Saulieu (*Lombard*) ; Villedieu!, Orgeux!, Arceau!, Laroche-en-Brenil!, Rouvray!, St-Andeux!.

A du *P. fluitans* l'absence de la double zone de désarticulation pour le limbe et le pétiole, et du *P. natans* la longue persistance du rhizome ainsi que l'absence de bourgeons souterrains à écailles épaissies.

Les feuilles sont ordinairement ovales-subcordées ; quand la base du limbe est atténuée, elle est dépourvue de plis.

4. P. rufescens Schrad. — ⚥. — Juill.-août. — R. — Ruisseaux granitiques. — St-Léger-de-Fourches (*Lombard*); Saulieu!, Ste-Isabelle!.

5. P. gramineus L. — *P. heterophyllus* D C.; Lorey, 847. — *P. compressus*, Lorey, 847, part. — ⚥. — Juin-août. — R. — Etangs, fossés. — Censerey (*Lombard*); Cîteaux, Liernais (*Duret*); Larrey-lez-Poinçon!, Lamarche!, Seurre!, Pouilly-en-Auxois!.

J'ai trouvé dans les fossés autour de la queue de l'étang Bailly à Larrey-lez-Poinçon la variété *Zizii* G. G., plante beaucoup plus robuste, à feuilles submergées-pellucides presque aussi grandes que les nageantes.

Les feuilles peuvent être conformes linéaires, toutes pellucides submergées, chez certains individus non florifères et qui correspondent au *P. gramineus* DC., Fl. Fr., III, 184. Ce *P. gramineus* DC. est rapporté par les auteurs au *P. obtusifolius* M. K., mais il s'en éloigne absolument par sa tige cylindrique, non un peu comprimée, par ses feuilles pointues aux 2 extrémités et par ses épais pédoncules.

6. **P. lucens** L.; Lorey, 845. — ♃. — Juin-juill. — C. — Canaux, étangs.

Les feuilles inférieures sont représentées par des phyllodes linéaires-acuminés. Ces phyllodes, rares dans les eaux peu profondes, sont suivis de feuilles étroites, à limbe avorté vers le sommet de la nervure et parfois même en outre sur tout un des côtés; il en résulte des feuilles longuement cuspidées et de forme très irrégulière. Dans les feuilles caulinaires moyennes le limbe se développe ordinairement en entier et la cuspidation y fait donc défaut; mais on la retrouve assez souvent dans les feuilles supérieures (*P. longifolius* J. Gay). Cette forme cuspidée est beaucoup moins fréquente chez les feuilles raméales que chez les caulinaires, et elle est plus ou moins prononcée suivant les individus. Des feuilles cuspidées, mais très brièvement et par une rare exception, s'observent aussi chez le *P. densus* à feuilles étroites et chez le *P. gramineus* var. *Zizii*.

7. **P. perfoliatus** L.; Lorey, 845. — ♃. — Juin-août. — C. — Etangs, rivières, canal de Bourgogne.

8. **P. crispus** L.; Lorey, 845. — ♃. — Juin-juill. — C. — Fossés, étangs, rivières.

9. **P. pusillus** L.; Lorey, 848. — ♃. — Juill.-août. — CC. — Rivières, étangs, canal de Bourgogne.

La var. *major* a les tiges moins grêles et les feuilles larges de 2-3 millimètres. — A. R. — Pothières!, canal de Bourgogne!..

Les faces des carpelles deviennent concaves sur le sec.

10. P. trichoïdes Cham. et Schl. — ♃. — Juill.-août. — RRR. — Dans un petit étang d'un bois près de la Chaume-Roblot entre Thoisy-la-Berchère et Saulieu !.

11. P. acutifolius Link. — *P. compressus* DC. β. *cuspidatus* Duby ; Lorey, 847, part. — ♃. — Juill-août. — A. R. — Etangs, canal de Bourgogne. — Labergement-lez-Seurre, Pouilly-s-Saône (*Berthiot*) ; Gerland, Balon (*Bonnet*) ; St-Remy !, étangs de Maison-Dieu près St-Jean-de-Losne !.

La dessiccation rend le dos des carpelles ridé-crénelé, et leurs faces concaves de convexes qu'elles étaient.

Sous son *P. compressus* Lorey réunit deux espèces : le *P. gramineus* L. à feuilles toutes linéaires conformes et le *P. acutifolius*. Par inadvertance il donne à l'un de ces *Potamogeton* la diagnose qui convient à l'autre.

12. P. obtusifolius M. et K. — ♃. — Juill.-août. — RRR. — Etangs, ruisseaux. — Saulieu !.

13. P. densus L.; Lorey, 846. — ♃. — Juin-août. — CC. — Fossés, ruisseaux à eaux froides.

Emergentes, les feuilles sont très rapprochées (*P. densus*) ; submergées, elles sont plus ou moins distantes (*P. oppositifolius* DC.; Lorey, 846). — Se rencontre à feuilles étroitement lancéolées et longuement acuminées, même en eau stagnante.

14. P. pectinatus L.; Lorey, 848. — ♃. — Juill.-août. — CC. — Cours d'eaux.

2. ZANNICHELLIA *L*.

1. Z. palustris L.; Lorey, 849. — *Z. dentata* Willd. — ♃. — Juill.-août. — A. C. — Fossés, mares. — Pouillenay !, Larrey-lez-Poinçon !, mare d'Ancey !, St-François !, Arnay-le-Duc !, etc.

Le rhizome des *Potamogeton* est horizontal, longuement

prageonnant-rameux : cependant chez les *P. crispus* et *densus* il est plutôt fourni par des tiges couchées rameuses que par des drageons. Un nœud caulifère succède sur le rhizome à un nœud stérile, mais le premier nœud et même, chez le *P. densus*, les premiers nœuds de chaque ramification du rhizome sont caulifères; en d'autres termes un seul mérithalle et non plus deux y sont interposés aux tiges. Enfin dans la partie supérieure du rhizome du *P. pectinatus* on compte au contraire souvent plusieurs mérithalles stériles entre l'insertion des tiges. — Comme les tiges sont produites par le redressement du sommet des drageons, c'est un bourgeon latéral qui donne un prolongement au rhizome, d'où il suit que celui-ci est sympodique à tous les nœuds caulifères. — Les pseudorrhizes ne se développent qu'aux nœuds et surtout aux nœuds caulifères, et même, chez les *P. pectinatus* et *densus*, *Zannichellia palustris*, ces derniers seuls sont radicants.

Les mérithalles de la partie supérieure des drageons des *P. gramineus*, *lucens* et *pectinatus* offrent en automne un raccourcissement et un épaississement notables; au printemps, les bourgeons naissent du sommet de ces drageons épaissis, et aussi de leurs nœuds qui sont étranglés parce qu'ils ne participent pas au grossissement des mérithalles. La partie postérieure ou non renflée des drageons est alors en voie de destruction. — Le sommet des drageons du *P. perfoliatus* porte en automne des bourgeons à écailles fauves, épaissies-cornées, qui rappellent ce qui se passe chez le *P. fluitans*. On remarque aussi un épaississement, mais moins prononcé, dans les écailles des bourgeons souterrains automnaux du *P. lucens*.

Le *P. crispus* a un rhizome grêle, cylindracé, qu'il perd entièrement à la fin de chaque année ; mais cette espèce se survit et se propage par ses nombreux hibernacles. Ces organes naissent dès juin au sommet des rameaux et à l'aisselle des feuilles supérieures ; ils sont formés d'un axe très court à écailles spinulescentes, largement ovales-triangulaires, épaissies, charnues-cornées, foliacées ou non à leur sommet: L'hibernacle est brièvement obconique, car la partie inférieure de son axe, qui est seulement munie de petites écailles membraneuses, lui constitue comme un court caudicule. Au printemps, on voit naître à l'un des nœuds du caudicule un bourgeon-tige sur lequel apparaîtront les pseudorrhizes, qui ne se produisent jamais sur l'hibernacle lui-même. — Les hibernacles sont rares ou même nuls chez les sujets abondamment fructifères. — M. Clos [1] a le premier signalé l'existence de ces singuliers corps reproducteurs; mais tandis qu'il enseigne que chacune des feuilles de l'hibernacle a un bourgeon à son aisselle, j'ai toujours vu au contraire ces feuilles être stériles et le bourgeon naître à l'aisselle de l'une des petites écailles du caudicule. Puis on ne saurait encore, avec le savant professeur, placer le *P. crispus* dans la section des *diversifolii*, car les pièces de l'hibernacle ne sont pas des feuilles et n'en remplissent aucunement les fonctions : elles constituent un dépôt d'aliments qui, après la mort de la plante mère, assure la vie du bourgeon de remplacement. Les plantes de la section *diversifolii* sont au contraire caractérisées par des feuilles dimorphes dont aucune ne s'éloigne de la consistance foliacée ni ne survit aux tiges qui les ont produites.

Chez quelques espèces, comme le *P. lucens*, les sommités des tiges restent vivantes après la destruction de la partie inférieure. Étant ainsi devenues libres, elles s'échouent sur les rives ou sont entraînées au fond de l'eau, et souvent elles émettent des bourgeons qui deviennent radicants et constituent de nouveaux individus.

Le rhizome est à peu près de la grosseur des tiges chez les *P. pusillus, acutifolius, densus, trichoides* ; il est moins

[1]. *Bull. de la Soc. bot. de Fr.*, 1856, III, p. 350-352.

gros qu'elles chez le *P. fluitans* et surtout chez le *P. crispus*. Enfin il est beaucoup plus gros que les tiges chez les *P. pectinatus* et *perfoliatus* et particulièrement chez le *P. lucens*, qui a un rhizome très robuste et rampant sous le sol à une profondeur de 20 centim., alors que les rhizomes de la plupart des autres espèces sont près de la surface de la vase. Le rhizome du *P. acutifolius* est comprimé à l'égal des tiges.

L'inflorescence des *Potamogeton* est un épi terminal, à fleurs se développant en ordre progressif. Chez le *P. densus*, les épis sont répartis aux angles de la bifurcation des tiges sur toute la longueur de celles-ci, et non pas seulement, comme chez beaucoup d'autres espèces, dans les seules parties caulinaires supérieures ; les pédoncules du *P. densus* sont en outre courbés en crochet à l'anthèse et à la fructification.

CI. NAIADÉES (Link).

1. NAIAS *L.*

1. N. major Roth ; Lorey, 850. — ⊙. —Juill.-sept. — C. — Canal de Bourgogne, étangs.

Certains individus ont la partie supérieure des tiges munie de dents foliacées-spinescentes (*N. muricata* Thuill.).

Les tiges sont étalées, à nœuds charnus-épaissis et pour la plupart radicants. Elles jouent le rôle d'un rhizome, car la plante se détruit en sa souche primitive et en ses parties postérieures, et reporte toute sa végétation sur ces tiges radicantes. Les pseudorrhizes sont simples, fortement filiformes, et 1-3 par chaque nœud.

2. CAULINIA *Willd.*

1. C. minor Coss. et Germ. — *Naias minor* All.; Lorey,

850. — ⊙. — Juill.-sept. — C. — Canal de Bourgogne, étangs, rivières.

Diffère du *Naias major* par ses dimensions 5-6 fois moindres, par ses fleurs monoïques, non dioïques, par ses fruits cylindriques-lancéolés, non ovoïdes-oblongs, par ses pseudorrhizes grêles, capillaires, et en outre par la présence d'une souche distincte, car les tiges sont très peu ou point radicantes. La floraison et la fructification des deux plantes s'accomplissent sous l'eau.

CII. LEMNACÉES (Duby).

1. LEMNA.

1 Plante nageante seulement lors de la floraison ; frondes lancéolées-oblongues . . . . *L. trisulca.*
Plante nageante au moins dès le début de la végétation ; frondes suborbiculaires ou obovales, ou parfois oblongues . . . 2
2 Frondes assez grandes, à face inférieure rougeâtre et munie de plusieurs pseudorrhizes. . . . . *L. polyrrhiza.*
Frondes petites, à face inférieure verdâtre, ordinairement munies chacune d'une seule pseudorrhize 3
3 Frondes suborbiculaires, à face inférieure plane . . *L. minor.*
Frondes elliptiques, à face inférieure convexe, souvent même spongieuse-gibbeuse . . . . *L. gibba*

1. L. trisulca L.; Lorey, 1028. — ♃. — Mai-juin. — A.R. — Etangs, fossés. — Dijon (*Lorey*); Buffon!, Lucenay!, St-Sauveur!, Lacanche!, etc.

Ce *Lemna* ne se maintient à la surface de l'eau que pendant la période de floraison. Après cette époque, il se forme [1] dans les frondes des raphides d'oxalate de chaux dont le poids, s'augmentant sans cesse, entraîne la plante au fond de l'eau. Au printemps la résorption de ces raphides lui permet de s'élever jusqu'à la sur-

---

1. Armand Clavaud, in *Actes de la Soc. Linn. de Bordeaux*, 1877, 3e livr., p. 309 et suiv.

face. Pendant ces mouvements d'ascension et de descente, le *L. trisulca* est longtemps suspendu à diverses hauteurs au sein de l'eau, car la formation et la résorption des raphides s'accomplissent très lentement.

2. L. polyrrhiza L. : Lorey, 1030. — ♃. — A. R. — Etangs. — Pontailler !, St-Jean-de-Losne !, Lacanche !, Vic-s-Thil !.

Les fleurs de cette espèce n'ont pas encore été observées en France (Coss. et Germ.).

3. L. minor L.; Lorey, 1029. — ♃. — Mai-juin. — CCC. — Eaux stagnantes.

Il n'est pas rare de rencontrer des frondes dépourvues de pseudorrhizes. — En certaines stations, les frondes, au lieu de descendre au fond de l'eau pendant l'hiver, continuent d'en couvrir la surface. — Quand on maintient, pendant l'été, les frondes sous l'eau, elles produisent une bulle de gaz à leur face supérieure.

4. L. gibba L.; Lorey, 1029. — ♃. — Mai-juin. — A. R. — Mares, fossés. — Laignes !, Perrigny-s-Ognon !, Seurre !, Jallanches !, Ebaty !, Semur !, etc.

L'élévation prolongée de la température de l'eau me semble la cause de la gibbosité ; car j'ai toujours rencontré le *L. gibba* dans des mares ou fossés peu profonds, dont les eaux étaient échauffées par les soleils de juillet ou d'août. Dès septembre, la gibbosité a fait totalement défaut chez les individus que j'ai cultivés. Mais, même après l'effacement de la gibbosité, la fronde reste encore plus épaisse que celle du *L. minor*, et une coupe transversale donne une aire étroitement oblongue et non pas filiforme. Les jeunes frondes ne sont jamais gibbeuses. Cette espèce doit être souvent confondue avec le *L. minor* dans les mois où la gibbosité n'est pas appréciable.

Bien que notés comme annuels dans la plupart des flores, les *Lemna* sont cependant éminemment vivaces ; car ils possèdent d'abondants bourgeons de remplacement et de multiplication dans leurs jeunes frondes qui ont coutume de tomber au fond de l'eau à la fin de l'automne.

CIII. AROIDÉES (Juss.).

1. ARUM *L.*

Rhizome horizontal à bourgeons latéraux peu nombreux, fauves, oblongs, ceux de seconde année foliifères même avant leur séparation d'avec l'article qui les porte. *A. maculatum.*
Rhizome horizontal à bourgeons latéraux très nombreux, ovoïdes-subglobuleux, bruns à leur seconde année, aphylles et boudeurs lors de leur mise en liberté par la destruction de l'article qui les porte . . . . *A. Italicum.*

Feuilles paraissant en mars-avril, maculées ou non de brun; hampe cylindracée; spadice violacé, 4 fois plus long que la massue; baies à sommet légèrement excavé. *A. maculatum.*
Feuilles paraissant en septembre, rayées de blanc sur une partie des nervures latérales; hampe anguleuse-subcomprimée à son sommet; spadice jaunâtre, 2 fois plus long que la massue; baies à sommet tronqué. . . . . *A. Italicum.*

1. A. maculatum L. — *A. vulgare* Lmk; Lorey, 920. — ♃. — Avril-mai. — CC. — Bois, broussailles, lieux couverts.

La pulpe des baies a une légère odeur d'écorce d'orange.

2. A. Italicum Mill. — ♃. — Mai-juin. — RRR. — St-Remy où il infeste un canton des vignes des Cloiseaux! — C'est l'une des stations les plus orientales que cette plante ait en France.

A la floraison, un rhizome d'*A. Italicum* se compose de 2 articles : l'ancien qui est brun et dont les mérithalles postérieurs sont en grande voie de résorption; le nouveau qui est fauve-blanchâtre et qui, formé de septembre à avril, porte les feuilles et la hampe. La surface des deux articles est parsemée de bourgeons ovoïdes-subglobuleux, charnus, insérés sur une étroite base, et ayant l'âge et la couleur de l'article qui les porte. Ils sont mis en liberté par la destruction de l'article mère et se mêlent au sol, au sein duquel ils restent boudeurs jusqu'à ce que la culture les ramène près de la surface. L'*A. maculatum*, par la teinte jaunâtre du vieil article de son rhizome, par ses bourgeons charnus oblongs, à large base, radicants et foliifères dès leur seconde année et quand ils sont encore adhérents à l'article, se distingue de l'*A. Italicum* au moins aussi nettement que par ses parties aériennes. — L'*A. Dracunculus* L. diffère de suite des *A. maculatum* et *Italicum* par un rhizome vertical et disciforme. Les destructions annuelles frappent la face inférieure et procèdent en outre par des exfoliations de toute la surface du rhizome. Le disque est parsemé de petits tubercules de la grosseur d'un pois à une aveline, le plus souvent sessiles, et devenant libres vers leur troisième année lors de la destruction des vieilles parties du rhizome. Toutes les pseudorrhizes naissent en la partie supérieure du disque, c'est-à-dire sur l'article en formation. Une autre *Aroïdée* à rhizome vertical, le *Richardia Æthiopica* Kunth, est très distincte de l'*Arum Dracunculus* par son rhizome ramifié, à ramifications obovoïdes, déprimées au sommet. Comme les articles persistent plusieurs années, les bourgeons ont le temps, avant leur mise en liberté, de s'allonger en ramifications du rhizome et de porter des feuilles et même souvent des fleurs. — L'*Arum palmatum* Hort. a son rhizome hémisphérique.

Les feuilles des *A. Italicum* et *maculatum* sont encadrées par une bordure de 6-8 millim. de large, et qui est séparée du reste du limbe par un léger sillon. Cette bordure échappe à la panachure et à la nervation ; puis elle résiste à la décomposition un peu plus longtemps que le reste du limbe. Chez les deux espèces, les jeunes sujets ont leurs feuilles ovales, non sagittées.

La maturité des fruits et la destruction des feuilles ont

lieu, pour l'*A. maculatum*, 20-30 jours plus tôt que pour l'*A. Italicum*. — La maturation pour les deux espèces commence par le sommet de l'épi, et se continue de haut en bas mais avec des caprices dans la descente : ainsi voit-on des baies rouges entremêlées à des baies vertes. Cette marche régressive est aussi celle de l'épanouissement des fleurs. — Avant la maturité complète, la base hypogée des hampes périt et se désorganise ; puis la hampe, encore verte et entière pour le surplus, tombe à terre sous le poids des fruits. — L'axe des épis mûrs est comprimé et jaunâtre chez l'*A. Italicum*, subcylindracé et rouge chez l'*A. maculatum* ; les cicatrices, qu'y laissent par leur chute les baies de l'*A. Italicum*, sont linéaires-lancéolées et ordinairement plus étroites que chez l'*A. maculatum*. Enfin les graines de l'*A. Italicum* sont subgloluleuses-ovoïdes, superficiellement ponctuées-réticulées, avec sommet aigu et région hilaire obscurément déprimée ; celles de l'*A. maculatum* sont subglobuleuses, profondément ponctuées-réticulées et ont le sommet arrondi et la région hilaire fortement déprimée.

CIV. TYPHACÉES (Juss.).

1. TYPHA *L.*

Epi mâle et épi femelle contigus ; stigmate ovale-lancéolé . . . . *T. latifolia.*
Epi mâle et épi femelle distants ; stigmate linéaire-comprimé. . . . . *T. angustifolia.*

1. T. latifolia L.; Lorey, 922. — ♃. — Juill.-août. — A. C. — Bords des eaux. — Saulon, Cussigny (*Lorey*) ; Fontenay-lez-Montbard !, Lucenay !, Venarey !, Larrey-lez-Poinçon !, Leuglay !, Is-s-Tille !, Saulieu !, etc.

Un individu s'est présenté avec un épi surnuméraire de fleurs femelles, placé à une certaine distance au-dessous de l'épi normal.

Le *T. media* DC., que Lorey (p. 923) indique comme rare et que je n'ai jamais rencontré, est une variété à feuilles étroites et à épi femelle souvent un peu distant du mâle.

2. T. angustifolia L.; Lorey, 922. — ♃. — Juill.-août. — C. — Bords des eaux.

2. SPARGANIUM *L.*

1 Rhizome filiforme . . . . *S. minimum.*
  Rhizome non filiforme 2
2 Rhizome assez robuste, d'une destruction lente ; centres vitaux (souches partielles) éteints s'accusant sur le rhizome par des nodosités ligneuses, ovoïdes-oblongues. . . . *S. ramosum.*
  Rhizome peu robuste, d'une destruction assez rapide ; centres vitaux éteints s'accusant sur le rhizome par des nodosités peu prononcées et à peine ligneuses. . . . . . *S. simplex.*

1 Capitules en panicule. . . . . *S. ramosum.*
  Capitules en épis ou en grappes simples 2
2 Plante submergée-nageante ; feuilles linéaires, planes sur toute leur longueur. . . . . *S. minimum.*
  Plante du bord des eaux ; feuilles linéaires-ensiformes, triquètres à la base. . . . . *S. simplex.*

1. S. ramosum Huds. ; Lorey, 923. — ♃. — Juin-juill. — C C. — Bords des eaux.

La forme submergée-flottante est commune dans le canal de Bourgogne et les rivières. Ses feuilles sont planes, étroites, très allongées et la plupart ont leur sommet nageant. A mesure que la plante croît en eau moins profonde, on la voit par toutes les transitions revenir à des feuilles plus élargies et qui bientôt seront triquètres à la base. Cette forme submergée est dans toutes ses parties beaucoup moins robuste que le type, et les individus des eaux très profondes ont le port d'un *S. minimum*, mais avec un rhizome cependant moins grêle.

2. S. simplex Huds. ; Lorey, 924. — ♃. — Juin-juill. — A. C. — Etangs. — Saulieu ! (*Lorey*), où il est plus abondant que le *S. ramosum* ; Fontenay-lez-Montbard!, Pothières!, Vernois!, Fontaine-Française!, Collonges!, Licnais!, Thoisy-la-Berchère!, Vic-s-Thil!, St-Andeux!, etc.

3 S. minimum Fries. — *S. natans* Lorey, 924 ; non L. — ♃. — Juill.-août. — R. — Fossés, étangs. — Saulieu, Laroche-en-Brenil (*Lorey, Lombard*); Pothières!, Larrey-lez-Poinçon à l'étang Bailly!, Marcy-sur-Tille!.

Ces trois *Sparganium* ont un rhizome horizontal, longuement drageonnant, sympodique à chaque centre vital. Les drageons et les pseudorrhizes naissent des centres vitaux ; parfois cependant quelques pseudorrhizes se trouvent aux nœuds des premiers mérithalles des drageons. — Le type de l'inflorescence du *S. ramosum* est une grappe simple qui se répète sur les rameaux, ce qui forme une panicule. Dans chaque grappe la floraison va successivement du capitule femelle inférieur au mâle supérieur, en passant par les capitules intermédiaires. L'épanouissement des fleurs de chaque capitule femelle est simultané pour toute la surface du capitule, sauf que quelques fleurs sont en retard sur les premières épanouies. Quant aux fleurs des capitules mâles, l'épanouissement est très capricieux et débute tantôt par le sommet, tantôt par un des côtés, tantôt enfin sur tout le pourtour du capitule. L'ensemble des capitules de chaque grappe se montre donc progressif, mais avec de grandes diversités dans les détails. La grappe solitaire du *S. simplex* se comporte comme l'une des grappes qui composent la panicule du *S. ramosum*.

CV. JONCÉES (DC.)

1. JUNCUS *L.*

1 Plantes annuelles	2
Plantes vivaces.	4

2 Fleurs en glomérules. . . . . *J. capitatus.*
Fleurs solitaires, plus ou moins espacées 3
3 Feuilles à gaîne auriculée; périanthe à divisions intérieures subobluscs; capsule subglobuleuse . . . . . *J. Tenageia.*
Feuilles à gaîne non auriculée; périanthe à divisions toutes acuminées-subulées; capsule oblongue. . . . *J. bufonius.*
4 Plantes aphylles, munies seulement de gaînes radicales; inflorescence pseudo-latérale 5
Plantes pourvues de feuilles; inflorescence terminale . . . 6
5 Tiges glauques, ductiles, à gaînes d'un pourpre brun et à moelle interrompue . . . . *J. glaucus.*
Tiges vertes, non ductiles, à gaînes roussâtres et à moelle continue. . . . . *J. effusus.*
6 Feuilles cylindracées ou filiformes, fistuleuses, noueuses; fleurs en glomérules. 7
Feuilles linéaires, canaliculées, ni fistuleuses, ni noueuses; fleurs solitaires. 10
7 Rhizome cespiteux, court, subglobuleux-épaissi; tiges souvent couchées-radicantes, parfois flottantes; feuilles grêles, filiformes, canaliculées, faiblement noueuses . . . *J. supinus.*
Rhizome horizontal, allongé, plus ou moins longuement rameux; feuilles cylindracées, très noueuses 8
8 Feuilles caulinaires inférieures réduites à des écailles obtuses ou mucronées; périanthe à divisions toutes obtuses. . . .
. . . . *J. obtusiflorus.*
Tiges munies de feuilles en leur partie inférieure; périanthe à divisions acuminées ou aiguës, au moins les extérieures. . 9
9 Rhizome rapidement progressif; divisions du périanthe toutes acuminées très-aiguës. . . . . *J. sylvaticus.*
Rhizome assez lentement progressif; divisions intérieures du périanthe obtuses, les extérieures aiguës . . *J. lamprocarpus.*
10 Feuilles toutes radicales, appliquées sur le sol en leur moitié inférieure, formant une rosette dense. . . *J. squarrosus.*
Feuilles radicales non étalées-appliquées sur le sol en rosette dense; tiges munies d'une ou de deux feuilles. *J. compressus.*

1. J. Tenageia L.; Lorey, 914. — ☉. — Juin-août. — C. — Moissons et pâtures humides.

Varie à divisions périgonales externes plus longues que la capsule (*J. sphærocarpus* Nees). — Saulon-la-Rue !.

2. J. bufonius L.; Lorey, 913. — ⊙. — Juin-août. — CC. — Taillis, cultures et pâtures humides.

3. J. capitatus Weig. — ⊙. — Juin-juill. — RR. — Sables des étangs, bords des mares, friches marécageuses. — Vielverge !, St-Andeux !.

Le *J. pygmæus* L. est très douteux pour la Côte-d'Or, et je n'en ai pas vu d'échantillon authentique.

4. J. effusus L. emend. — ♃. — Juin-juill. — Bords des eaux, taillis humides.

Var. α. *communis* (*J. communis* β. E. Meyer; Lorey, 911). — Tiges non striées; inflorescence plus ou moins lâche-diffuse; style reposant sur le sommet tronqué ou déprimé de la capsule.

Var. β. *conglomeratus* (*J. conglomeratus* L. — *J. communis* α. E. Meyer; Lorey, 911). — Tiges finement striées, inflorescence compacte; style reposant sur un petit mamelon qui termine la capsule.

5. J. glaucus L.; Lorey, 911. — ♃. — Juin-juill. — CC. — Bords des eaux, lieux marécageux.

6. J. supinus Mœnch. — *J. uliginosus* Roth ; Lorey, 912, pl. VI. — ♃. — Juin-août. — R. — Fossés, lieux marécageux. — Saulieu ! (*Lorey*) ; Rouvray !.

Terrestre, le *J. supinus* a des tiges étalées-radicantes à tous les nœuds ; s'il croît dans l'eau, les tiges sont flottantes et atteignent une longueur considérable. — La prolification frondipare des fleurs est une tératologie assez fréquente chez les *J. supinus* et *lamprocarpus*.

7. J. obtusiflorus Ehrh. — *J. acutiflorus* Lorey, 915; non Ehrh. — ♃. — Juin-août. — A.C. — Marécages. — Laignes !, Charrey-s-Seine !, Recey !, Cussey-les-Forges !, Saulon-la-Rue !, etc.

Lorey, ayant donné à son *J. acutiflorus* des divisions périgonales obtuses, a dû avoir en vue le *J. obtusiflorus* Ehrh., qui est d'ailleurs plus commun que le *J. acutiflorus* Ehrh.

8. J. sylvaticus Reich. — *J. acutiflorus* Ehrh.; non Lorey, 915. — ♃. — Juin-août. — A. R. — Marécages. — Saulieu!, Laroche-en-Brenil!, etc.

9. J. lamprocarpus Ehrh.; Lorey, 915. — ♃. — Juin-août. — C C. — Bords des eaux, lieux marécageux.

La succession des fleurs est si lente dans le même glomérule, qu'on y voit des fleurs épanouies à côté de fruits mûrs.

10. J. compressus Jacq. — *J. bulbosus* L.; Lorey. 914. — ♃. — Juin-août. — C. — Lieux humides, pelouses aquatiques.

11. J. squarrosus L.; Lorey, 912. — ♃. — Juin-juill. — A. C. — Prairies granitiques humides. — Semur, Saulieu! (*Lorey*); St-Léger!, Laroche-en-Brenil!, St-Didier! (*Boreau*); St-Andeux!.

2. LUZULA *DC*.

1 Souche cespiteuse. . . *L. Forsteri, L. vernalis, L. multiflora.*
Un rhizome plus ou moins allongé. 2
2 Rhizome ramifié, horizontal, épigé, robuste, chevelu par de longs et nombreux filaments pétiolaires . . . *L. maxima.*
Rhizome drageonnant, hypogé, assez grêle, à filaments presque nuls ou nombreux, dus non seulement aux gaînes pétiolaires mais aussi aux écailles des drageons. 3
3 Rhizome à gaînes pétiolaires et à écailles presque entières . . . . *L. campestris.*
Rhizome à gaînes pétiolaires et à écailles se décomposant en nombreux filaments . . . . *L. albida.*

1 Fleurs solitaires. 2
Fleurs groupées en glomérules ou en épis 3
2 Feuilles radicales linéaires-étroites; rameaux du corymbe et pédoncules dressés même à la maturité. . . . *L. Forsteri.*

Feuilles radicales linéaires, élargies en leur partie moyenne; rameaux du corymbe et pédoncules étalés-réfractés à la maturité . . . . *L. vernalis*.
3 Fleurs en glomérules formant une panicule étalée-décomposée. 4
Fleurs en épis disposés en corymbe 5
4 Feuilles lancéolées-linéaires ; fleurs brun-roux ; panicule dépassant longuement les feuilles florales. . . . *L. maxima*.
Feuilles linéaires ; fleurs blanchâtres ; panicule égalant à peu près les feuilles florales. . . . . *L. albida*.
5 Tiges décombantes; fleurs paraissant dès avril; épis peu nombreux (3-5), à pédoncules arqués-étalés ; filet des étamines 4-5 fois plus court que l'anthère. . . . . . . *L. campestris*.
Tiges dressées; fleurs paraissant en mai-juin ; épis assez nombreux (5-10), à pédoncules dressés; filet des étamines à peu près de la longueur de l'anthère . . . . . . *L. multiflora*.

1. L. Forsteri DC. ; Lorey, 917. — ♃ : — Avril-mai. — C. — Bois, prairies, pelouses.

Chez le *L. Forsteri* et ses congénères les pseudorrhizes ont comme une odeur de truffe, et les bourgeons de la souche ne sont florifères qu'à leur seconde ou parfois même qu'à leur troisième année; mais comme chaque souche a des bourgeons de divers âges, elle n'en est pas moins florifère tous les ans.

2. L. vernalis DC. ; Lorey, 916. — ♃. — Avril-mars. — C. — Bois argileux.

3. L. multiflora Lej. ; Lorey, 918. — ♃. — Mai-juin. — C. — Bois argileux.

Couleur des épis brun-noirâtre, ou jaune-pâle (*L. pallescens* Bess.); épis parfois subsessiles, rapprochés presque en capitules (*L. congesta* Lej.). Ces deux variétés sont assez rares.

4. L. campestris DC.; Lorey, 918. — ♃. — Avril-mai. — C. — Bois, pelouses, prairies.

Les *L. campestris* et *multiflora* conservent par la culture leur mode différent de végétation souterraine; d'ailleurs les deux plantes se rencontrent parfois en la même station. — Le *L. campestris* est d'autant plus drageonnant que le sol est plus maigre.

5. L. albida DC.; Lorey, 916. — ⚥. — Mai-juin. — RR. — Bois. — Saulieu (*Lorey*); Premières!; bois de Renève (*Weber*); bois de Bèze près des *Châtaigniers* (*Fac. des Sc.*).

<small>Le *L. nivea* DC. a été récolté (*Lucand!*) dans les bois qui entourent le monastère de la Pierre-qui-Vire (Yonne), à 4 kilom. de la Côte-d'Or.</small>

6. L. maxima DC.; Lorey, 917. — ⚥. — Mai-juin. — R. — Bois argilo-siliceux. — Forêt de Velours, Arnay-le-Duc (*Lorey*); Saulieu!, Laroche-en-Brenil!, Rouvray!.

Quelquefois les feuilles ne sont guère plus larges que celles du *L. vernalis;* mais chez ce dernier elles sont fortement atténuées aux 2 extrémités, tandis que chez le *L. maxima* elles s'atténuent de la base au sommet.

Les *Juncus Tenageia, bufonius* et *capitatus* ont de petites souches plus ou moins cespiteuses-pluricaules, vivant par la radication de la base des tiges, et, comme les autres *Monocotylédonées* annuelles, ils diffèrent par là des *Dicotylédonées* également annuelles, chez qui il est de règle de posséder une racine et d'avoir une souche simple et unicaule. — Les semis de *Juncus glaucus* forment dès la première année des touffes pluricaules et denses par l'extension en cercle des nombreuses ramifications de la jeune souche; mais après quelques années la souche se détruit par le centre et se divise en plusieurs rhizomes libres, d'autant plus divergents entre eux qu'ils sont plus âgés. Le même mode de végétation souterraine se retrouve chez les *J. effusus* et *squarrosus*. Le rhizome du *J. squarrosus* est recouvert en sa partie postérieure d'une épaisse couche d'anciennes gaînes pétiolaires, ce qui s'observe aussi chez le *Nardus stricta*. Les rhizomes des *J. lamprocarpus, compressus, obtusiflorus* et *sylvaticus* sont beaucoup plus longuement rameux, et non cespiteux. La progression est surtout rapide chez ces deux dernières espèces. — Chaque prolongement annuel du rhizome des *Juncus glaucus, obtusiflorus, sylvaticus*, etc. émet un grand nombre de tiges rangées en ordre distique, contiguës chez la première de ces espèces, espacées chez les deux autres.

La longueur des divisions périgonales relativement à la capsule est très variable chez les *Juncus Tenageia, bufonius* et *capitatus*; et, dans la même inflorescence d'un *J. bufonius*, les divisions périgonales internes peuvent être égales aux externes, ou d'un tiers plus courtes.

CVI. CYPÉRACÉES (Juss.).

1. CAREX *L.*

1 Plantes non drageonnantes.	2
Plantes drageonnantes.	27
2 Epi simple, solitaire; 2 stigmates	3
Epi composé, ou plusieurs épis simples; 2 ou 3 stigmates	4
3 Plante dioïque; utricules lancéolés	*C. Davalliana.*
Epis androgynes; utricules fusiformes.	*C. pulicaris.*
4 Epillets androgynes en inflorescence composée; 2 stigmates.	5
Plusieurs épis simples; le supérieur ou les supérieurs mâles, les inférieurs femelles; 3 stigmates	14
5 Epillets en capitule muni à sa base d'un involucre de 2-3 longues bractées foliacées.	*C. cyperoides.*
Epillets en grappe spiciforme ou en panicule; point d'involucre de bractées	6
6 Epillets mâles au sommet	7
Epillets mâles à la base	10
7 Ecailles plus ou moins membraneuses-blanchâtres aux bords; utricules bossus sur le dos.	8
Ecailles non membraneuses-blanchâtres aux bords; utricules non bossus sur le dos.	9
8 Souche à gaînes peu ou point filamenteuses; tiges triquètres,	

très scabres, à faces planes; panicule ordinairement assez ample; utricules fauves, luisants, plans en dessus, nervés seulement à la base, ailés-acuminés en leur moitié supérieure. . . . . *C. paniculata.*
Souche à gaines décomposées en nombreux filaments ; tiges triquètres, faiblement scabres, à faces un peu convexes; panicule étroite; utricules petits, brun foncé, ternes, striés aux 2 faces, convexes en dessus, non ailés, mais assez brusquement contractés en leur moitié supérieure . . . . . .
. . . . *C. paradoxa.*

9 Souche munie de filaments noirs, rares, allongés ; tiges robustes à faces excavées . . . . *C. vulpina.*
Souche munie de filaments brun-fauve, abondants, courts ; tiges peu robustes, à faces planes . . . . . *C. muricata.*

10 Utricules à bords largement ailés-membraneux. *C. leporina.*
Utricules à bords non ailés-membraneux. 11

11 Epillets très espacés, les inférieurs munis de bractées foliacées plus longues que la tige . . . . *C. remota.*
Epillets espacés ou rapprochés ; bractées inférieures, quand elles existent, ne dépassant pas la tige 12

12 Epillets supérieurs assez espacés ; utricules ordinairement divergents en étoile, à bec assez long, bidenté. . . . . .
. . . . *C. stellulata.*
Epillets supérieurs rapprochés ; utricules non divergents en étoile, à bec nul ou court, presque entier. 13

13 Utricules marqués de nombreuses stries, lancéolés-oblongs, bruns, étalés, courbés en dehors. . . . . . *C. elongata.*
Utricules presque lisses, ovales, blanchâtres, dressés. . . .
. . . . *C. canescens.*

14 Utricules glabres 15
Utricules pubescents 22

15 Utricules à bec court ou nul, tronqué-émarginé. 16
Utricules à bec plus ou moins long, bifide 17

16 Feuilles linéaires ; épis femelles dressés-étalés ; utricules à bec nul. . . . . *C. pallescens.*
Feuilles largement linéaires ; épis femelles allongés, pendants ; utricules à bec court. . . . . *C. maxima.*

17 Utricules étalés ou réfléchis. 18
Utricules dressés ou dressés-étalés 19
18 Feuilles linéaires; épis femelles dressés; utricules réfléchis
 ou étalés. . . . . *C. flava.*
Feuilles largement linéaires; épis femelles pendants, longuement pédonculés; utricules réfléchis. *C. Pseudo-Cyperus.*
19 Epis femelles pendants; utricules lâchement imbriqués . .
 . . . . *C. sylvatica.*
Epis femelles dressés, au moins les supérieurs; utricules
 densément imbriqués. 20
20 Feuilles linéaires-élargies; épis femelles inférieurs étalés;
 écailles longuement cuspidées. . . . . . . *C. lævigata.*
Feuilles linéaires; épis femelles tous dressés; écailles mucronées ou aiguës 21
21 Epis femelles ordinairement très distants; écailles mucronées par le prolongement de la nervure médiane; utricules ovoïdes, plans-convexes; dents du bec divergentes, à
 bords internes spinulescents; akènes pédicellés, trigones,
 plans aux faces, obtus au sommet. . . . . . *C. distans.*
Epis femelles médiocrement distants; écailles aiguës, à nervure médiane non prolongée jusqu'au sommet; utricules
 ovoïdes-oblongs, convexes aux 2 faces; dents du bec parallèles, à bords internes lisses; akènes sessiles, trigones,
 convexes aux faces, tronqués au sommet. . . . .
 . . . . *C. Hornschuchiana.*
22 Rosettes indéfinies, produisant latéralement les tiges aux
 aisselles des feuilles; épi femelle supérieur dépassant ou
 égalant l'épi mâle. . . . . *C. digitata.*
Rosettes définies, pourvues d'une tige centrale; épi femelle
 supérieur dépassé par l'épi mâle 23
23 Bractée inférieure engaînante. 24
Bractée inférieure non engaînante. 26
24 Tiges plus courtes que les feuilles; bractées membraneuses.
 . . . . *C. humilis.*
Tiges plus longues que les feuilles; bractées herbacées, au
 moins les inférieures. 25
25 Un ou deux épis gynobasiques, normaux, longuement pé-

donculés; épis femelles pauciflores, globuleux; utricules
à bec très court, émarginé. . . . . *C. gynobasis.*
Épis gynobasiques nuls; épis femelles multiflores, ovoïdes-
oblongs; utricules à bec assez court, bidenté. . . . . .
. . . . *C. polyrrhiza.*
26 Bractée inférieure presque entièrement membraneuse;
écailles noirâtres, obtuses ou tronquées-mucronées; utricules obovoïdes à base épaissie-indurée. . *C. montana.*
Bractée inférieure foliacée; écailles brunes, aiguës, mucronées; utricules pyriformes, à base non épaissie-indurée.
. . . . *C. pilulifera.*
27 Épillets unisexuels ou androgynes, disposés en épis composés
ou en grappes; 2 stigmates. 28
Épis simples, le supérieur ou les supérieurs mâles, les inférieurs femelles; 2-3 stigmates. 30
28 Rhizome non chevelu, brièvement rameux-drageonnant;
grappe spiciforme à épillets mâles au sommet. . . . .
. . . . *C. teretiuscula.*
Rhizome chevelu par la décomposition des écailles en filaments, longuement rameux-drageonnant; épillets unisexuels ou androgynes, disposés en épi 29
29 Rhizome robuste; épillets ordinairement unisexuels, les intermédiaires mâles, les autres femelles. . . . *C. disticha.*
Rhizome grêle; épillets androgynes, mâles à la base, souvent
arqués à la maturité. . . . . *C. brizoides.*
30 Deux stigmates 31
Trois stigmates 33
31 Tiges inclinées au sommet; épis mâles 2-3; bractée inférieure
dépassant la tige. . . . . *C. acuta.*
Tiges dressées; épis mâles ordinairement solitaires; bractée
inférieure égalant la tige ou plus courte 32
32 Souche à la fois drageonnante et densément cespiteuse; tiges
robustes; feuilles à gaînes fibrilleuses; bractée inférieure
beaucoup plus courte que la tige . . . . . . *C. stricta.*
Souche drageonnante, obscurément cespiteuse; tiges grêles;
feuilles à gaînes non fibrilleuses; bractée inférieure égalant
presque la tige. . . . . *C. vulgaris.*

33 Utricules glabres. 34
Utricules pubescents ou velus. 42
34 Epi mâle toujours solitaire; utricules à bec très court. . . 35
Epi mâle très rarement solitaire ; utricules à bec allongé ou rarement à bec court 37
35 Feuilles vertes; bractées scarieuses; épis femelles très petits, pauciflores . . . . *C. alba.*
Feuilles glaucescentes; bractées foliacées; épis femelles médiocres, pluriflores 36
36 Feuilles linéaires ; bractée inférieure engaînante ; utricules ovoïdes . . . . *C. panicea.*
Feuilles pliées-carénées, très étroites; bractée inférieure non engaînante ; utricules elliptiques, comprimés. *C. limosa.*
37 Epi mâle rarement solitaire-terminal par l'avortement des latéraux ; utricules à bec court, tronqué. . . *C. glauca.*
Plusieurs épis mâles, ou au moins 1-2 ; utricules à bec allongé, bifide ou bidenté 38
38 Epis mâles assez grêles ; utricules jaunâtres à la maturité, renflés-vésiculeux. 39
Epis mâles gros; utricules ni jaunâtres à la maturité, ni renflés-vésiculeux. 40
39 Tiges lisses, trigones ; utricules subglobuleux, étalés . . . . *C. ampullacea.*
Tiges scabres, triquètres ; utricules ovoïdes-coniques, dressés. . . . . *C. vesicaria.*
40 Plante verte ; 1-2 épis mâles ; tiges presque lisses. . . . . *C. nutans.*
Plantes glaucescentes ; 2-3 épis mâles ; tiges scabres. . . . 41
41 Epis mâles à écailles aiguës-acuminées ; utricules bruns, ovoïdes-coniques. . . . . *C. riparia.*
Epis mâles à écailles obtuses; utricules brun-jaune, ovoïdes-comprimés . . . . *C. paludosa.*
42 Epi mâle solitaire 43
Plusieurs épis mâles 44
43 Bractée inférieure plus ou moins foliacée, n'atteignant pas l'épi mâle ; utricules pubescents, fauves . . . *C. præcox.*
Bractée inférieure longuement foliacée, atteignant l'épi mâle;

utricules pubescents-tomenteux, glaucescents. . . . . .
. . . . C. *tomentosa*.
44 Feuilles filiformes ; bractée inférieure non engainante: 1-2
épis mâles. . . . . C. *filiformis*.
Feuilles linéaires; bractée inférieure longuement engainante;
2-3 épis mâles . . . . C. *hirta*.

SECT. I. Carex dépourvus de drageons.

1. C. Davalliana Sm.; Lorey, 938. — ♃. — Mai-juin.
— A.C. — Marécages à tuf, prairies aquatiques. — Ste-Foix
(*Lorey*) ; Genlis, Arc-s-Tille (*Faculté des Sciences*) ; Lucenay!, Laignes!, Pothières!, Riel-les-Eaux!, Gevrolles!, Val-des-Choues!, Avot!, Selongey!, Aignay!, Moloy!, Grancey-le-Château!, Panges à la fontaine Merle!, Orgeux!, etc.

2. C. pulicaris L.; Lorey, 938. — ♃. — Mai-juin. —
A.R. — Prés marécageux. — Saulieu!, Laroche-en-Brenil!
(*Lorey*); Montigny-s-Aube!, Pothières!, Étalante!, Val-des-Choues!, Orgeux!.

3. C. vulpina L.; Lorey, 939. — ♃. — Mai-juin. — C.
— Bords des eaux, lieux marécageux.

4. C. muricata L.; Lorey, 940. — ♃. — Mai-juill. —
C. — Bois, bords des chemins, friches.

Var. α. *muricata*. — Ligule ovale-lancéolée ; utricules à base indurée-spongieuse ; akènes pédicellés, se détachant facilement.

Var. β. *divulsa* (*C. divulsa* Good. ; Lorey, 940). — Ligule ovale-arrondie; utricules à base non indurée-spongieuse; akènes sessiles, se détachant difficilement.

La longueur et la direction des tiges, l'espacement et le rapprochement des épillets, la direction des utricules ne fournissent pas de caractères certains pour la distinction des deux variétés. Ordinairement cependant le *C. muricata* a les épillets rapprochés et les utricules étalés-divergents, tandis que le *C. divulsa* a les épillets inférieurs espacés et les utricules dressés ou à peine étalés. Ces diverses dispositions de l'inflorescence se maintiennent chez les sujets cultivés.

5. C. paniculata L. ; Lorey, 940. — ♃. — Mai juill. — A. C. — Bords des eaux, bois marécageux.

La panicule de certains individus est réduite à une grappe spiciforme qui rappelle celle des *C. paradoxa* et *teretiuscula*.

6. C. paradoxa Willd. — ♃. — Mai-juin. — RR. — Prairies tourbeuses. — Laignes!, Villedieu!.

7. C. cyperoides L. ; Lorey, 941. — Vivace, mais n'a qu'une durée de 3-4 ans. — Mai-sept. — R. — Etangs desséchés, taillis marécageux, bords des marais. — Cîteaux (*Lorey*) ; Saulon (*G. G.*) ; Labergement-lez-Seurre, Pouilly-s-Saône (*Berthiot*) ; St-Léger-lez-Pontailler!, Collonges!.

8. C. leporina L. — *C. ovalis* Good. ; Lorey, 942. — ♃. — Mai-juin. — C. — Lieux humides.

9. C. stellulata Good. ; Lorey, 943. — ♃. — Mai-juin. — R. — Prairies tourbeuses. — Vielverge!, Arnay-le-Duc!, Saulieu!, St-Germain de Modéon!, St-Andeux!.

C'est sans doute par méprise que Lorey indique cette espèce au parc de Dijon.

Quand la souche cespiteuse du *C. stellulata* est recouverte par la vase, elle se surhausse par l'émission de bourgeons à longs mérithalles et offre un aspect décevant de souche drageonnante. — Dans les stations ombragées ou chez les individus languissants et d'arrière-saison, la divergence des utricules fait souvent défaut.

10. C. remota L.; Lorey, 943. — ♃. — Mai-juin. — A. C. — Bois humides et ombragés. — Saulieu (*Lombard*); Montbard!, Orgeux!, Pontailler!, Menessaire!, Laroche-en-Brenil!, Rouvray!, Semur!, etc.

11. C. elongata L.; Lorey, 943. — Mai-juin. — R. — — Prés humides, bords des ruisseaux et des mares. — Saulon, Limpré (*Lorey*); Labergement-lez-Seurre (*Ber-*

thiot!); Saulieu (*Lombard*); Rouvray (*Lucand!*); Vielverge!, Collonges!.

12. C. canescens L. — ♃. — Mai-juin. — RR. — Prairies tourbeuses. — St-Léger-de-Fourches, Saulieu (*Lombard*); St-Germain de Modéon!, St-Andeux!, Rouvray!.

13. C. pallescens L.; Lorey, 954. — ♃. — Mai-juin. — A. C. — Bois argileux, prairies humides. — Montbard!, Pothières!, Panges!, Cîteaux!, Eschamps!, Jeux!, etc.

14. C. maxima Scop.; Lorey, 955. — ♃. — Mai-juin. — A. R. — Bois argileux, bords des ruisseaux. — Brazey, St-Jean-de-Losne (*Lorey*); Cîteaux! (*Lombard*); Champ-d'Oiseau!, Venarey!, Grignon!, St-Sauveur!, Seurre!, etc.

M. Lombard indique le *C. depauperata* Good. dans les bois des environs de Saulieu.

15. C. flava L.; Lorey, 950. — ♃. — Mai-juin. — C. — Prairies et taillis humides, bords des ruisseaux.

Utricules assez gros, à bec plus ou moins allongé, courbé-réfléchi; ou petits à bec plus ou moins court, droit, étalé (*C. Œderi* Ehrh.). Le *C. Œderi* est de faible stature (4-30 centim.); il habite ordinairement les sables des sources et des petits ruisseaux, c'est-à-dire des lieux qui, ne s'asséchant pas en été, lui permettent de prolonger sa végétation jusqu'en automne. Il se relie au type par de nombreux intermédiaires dont les utricules ont le bec allongé, droit ou obscurément courbé (*C. patula* Host). — La réfraction a lieu non seulement pour le bec, mais aussi pour le corps de l'utricule du *C. flava*, et elle est surtout prononcée pour les utricules de la partie inférieure de l'épi.

16. C. Hornschuchiana Hoppe. — ♃. — Mai-juin. — RR. — Prairies tourbeuses. — Laignes!, Griselles! et Pothières! où il est assez abondant.

Une forme a les utricules plus gros, d'un jaune pâle et stériles (*C. fulva* Good.; Lorey, 951). — A. R. — Lieux marécageux et tourbeux. — Ste-Foix (*Lorey*); Val-des-Choues (*Lombard*); Limpré

(*Faculté des Sciences*); Riel-les-Eaux!, Montigny-s-Aube!, Faverolles!, Moloy!, Avot!, Val-Suzon!, Orgeux!.

17. C. distans L.; Lorey, 951. — ♃. — Mai-juin. — C. — Lieux aquatiques, bords des ruisseaux.

Les épis femelles sont parfois peu écartés.

18. C. lævigata Sm. — ♃. — Mai-juin. — R. — Prés et bois marécageux du Morvan. — Saulieu, Menessaire (*Lombard*); St-Germain-de-Modéon!, St-Andeux!.

19. C. sylvatica Huds. — *C. patula* Scop.; Lorey, 954. — ♃. — Mai-juin. — C. — Bois couverts.

20. C. Pseudo-Cyperus L.; Lorey, 955. — ♃. — Mai-juin. — R. — Bords des eaux. — Prés humides du Pays-Bas, Saulon, Limpré (*Lorey*); Saulieu (*Lombard*); Labergement-lez-Seurre (*Berthiot*); Lacanche!, Voudenay!, Semur!.

21. C. montana L.; Lorey, 946. — ♃. — A. C. — Bois. — Ste-Foix, Nuits (*Lorey*); Laignes (*Berthiot*); St-Remy!, Montbard!, Pothières!, Riel-les-Eaux!, Gevrolles!, Lignerolles!, Faverolles!, Etalante!, etc.

Le rhizome est recouvert des bases desséchées persistantes des anciennes feuilles.

22. C. pilulifera L.; Lorey, 946. — ♃. — Avril-mai. — R. — Bois. — Val-des-Choues (*Lorey*); Cîteaux, Saulieu (*Lombard*); Marey-s-Tille (*Morelet*); Soissons!, Seurre!, Menessaire!, Eschamps!, Laroche-en-Brenil!, Rouvray!, Semur!.

Les pseudorrhizes dégagent par le froissement une odeur aromatique, mais qui ne rappelle pas l'odeur de *Primevère* des pseudorrhizes des *Melica*.

23. C. polyrrhiza Wallr. — ♃. — Avril-mai. — RR. — Pelouses argileuses, prés humides. — Prairie tourbeuse de Griselles!, Riel-les-Eaux!, Pontailler!.

Akènes surmontés d'une colonne courte qui porte le style; utricules très souvent stériles. — Les échantillons de Griselles ont l'épi femelle inférieur distant.

24. C. humilis Leyss.; Lorey, 948. — ♃. — Avril-mai. — A. R. — Bois et pelouses arides. — Ste-Foix, Val-Suzon, Gevrey (*Lorey*); Buffon!, Rougemont!, Nolay!, Santenay!, etc.

25. C. gynobasis Vill.: Lorey, 947. — ♃. — Avril-mai. — C. — Pelouses, coteaux incultes, bois.

On compte un, rarement deux pédoncules gynobasiques par inflorescence. Ces pédoncules naissent à l'aisselle de bractées longuement engaînantes. Ils font souvent défaut chez les individus peu vigoureux.

26. C. digitata L.; Lorey, 948. — ♃. — Avril-mai. — C. — Bois de montagne, pelouses.

La variété *ornithopoda* (Lorey, p. 949. — *C. ornithopoda* Willd.) a les utricules plus longs que les écailles et les épis femelles courts, rapprochés, les deux supérieurs au moins dépassant l'épi mâle. — R. — Flavigny! (*Lombard*); St-Remy!, Rougemont!, Moloy!. — Chez le *C. digitata* type les utricules ne font ordinairement qu'égaler l'écaille, et les épis femelles sont assez espacés, le supérieur seul dépassant l'épi mâle.

SECT. II. Carex pourvus de drageons.

Le *C. dioica* L. est indiqué par Lorey (p. 937) dans les prés marécageux de Laroche-en-Brenil et de Saulieu.

27. C. disticha Huds.; Lorey, 939. — ♃. — Mai-juin. — C. — Fossés, marécages.

Grappe spiciforme, rarement interrompue à la base. — Parfois tous les épillets sont femelles et à peine peut-on compter quelques fleurs mâles dans les épillets intermédiaires.

28. C. brizoides L.; Lorey, 942. — ♃. — Mai-juin. — Extrêmement commun dans les bois du Val-de-Saône, où on le récolte souvent pour litière et fourrage; nul ailleurs.

29. C. teretiuscula Good. — ♃. — Mai-juin. — RRR. — Bords des eaux. — St-Léger-de-Fourches, Saulieu à Montivent et à l'ancien étang Larmier (*Lombard*). — Indiqué (*Gillot*) encore dans le Morvan aux environs d'Autun (Saône-et-Loire).

Le *C. teretiuscula* diffère des *C. paniculata* et *paradoxa* par un rhizome brièvement drageonnant, non cespiteux, par ses gaînes se conservant toujours très entières, par ses tiges un peu espacées entre elles, non contiguës, et par ses utricules que parcourent sur le dos 2 nervures divergentes circonscrivant un espace décoloré. Les utricules du *C. teretiuscula* sont encore plus petits que ceux du *C. paradoxa* et sa panicule spiciforme encore plus courte et plus ramassée.

30. C. vulgaris Fries. — *C. cæspitosa* DC.; Lorey, 1066; non L. — ♃. — Mai-juin. — A. R. — Prairies tourbeuses-siliceuses. — Saulieu! (*Lombard*); Nolay!, Menessaire!, Rouvray!.

A le port d'un *C. acuta* nain. — Feuilles parfois très étroites.

31. C. stricta Good.; Lorey, 944. — ♃. — Avril-mai. — A. C. — Marécages, fossés, mares, étangs. — Laignes!, Pothières!, Riel-les-Eaux!, Faverolles!, Grancey-le-Château!, Pontailler!, Auxonne!, Tailly!, etc.

Les robustes touffes de *C. stricta* émergent à la surface des mares, comme autant de petits îlots; elles reposent sur un support de 30 centim. à un mètre de hauteur, formé de nombreuses et assez fortes pseudorrhizes qui sont verticalement descendantes, et qui, une fois arrivées dans le sol, s'y étendent horizontalement. En leurs parties hors du sol, ces pseudorrhizes ont un chevelu abondant, entrelacé en dense feutrage, et se maintiennent humide par capillarité pendant les basses eaux de l'été. Des drageons sortent des touffes et vont tout autour fonder de nombreuses colonies. Le *Calamagrostis lanceolata* reproduit ce mode de végétation; enfin l'*Alnus glutinosa* sait aussi, dans les sols submergés, exhausser sa souche sur un piédestal constitué par l'agglomération de fortes pseudorrhizes verticales

32. C. acuta L.; Lorey, 945. — ♃. — Avril-juin. — C. — Bords des eaux, prairies marécageuses.

33. C. tomentosa L.; Lorey, 945. — ♃. — Mai-juin. — C. — Prairies humides.

34. C. præcox Jacq.; Lorey, 947. — ♃. — Avril-juin. — C C. — Pelouses, prés secs.

Parfois les utricules s'accroissent anomalement et deviennent lagéniformes (*C. sicyocarpa* Lebel) par suite de la piqûre de quelque insecte. Cette déformation se remarque encore chez certaines autres espèces et notamment chez le *C. acuta*.

35. C. glauca Scop.; Lorey, 949. — ♃. — Avril-juin. — C C C. — Bois, prairies, lieux argileux.

36. C. limosa L.; Lorey, 952. — ♃. — Mai-juin. — R R R. — Marécages. — Limpré, St-Léger (*Lorey*); Saulieu (*Lorey, Lombard!*).

37. C. panicea L.; Lorey, 953. — ♃. — Avril-mai. — C. — Lieux humides, bords des eaux.

38. C. alba Scop.; Lorey, 953. — ♃. — Avril-mai. — A. R. — Bois. — Ste-Foix, Gevrey (*Lorey*); St-Remy!, Étalante!, Val-des-Choues!, Avot!, Diénay!, Val-Suzon!, Chevigny-St-Sauveur!, Orgeux!.

Drageons d'un beau blanc.

39. C. ampullacea Good.; Lorey, 956. — ♃. — Mai-juin. — A. C. — Fossés, marécages. — Saulon, Saulieu!, St-Léger (*Lorey*); Lucenay!, Bremur!, Laignes!, Pothières!, Riel-les-Eaux!, Veuxhaulles!, Val-des-Choues!, Aignay!, Avot!, Is-s-Tille!, Orgeux!, Menessaire!, Rouvray!, etc.

40. C. vesicaria L.; Lorey, 956. — ♃. — Mai-juin. — A. C. — Marécages, ruisseaux. — Saulon, Chevigny, Saulieu! (*Lorey*); Baigneux!, Laignes!, Val-des-Choues!, Fontaine-Française!, Vielverge!, Auxonne!, Longvay!, Tailly!, Lacanche!, Menessaire!, Laroche-en-Brenil!, Vic-s-Thil!, etc.

11. C. paludosa Good.; Lorey, 957. — ♃. — Mai-juin. — C C. — Bords des eaux.

Ecailles femelles oblongues, obtuses ou aiguës, ou encore (*C. Kochiana* DC.) longuement cuspidées et dépassant beaucoup les utricules. — On trouve quelques fleurs à 2 stigmates.

Comme les *C. paludosa*, *riparia* et *acuta* croissent souvent de compagnie et que les caractères empruntés aux fleurs et aux fruits ne peuvent guère être constatés pendant plus d'un à deux mois, j'ai cherché quelques autres traits spécifiques. Les *C. paludosa* et *riparia* habitent le bord des eaux, tandis que le *C. acuta* se plait en outre dans les prés marécageux, où il occupe souvent de vastes espaces et où il forme presque à lui seul le mauvais foin qu'on y récolte. Le sommet de la tige, ou inflorescence, est penché-décombant chez le *C. acuta*; il est raide et dressé chez les 2 autres espèces. L'épi mâle supérieur du *C. paludosa* est obtus, arrondi au sommet; celui du *C. acuta* est insensiblement atténué-obtus, et celui du *C. riparia* brusquement atténué-aigu. — Le *C. acuta* se distingue encore par sa teinte verte, non glaucescente, par ses drageons moins allongés, par les centres vitaux de son rhizome plus décidément cespiteux, par ses pseudorrhizes plus abondantes, plus ramifiées, moins robustes, naissant des centres vitaux et non pas en outre accessoirement de toute l'étendue des articles, et enfin par son rhizome beaucoup moins gros. — Le *C. riparia* est encore plus robuste que le *C. paludosa*; son rhizome 2 ou 3 fois plus gros, mais à cylindre central peu ligneux, possède une épaisse couche corticale qui entre de très bonne heure en résorption, ce qui le rend flasque, même sous l'eau, jusque dans les parties encore très jeunes de ses drageons. La résorption corticale se manifeste moins précocement chez le *C. paludosa* et surtout chez le *C. acuta*; l'écorce est d'ailleurs moins épaisse pour cette dernière espèce, qui a donc le rhizome plus ligneux et peu compressible. Enfin les gaines du *C. riparia* sont comme nacrées par la présence de grandes lacunes au sein du parenchyme, et les tiges florifères portent à leur base 1-2 feuilles qui font défaut chez les *C. paludosa* et *acuta*.

42. C. riparia Curt.; Lorey, 957. — ♃. — Mai-juin. — C. — Bords des eaux.

Le plus robuste des *Carex* du département pour le volume du rhizome et de la tige; ne le cède pour la largeur des feuilles qu'au seul *C. maxima*.

43. C. nutans Host. — ♃. — Mai-juin. — A. C. — Talus des fossés et prairies humides du Val-de-Saône. — Pontailler!, St-Jean-de-Losne!, Seurre!.

Rhizome beaucoup moins robuste que chez les *C. riparia* et *paludosa*, à articles promptement nus par la destruction de leurs écailles. Le *C. nutans* diffère encore de ces deux espèces par des stations beaucoup moins aquatiques et s'asséchant parfois très fortement.

44. C. hirta L.; Lorey, 950. — ♃. — Mai-juin. — C. — Lieux humides, terrains argileux.

Les feuilles et leurs gaines sont assez souvent glabres (*C. hirtæformis* Pers.).

Dans un étang qui était en eau depuis 5 ans, j'ai trouvé des *C. hirta* végétant à une profondeur de 1-2 mètres et émettant des drageons et des tiges foliifères submergées. Ces individus dataient de l'époque de la mise en culture de cet étang, et continuaient ainsi de vivre malgré leur complète et incessante submersion.

45. C. filiformis L. — ♃. — Mai-juin. — R R R. — Lieux tourbeux. — Queue de l'étang Fortier à Saulieu (*Lombard*!).

2. RHYNCHOSPORA *Vahl*.

1. R. alba Vahl. — *Schœnus albus* L.; Lorey, 929. — ♃. — Juin-août. — R. — Marécages tourbeux. — Saulieu (*Lorey*); Vielverge!, Flammerans!, Laroche-en-Brenil!, St-Andeux!.

3. HELEOCHARIS *R. Br.*

1 Plante ☉ . . . . *H. ovata.*
  Plantes ♃ 2
2 Plante non drageonnante. . . . . *H. multicaulis.*
  Plantes drageonnantes 3
3 Rhizome et drageons filiformes. . . . . *H. acicularis.*
  Rhizome et drageons cylindracés, assez robustes. *H. palustris.*

1 Stigmates 2 ; akènes obovés-comprimés 2
  Stigmates 3 ; akènes trigones. 3
2 Epi oblong à écailles lancéolées, aiguës . . . . *H. palustris.*
  Epi ovoïde-subglobuleux, à écailles ovales, obtuses. *H. ovata.*
3 Tiges tétragones, capillaires ; akène strié . . . *H. acicularis.*
  Tiges arrondies, non capillaires ; akène lisse . *H. multicaulis.*

1. H. ovata R. Br. — *Scirpus ovatus* Roth ; Lorey, 930. — ☉. — Juin-août. — R. — Lieux marécageux, queue des étangs. — Cîteaux !, Saulon, Nuits (*Lorey*) ; Saulieu, St-Didier (*Boreau*) ; Collonges !, St-Léger-lez-Pontailler !, St-Seine-en-Bâche !, Longvay !, Seurre !, Vellerot !, Thoisy-la-Berchère !, Ste-Isabelle !.

2. H. palustris R. Br. — *Scirpus palustris* L.; Lorey, 929. — ♃. — Mai-juill. — CC. — Bords des eaux, lieux humides.

Des échantillons de Semur sont remarquables par leurs fortes dimensions et par leurs tiges comprimées, sillonnées sur l'une des faces.

Var. β. *uniglumis* (*H. uniglumis* Koch). — Ecaille inférieure embrassant presque toute la base et non pas seulement moitié de la base de l'épi, munie d'une bordure scarieuse large et non étroite. — A. R. — Queue de l'étang Bailly à Larrey-lez-Poinçon !, Villedieu !, Pontailler !, plateau marécageux de Château-Renard à Gevrey !, Saulieu !, etc. — L'épi de l'*H. uniglumis* est assez souvent incliné du côté de l'ouverture de l'écaille inférieure.

Les articles du rhizome de l'*H. palustris* sont formés d'un mérithalle unique, c'est-à-dire que des tiges s'élèvent de chaque nœud des drageons; les pseudorrhizes naissent aussi de ces nœuds. La végétation de l'*H. acicularis* est identique. — Dans les stations sujettes à de longs assèchements, l'*H. palustris* n'a plus qu'un rhizome brièvement rameux-drageonnant.

3. H. multicaulis Dietr. — ♃. — Juin-août. — R. — Marécages. — Pâtis de la queue de l'étang de Romanet à St-Germain-de-Modéon ! ; Magny, Genlis (*Bonnet !*).

Les épis ont fréquemment une ou deux de leurs écailles aisselllant un petit bourgeon foliacé.

4. H. acicularis R. Br. — *Scirpus acicularis* L.; Lorey, 931. — ♃. — Juill.-août. — A. R. — Bords des eaux, fossés. — St-Seine-en-Bâche !, St-Jean-de-Losne !, Cîteaux !, Nuits !, Longvay !, Arnay-le-Duc !, St-Andeux !, commun dans le canal de Bourgogne à St-Remy !, Velars !, Dijon !, etc., où il croît submergé, reste stérile et a des tiges pouvant atteindre jusqu'à 40 centim. de longueur.

4. SCIRPUS *L.*

1 Plantes annuelles. . . . . *S. Michelianus, S. supinus.*
  Plantes vivaces 2
2 Tiges étalées, flottantes, radicantes . . . . *S. fluitans.*
  Tiges dressées, non radicantes 3
3 Souche cespiteuse. 4
  Rhizome allongé, rameux-drageonnant 5
4 Souche filiforme, densément cespiteuse-gazonnante . . . .
  . . . . *S. setaceus.*
  Souche ni filiforme, ni densément cespiteuse-gazonnante. . .
  . . . . *S. mucronatus.*
5 Rhizome grêle, dépourvu de nodosités ou renflements . . . .
  . . . . *S. compressus.*
  Rhizome robuste, pourvu de nodosités ou renflements. . . . 6
6 Articles nombreux et courts; pseudorrhizes naissant aux points les plus divers du rhizome. . . . . . . *S. lacustris.*
  Articles allongés; pseudorrhizes ne naissant qu'au siège des

nodosités, c'est-à-dire vers les insertions des feuilles radicales et des tiges. 7
7 Rhizome à nodosités subglobuleuses et devenant bientôt nues. . . . . *S. maritimus.*
Rhizome à nodosités oblongues-obconiques, restant recouvertes des gaines des anciennes feuilles . . . . . . *S. sylvaticus.*

1 Epillets solitaires, dépourvus de bractées foliacées, terminant de longs pédoncules axillaires . . . . *S. fluitans.*
Epillets plus ou moins agglomérés, très rarement solitaires, mais alors toujours accompagnés de bractées foliacées . . . 2
2 Epillets disposés en une grappe spiciforme distique . . . . *S. compressus.*
Epillets non disposés en une grappe spiciforme distique. . . 3
3 Inflorescence paraissant latérale à cause d'une bractée qui semble continuer la tige. 4
Inflorescence entourée de bractées foliacées dont aucune ne semble continuer la tige 7
4 Tiges triquètres, à faces excavées ; bractée cauliforme, à la fin étalée-réfléchie . . . . *S. mucronatus.*
Tiges arrondies; bractée cauliforme restant plus ou moins dressée. 5
5 Tiges robustes ; écailles florales émarginées-échancrées au sommet. . . . . *S. lacustris.*
Tiges très grêles ou assez grêles ; écailles florales entières. . . 6
6 Tiges filiformes ; bractée cauliforme beaucoup plus courte que la tige ; akènes sillonnés longitudinalement . . *S. setaceus.*
Tiges non filiformes ; bractée cauliforme aussi longue ou plus longue que la tige ; akènes ridés transversalement . . . . *S. supinus.*
7 Plante grêle et naine. . . . . *S. Michelianus.*
Plantes robustes et élevées 8
8 Tiges trigones à faces convexes ; épillets petits, noirâtres ; écailles florales entières . . . . *S. sylvaticus.*
Tiges trigones à faces planes ; épillets gros, fauve-brun ; écailles florales échancrées-bifides au sommet . . *S. maritimus.*

1. **S. Michelianus** Savi ; Lorcy, 932. — ☉. — Juill.-

sept. — RR. — Bords des étangs, atterrissements. — Boncourt, Arnay-le-Duc (*Lorey*); Cîteaux (*G. G.*); Labergement-lez-Seurre, Pouilly-s-Saône (*Berthiot!*); Collonges!.

2. **S. supinus** L.; Lorey, 932. — ⊙. — Juill.-sept. — A. R. — Lieux marécageux du Val-de-Saône. — Nuits, Boncourt (*Lorey*); Cîteaux (*G. G.*); St-Jean-de-Losne!, Longvay!, Seurre!.

3. **S. setaceus** L.; Lorey, 932. — ♃. — Juill.-août. — A. R. — Bords des eaux, fossés. — Vielverge!, Cîteaux!, Seurre!, Arnay-le-Duc!, Menessaire!, Saulieu!, Laroche-en-Brenil!.

Epillets tantôt sessiles, tantôt pédonculés, ordinairement 2-3 par tige, mais parfois solitaires.

4. **S. mucronatus** L. — ♃. — Juill.-août. — RRR. — Bords des étangs de Longvay (*Bonnet!*).

5. **S. lacustris** L.; Lorey, 934. — ♃. — Juin-juill. — CCC. — Etangs, rivières.

La variété *glaucus* (*S. glaucus* Sm. — *S. Tabernæmontani* Gmel.) a les tiges glauques, ordinairement 2 stigmates avec akènes alors comprimés plans-convexes, non trigones. — R. — Larrey-lez-Poinçon!, Prissey!.

Le *S. lacustris* n'a parfois que 2 stigmates à quelques-unes de ses fleurs, ce qui s'observe aussi chez d'autres *Scirpus* et chez certains *Carex* qui normalement ont 3 stigmates.

Les graines de *S. lacustris* germent très bien sous l'eau et s'y développent en petits gazons denses. — Rhizome ligneux, lentement, mais à cause de sa grande persistance, longuement progressif, se relevant en tiges peu espacées et rangées en lignes longitudinales. — Malgré l'assertion contraire d'Aug. de St-Hilaire [1] qui donne aux *Scirpus* des tiges souterraines indéterminées, le rhizome du *S. lacustris* est sympodique à chacun de ses articles, comme l'est du reste celui des *S. maritimus, sylvaticus*, etc. Il se poursuit et se

[1]. *Morph. végét.*, p. 109.

ramifie par le développement de bourgeons latéraux nés vers la base des tiges; sa surface est marquée de rides concentriques correspondant aux insertions des gaines foliifères détruites. — Dans les étangs desséchés, les rhizomes des *Scirpus lacustris*, S. *maritimus, Juncus, Phragmites communis* peuvent pendant plusieurs années rester vivants au sein de la terre, quoique complètement inertes ; mais, l'eau à peine remise en ces étangs, ils poussent avec la plus grande vigueur et les infestent déjà dès la première année.

Court dans les eaux stagnantes, le limbe des gaines radicales du S. *lacustris* devient très long dans les courants rapides. Aux stations asséchées, les feuilles sont longues de 10-15 centim. et larges de 6-10 millim. — Avant leur élongation complète, les jeunes tiges n'ont pas leur moelle encore lacuneuse. Celles qui sont grêles et courtes restent stériles et ne portent à leur sommet qu'un rudiment d'inflorescence représenté par une bractée.

Lorey (p. 933) indique le *Scirpus triqueter* L. à Limpré et à Saulieu.

6. S. sylvaticus L.; Lorey, 935. — ♃. — Mai-juill.— C. — Bords des eaux, prairies marécageuses.

7. S. maritimus L.; Lorey, 934. — ♃. —Juin-août.— C. — Etangs, canal de Bourgogne, ruisseaux, fossés.

Rameaux de l'inflorescence parfois très courts ou même nuls (S. *compactus* Krock).

Les renflements du rhizome sont constitués par le sommet des drageons, qui est épaissi et se compose de mérithalles très rapprochés. Le siège de l'épaississement est le cylindre central, qui possède en ce point un parenchyme abondant, ferme, blanchâtre, entouré d'une zone ligneuse. Ces renflements sont autant de centres vitaux, qui restent en végétation pendant 3-4 ans, et d'où naissent les feuilles radicales, les tiges, les pseudorrhizes et par bourgeonnement latéral les drageons. Le bourgeon terminal se relève en tige et le rhizome est ainsi sympodique à chacun de ses articles. Les jeunes renflements sont eux-mêmes drageonnants l'année de leur naissance ; il s'ensuit par an plusieurs générations de drageons, fils les uns des autres, ainsi qu'il arrive du reste à la plupart des plantes drageonnantes, surtout quand elles sont aquatiques. Le rhizome forme donc bientôt un réseau d'autant plus vaste, que les mérithalles ne se détruisent que longtemps après leur mort. C'est alors seulement que les renflements sont mis en liberté, et pendant de longues années on les voit parsemer de leurs corps inertes et desséchés le sol des étangs mis en culture.

8. S. compressus Pers. — *Schœnus compressus* L.; Lorey, 928. — ♃. — Juin-août. — A. R. — Ruisseaux, marécages. — Saulieu, Semur (*Lorey*); Lucenay !, Flavigny !, Vix !, Baigneux !, Selongey !, fontaine Merle à Panges !, Orgeux !, Arnay-le-Duc !.

Une grappe de *S. compressus* s'est transformée en anthèle.

9. S. fluitans L.; Lorey, 931. — ♃. — Juill.-août. — RRR. — A Saulieu dans les mares autour de l'étang Fortier et dans celles de Poutaquin (*Lorey, Lombard* !).

5. CLADIUM *R. Br.*

1. C. Mariscus R. Br. — *Schœnus Mariscus* L.; Lorey, 928. — ♃. — Juin-juill. — R. — Bords des eaux. — Arcelot, Limpré, Saulon (*Lorey*); moulin des Etangs près Dijon ! (*Lombard*); Magny-s-Tille (*Maillard*); Larrey-lez-Poinçon !, Villedieu !.

Rhizome très robuste de 12-15 millim. de diamètre, enveloppé complètement d'écailles imbriquées, brunâtres et ne se décomposant jamais en filaments; pseudorrhizes cylindracées, robustes, naissant toutes des centres vitaux, ainsi que les drageons.

6. ERIOPHORUM *L.*

1 Des drageons 2
  Point de drageons 3
2 Drageons grêles . . . . *E. gracile.*
  Drageons assez robustes . . . . *E. angustifolium.*
3 Plante densément cespiteuse . . . . *E. vaginatum.*
  Plante très lâchement cespiteuse . . . . *E. latifolium.*

1 Face membraneuse des gaines radicales se résorbant en fibrilles;

gaîne caulinaire supérieure renflée ; un épillet solitaire terminal par tige. . . . . *E. vaginatum*.
Gaînes radicales non fibrilleuses ; point de gaine caulinaire renflée ; plusieurs épillets par tige. 2
2 Tiges grêles ; pédoncules tomenteux. . . . . . . *E. gracile*.
Tiges assez robustes ; pédoncules glabres. 3
3 Feuilles planes ; pédoncules scabres. . . . . *E. latifolium*.
Feuilles canaliculées-carénées ; pédoncules lisses . . . . . .
. . . . *E. angustifolium*.

1. E. vaginatum L. — ♃. — Mai-juin. — RR. — Marais tourbeux, queue des étangs. — Saulieu ! (*Lombard*).

2. E. latifolium Hoppe. — *E. polystachium* DC. ; Lorey, 936. — ♃. — Mai-juin. — A. C. — Marécages. — Jouvence, Saulieu (*Lorey*) ; St-Remy!, Fain-lez-Montbard!, Val-des-Choues !, Avot !, Étalante !, etc.

La base des tiges est enveloppée d'une épaisse couche de vieilles gaînes mortes et brunes, très lentes à se détruire, ne se décomposant pas en filaments, et donnant à la souche un volume d'emprunt.

3. E. angustifolium Roth ; Lorey, 937. — ♃. — Mai-juill. — A. R. — Marécages. — Saulieu (*Lorey*) ; St-Germain-lez-Senailly !, Lucenay !, Laignes !, Menessaire !, Laroche-en-Brenil !, Rouvray !, etc.

Rameaux de l'inflorescence très longs, ou presque nuls (var. *congestum* M. K.).

Lorey donne à cette espèce des pédoncules toujours simples ; ils sont au contraire plus souvent rameux que chez l'*E. latifolium*.

4. E. gracile Koch ; Lorey, 936. — ♃. — Mai-juin. — RRR. — Marécages tourbeux. — Etangs Larmier et Morin à Saulieu (*Lombard !, Leclerc !*).

7. SCHOENUS *L.*

Bractée inférieure terminée en pointe ordinairement oblique et

dépassant le capitule ; épillets nombreux ; soies hypogynes
nulles. . . . . *S. nigricans.*
Bractée inférieure terminée en pointe dressée et ne dépassant
pas le capitule ; épillets subgéminés ; soies hypogynes plus
longues ou plus courtes que l'akène. . . . *S. ferrugineus.*

1. S. nigricans L.; Lorey, 927. — ♃. — Mai-juill. —
R. — Marécages à tuf. — Ste-Foix (*Lorey*); Aisey-s-Seine !,
Recey !, Vernois !, Moloy !.

La bractée est d'autant plus oblique que le capitule est plus
fourni ; aussi, quand il est appauvri, devient-elle dressée, comme
chez le *S. ferrugineus.*

2. S. ferrugineus L. — ♃. — Mai-juill. — R R. —
Marécages à tuf. — Combe-Noire du Val-des-Choues (*G. G.*)
et Avot !, deux stations où le *S. ferrugineus* abonde et où
le *S. nigricans* fait complètement défaut ; Marey-s-Tille (*Morelet*).

8. CYPERUS *L.*

Deux stigmates ; akènes obovoïdes-subglobuleux . . . . . .
. . . . *C. flavescens.*
Trois stigmates ; akènes oblongs-triquètres, atténués aux deux
extrémités. . . . . *C. fuscus.*

1. C. flavescens L.; Lorey, 926. — ☉ — Juill.-août.
— R. — Lieux marécageux, attérissements. — A la fontaine Sans-Fond près de Dijon (*Lombard*); moulin des
Etangs (*Morizot*); Vielverge !, Saulieu !, Montigny-St-Barthélemy !, Rouvray !.

2. C. fuscus L.; Lorey, 926. — ☉. — Juill.-août. —
A. C. — Lieux humides, attérissements. — St-Remy !, Larrey-lez-Poinçon !, Baigneux !, Broin !, Seurre !, Merceuil !,
etc.

Epillets brun-noirâtre, ou vert-jaunâtre. La décoloration des épillets est due soit à l'âge avancé des écailles, soit à un habitat ombragé.

Le *C. longus* L. a été signalé par Lorey (p. 925) à Premeaux et Saulon et par Duret à Arcelot, Arc-s-Tille, Prissey et Argilly. Cette grande et belle espèce n'a pas été retrouvée, malgré de nombreuses et opiniâtres recherches.

Les *Carex* se partagent pour le système souterrain en deux grandes divisions, les drageonnants et les non drageonnants. Parmi ces derniers, on distingue les rhizomes franchement cespiteux (*C. Davalliana*, *C. gynobasis*, etc.) et les rhizomes rameux brièvement progressifs, c'est-à-dire lâchement cespiteux (*C. lævigata*). — Dans les rhizomes cespiteux en cercle (*C. montana*, *C. humilis*, *C. vulpina*, *C. sylvatica*, etc.), la destruction de la partie centrale finit par mettre en liberté les ramifications qui forment autant d'individus distincts; tel est aussi le mode de végétation du *Rhynchospora alba* et du *Luzula maxima*. Cette destruction centrale a lieu de très bonne heure pour le *C. flava*, dont les ramifications ne sont bientôt plus retenues entre elles que par leurs pseudorrhizes entrelacées. — Beaucoup de *Carex* drageonnants sont en même temps cespiteux, c'est-à-dire que les centres de végétation répartis sur le rhizome, au lieu de ne comprendre qu'un petit nombre de bourgeons, en ont un très grand nombre; et chacune de ces agglomérations forme comme autant de souches cespiteuses réparties sur un seul et long rhizome (*C. stricta*, *C. acuta*, *C. nutans*, *C. paludosa*, *C. alba*, etc.). — Les bourgeons débutent sur le rhizome du *C. alba* en rangée longitudinale; mais peu à peu ils se ramifient latéralement, et finissent ainsi par être cespiteux. — Les insertions des souches ou centres vitaux sont nettement indiquées sur les rhizomes drageonnants par des empâtements ligneux et par une abondante émission de pseudorrhizes. — Chaque drageon, après un certain nombre de mérithalles se relève en rosette foliifère, qui produira à ses aisselles inférieures quelque nouveau drageon, chargé de la progression du rhizome. — Par exception dans la famille la souche florifère du *C. digitata* est indéfinie, et toutes les tiges florifères sont à l'aisselle des feuilles d'une rosette centrale.

Les drageons des *Carex* ne naissent que des centres vitaux, ou souches partielles; mais les pseudorrhizes ont leur insertion tantôt aux souches ou au voisinage immédiat des souches (*C. acuta, C. glauca, C. alba, C. præcox, C. panicea*, etc.), tantôt en outre accessoirement sur toute l'étendue des articles (*C. hirta, C. tomentosa, C. riparia, C. paludosa*, etc.). — Les pseudorrhizes du *C. disticha* n'ont aucun siège de prédilection et apparaissent aux points les plus divers des mérithalles. Elles naissent, chez le *C. brizoides*, 1-4 à tous les nœuds des mérithalles et sont munies d'un chevelu sétacé qui s'agglutine au lavage. — Beaucoup de *Carex* aquatiques (*C. paludosa, C. acuta, C. riparia, C. ampullacea* et surtout *C. stricta*) n'ont de chevelu qu'à la face supérieure des pseudorrhizes et ce chevelu est redressé-ascendant, ainsi que parfois les pseudorrhizes elles-mêmes. Comme chevelu et pseudorrhizes sont immergés, on doit ici attribuer cette annihilation du géotropisme non à l'hydrotropisme, mais bien à l'influence favorable des couches supérieures de l'eau, qui sont à la fois plus chaudes et mieux aérées, et qui par conséquent déterminent dans une direction ascendante l'allongement du chevelu et des pseudorrhizes.

Les filaments de la souche de certains *Carex* sont formés par les fibres pétiolaires des gaînes des anciennes feuilles (*C. montana, C. humilis, C. vulpina, C. muricata*, etc.); ceux des rhizomes et des drageons le sont par les fibres des écailles des mérithalles (*C. acuta, C. hirta, C. disticha, C. paludosa*, etc.). Les filaments manquent à la souche d'autres espèces (*C. leporina, C. digitata, C. gynobasis*.

C. lævigata, C. pallescens, C. nutans, C. pulicaris, etc.), car les gaînes s'y détruisent entièrement et sans devenir filamenteuses. — Chez d'autres *Cypéracées* (*Cladium Mariscus, Scirpus sylvaticus, Schœnus nigricans, Eriophorum latifolium, E. angustifolium*, etc.), les filaments font défaut pour une autre cause : c'est que les gaînes et les écailles du système souterrain sont douées d'une très longue persistance et ne se décomposent pas en filaments. — Le rhizome des *C. panicea* et *tomentosa* est marbré de blanc et de brun, parce que certains points sont encore recouverts par la partie inférieure brune et persistante des écailles, alors que d'autres points sont déjà mis à nu par la destruction de la partie supérieure de ces mêmes écailles. — Enfin les gaînes des feuilles des *C. stricta* et *vesicaria* sont fugaces de très bonne heure en la partie scarieuse opposée au limbe, partie qui se résorbe en fibrilles blanches très ténues et bien distinctes des filaments pétiolaires.

L'évolution des bourgeons florifères est diverse suivant les espèces : tantôt (*C. disticha, C. muricata, C. vulpina, C. sylvatica, C. paniculata*) ces bourgeons sont nés les uns dès l'année précédente, les autres seulement au printemps peu avant la floraison, et ces derniers n'auront point à passer par une période foliifère ; tantôt (*C. glauca, C. alba, C. panicea, C. acuta, C. riparia, C. paludosa, C. præcox*, etc.) tous les bourgeons subissent une période foliifère et ne fleuriront qu'à leur seconde ou troisième année. — Les bourgeons qui n'ont pas de période foliifère ont leur base entourée de gaînes aphylles ou presque aphylles plus ou moins desséchées. Ces gaînes se détruisent chez les bourgeons à période foliifère, et laissent ainsi dès la seconde année les grandes feuilles occuper la partie inférieure du bourgeon. Ainsi, suivant les espèces, la période foliifère existe pour tous les bourgeons florifères, ou seulement pour un certain nombre d'entre eux. Aug. de

St-Hilaire [1] a donc trop généralisé quand il dit que les bourgeons des *Carex* mettent trois ans à parcourir toutes les phases de leur évolution.

Les tiges florifères ne possèdent pas de feuilles chez les *Carex vulpina, muricata, acuta, glauca, paludosa, panicea, stricta, paradoxa, paniculata*, etc. Le *C. distans* a un seul nœud foliifère à sa tige florale ; les *C. sylvatica, flava, gynobasis* et *riparia* en ont 1-2 ; les *C. hirta* et *disticha* 4-5. — La tige florifère reste pleine chez les *C. vulpina, distans, muricata, acuta, riparia, paludosa, glauca, flava* et *sylvatica* ; elle est fistuleuse chez les *C. disticha, hirta, panicea* et *leporina*.

Un certain nombre de bourgeons accomplissent toute leur évolution sans jamais devenir florifères : tantôt ces bourgeons se développent en longue tige feuillée décombante et pourvue de plusieurs mérithalles (*C. disticha, C. hirta*) ; tantôt au contraire ils restent réduits à une rosette radicale (*C. vulpina*), et chez quelques espèces, comme le *C. alba*, les gaînes foliifères forment une fausse tige aux rosettes. Le *C. brizoides* sert de transition entre les deux types de bourgeons, car ses tiges foliifères stériles n'ont que des mérithalles très courts et au nombre de 1-2 seulement. — Les feuilles des mérithalles supérieurs des tiges foliifères du *C. disticha* sont très étroites et presque réduites à un acumen filiforme ; comme on l'observe encore pour les tiges foliifères du *Scirpus maritimus* et de plusieurs *Graminées*.

Les tiges de *Carex* sont ordinairement rudes en leur moitié supérieure, et lisses en leur partie inférieure qui reste enveloppée par les gaînes des feuilles. La partie supérieure ne devient rude qu'un certain temps après être sortie des gaînes, c'est-à-dire après que les dents des angles ont pris de la rigidité. — Le tiers inférieur des feuilles a ses bords lisses ou presque lisses chez les *C. riparia, paludosa, acuta,*

1. *Morph. végét.*, p. 112.

vulpina, disticha, etc. ; il les a scabres chez le *C. paniculata*, moins pourtant que dans la partie supérieure.

Du côté qui regarde les pédoncules, l'axe de l'inflorescence a un sillon longitudinal dû à la compression exercée primitivement par le pédoncule. — A cause du pédoncule gynobasique, la tige du *Carex gynobasis* est sillonnée sur toute sa hauteur, et le sillon est double quand il y a deux de ces pédoncules. Le sillon est proportionnel à la grosseur du pédoncule ; aussi est-il très prononcé chez les *C. humilis* et *flava*.

La bractée inférieure des *Carex vulpina, muricata* et *divulsa* est tantôt plus longue que l'inflorescence, tantôt à peu près nulle. Dans les sols fertiles et cultivés cette bractée s'allonge et devient entièrement foliacée chez les *C. præcox* et *digitata*. — La bractée inférieure des *C. glauca* et *pallescens* n'est parfois presque plus engaînante ; elle peut même ne l'être plus du tout chez le *C. præcox* ; aussi cette espèce est-elle, suivant les auteurs, décrite avec ou sans bractée engaînante. D'autres fois, au contraire, la bractée devient engaînante, comme on le voit pour le *C. vesicaria*. — La longueur de la gaîne de la bractée inférieure varie chez le *C. flava* de 4 à 20 millim. et se trouve d'autant plus réduite que l'épi inférieur est moins éloigné du sommet de la tige ; car sur le même individu on peut trouver des tiges à épis femelles tous rapprochés du sommet, d'autres au contraire où l'inférieur a son pédoncule inséré au-dessous du milieu de la tige.

Les écailles femelles sont sujettes à des variations considérables de forme et de grandeur ; elles peuvent être dans la même espèce, et parfois jusque dans le même épi, obtuses ou aiguës (*C. acuta, C. riparia, C. paludosa*) ; ou bien, là où normalement elles sont à peu près de la longueur de l'utricule, elles se montreront beaucoup plus longues et en outre étroites, acuminées-cuspidées (*C. præcox, C. acuta,*

C. riparia, C. stricta, etc.). Ainsi modifié le *C. paludosa* est devenu le *C. Kochiana* DC., et le *C. acuta* a formé le *C. prolixa* Fries. Assez souvent cet allongement des écailles correspond, par balancement organique, à un avortement de l'akène, résultant soit d'une gelée, soit de la piqûre d'un insecte, soit encore de quelque hybridation. — Les écailles femelles sont indifféremment brunes, rousses ou jaunâtres chez les *C. tomentosa, panicea* et *glauca*.

Les épis mâles sont assez souvent géminés ou ternés aux nœuds de l'inflorescence des *Carex acuta* et *paludosa*. — Un épi femelle gynobasique s'observe parfois chez les *C. acuta, riparia, paludosa* et *præcox*. — Une forme vigoureuse de *C. gynobasis* a l'épi terminal ovoïde-pyramidal, mâle au sommet et femelle en sa moitié inférieure qui est pourvue de 2-4 ramifications mâles elles-mêmes à leur sommet. Cette forme est assez fréquente dans les taillis d'un à trois ans, où les souches de ce *Carex*, depuis longtemps presque inertes, se réveillent après l'exploitation et ont tout d'abord une vigueur qui se traduit par la ramification de l'épi mâle et l'invasion de fleurs femelles. — La ramification des épis femelles est fréquente (*C. paludosa, C. acuta, C. riparia, C. flava, C. hirta, C. distans, C. glauca*, etc.); M. Duval-Jouve [1] a reconnu que l'axe de ces ramifications naît à l'aisselle d'un utricule et que normalement il aurait dû rester très court et ne porter qu'un ovaire.

Les épillets androgynes supérieurs du *Carex stellulata* sont parfois entièrement mâles. De même, des épis unisexuels peuvent être androgynes ; ainsi le *C. Davalliana* a souvent quelques utricules en ses épis mâles, et l'épi mâle des *C. gynobasis, panicea, paludosa, glauca, flava*, etc. peut être femelle inférieurement, ou bien la plupart des épis femelles des *C. acuta, riparia, paludosa, stricta*, etc. sont mâles au sommet. D'autres fois tout le sexe de l'épi ou

[1]. *Bull. de la Soc. bot. de Fr.*, 1864, XI, p. 318-324.

de l'épillet est changé, et l'on voit devenir mâles l'épi femelle supérieur du *C. distans* et les épillets supérieurs du *C. disticha*.

Les épis des *Carex* sont trigones avant l'anthèse. L'épanouissement pour l'ensemble débute par les épis femelles en commençant par le supérieur, puis les épis mâles s'épanouissent dans le même ordre, de manière que l'épanouissement du premier épi mâle coïncide à peu près avec celui du dernier épi femelle. Dans les épillets androgynes les fleurs femelles s'ouvrent aussi avant les fleurs mâles. Quand un épi femelle porte accidentellement des fleurs mâles à son sommet (*C. stricta*), l'épanouissement de celles-ci a lieu bien postérieurement à celui des fleurs femelles, de sorte que ce même épi a deux périodes très distinctes de floraison.

Dans les détails on retrouve beaucoup des lois, mais beaucoup aussi des caprices de l'inflorescence des *Salix*. L'anthèse en effet débute le plus souvent dans la moitié supérieure intermédiaire des épis mâles, puis s'avance simultanément vers les deux extrémités, en finissant par le bas, c'est-à-dire par la partie qui était originairement la plus éloignée du point de départ (*C. præcox, C. paludosa, C. riparia, C. acuta, C. distans, C. glauca, C. maxima, C. tomentosa, C. flava*, etc.). Chez les *C. nutans, hirta* et *polyrrhiza* l'épanouissement débute aussi par la région moyenne, mais plus près de la base que du sommet, de sorte qu'ici l'anthèse se termine par le sommet et que la progression l'emporte sur la régression. Le *C. panicea* s'éloigne cependant de ses congénères en ce que l'épanouissement de son épi mâle offre une progression de bas en haut, sauf pour les 2-3 fleurs basilaires les plus inférieures, qui ne s'épanouissent qu'après celles qui les surmontent immédiatement. — Sont progressifs les épis de l'*Heleocharis palustris*, et régressifs les épillets de l'*Eriophorum angustifolium*.

Ainsi ce début de la floraison par la région moyenne de

l'inflorescence, constaté d'abord chez le *Dipsacus sylvestris*, est aussi la règle dans les grands genres *Carex* et *Salix*. Il se retrouve encore chez certaines *Amentacées*, dans les grappes de plusieurs *Campanula*, dans les épis des *Secale* et *Triticum*, etc. Un tel mode ne saurait donc plus être regardé comme exceptionnel, et il s'imposera dans une monographie de l'inflorescence au même titre que les marches progressive et régressive.

CVII. GRAMINÉES (Juss.).

1. NARDUS *L.*

1. N. stricta L.; Lorey, 1014. — ⚥. — Mai-juin. — A. C. — Bruyères et pâtis granitiques. — Arnay-le-Duc !, Saulieu !, Laroche-en-Brenil (*Lorey*) ; Rouvray !.

Rhizome lentement progressif, densément cespiteux par une série de ramifications à bourgeons distiques et contigus.

2. LEERSIA *Sw.*

1. L. oryzoides Sw.; Lorey, 963. — ⚥. — Juill.-oct. — C. — Bords des eaux, canal de Bourgogne.

Panicule terminale stérile, quand elle est exserte. Les latérales sont incluses et fertiles, et les gaînes sont remplies d'un liquide où baignent les organes sexuels (Duval-Jouve).

3. ANTHOXANTHUM *L.*

1. A. odoratum L.; Lorey, 978. — ⚥. — Mai-juin. — CC. — Prés, pelouses, bois.

Varie à panicule pubescente-velue, et à feuilles et gaînes velues et lisses. — R. — Rouvray !, friches du pont de Montberthault !. — L'*A. villosum* Dumort. a les épillets velus et les gaînes scabres.

GRAMINÉES.

Arête tantôt incluse, tantôt dépassant d'un quart la glume supérieure.

Sur le frais, les fleurs sont aromatiques et les pseudorrhizes fétides ; les unes et les autres deviennent inodores par la dessiccation. Les feuilles au contraire sont inodores sur le frais, mais prennent une odeur agréable en se desséchant.

4. BALDINGERA *Fl. Wett.*

1. B. arundinacea Dumort. — *Phalaris arundinacea* L.; Lorey, 972. — ♃. — Juin-juill. — C. — Bords des rivières, canal de Bourgogne.

En 1880, le *Phalaris Canariensis* L. croissait adventivement à Dijon, sur les talus du chemin de fer près du pont du Canal !.

5. OPLISMENUS *P. B.*

1. O. Crus-Galli Kunth. — *Panicum Crus-galli* L.; Lorey, 970. — ☉. — Juill.-oct. — C. — Cultures, bords des chemins, attérissements, décombres.

Glumelle inférieure de la fleur stérile à arête tantôt nulle, tantôt très longue, parfois dans la même inflorescence.

6. DIGITARIA *Scop.*

Epillets lancéolés ; glume supérieure de moitié plus courte que la fleur hermaphrodite. . . . . *D. sanguinalis.*
Epillets ovales-oblongs ; glume supérieure égalant la fleur hermaphrodite . . . . *D. filiformis.*

1. D. sanguinalis Scop. ; Lorey, 962. — ☉. — Juill.-sept. — A. C. — Cultures, décombres, rues: — Montbard!, Vielverge !, Beaune !, Seurre !, Quincy !, etc.

2. D. filiformis Kœl. ; Lorey, 962. — ☉. — Juill.-sept. — R. — Pelouses arides. — Boncourt, Agencourt (*Lorey*) ; Velars !, Rouvray !, St-Andeux !.

7. SETARIA *P. B.*

1 Denticules des soies des involucres dirigés de haut en bas . . . . S. *verticillata.*
Denticules des soies des involucres dirigés de bas en haut . . 2
2 Soies des involucres vertes ou rougeâtres; glume supérieure égalant environ la fleur hermaphrodite; glumelles de la fleur hermaphrodite presque lisses . . . . S. *viridis.*
Soies des involucres rousses; glume supérieure de moitié plus courte que la fleur hermaphrodite; glumelles de la fleur hermaphrodite rugueuses. . . . . S. *glauca.*

1. S. viridis P. B. — *Panicum viride* L.; Lorey, 971. — ⊙. — C C. — Juill.-oct. — Moissons, cultures, vignes, décombres, friches.

Tiges dressées ou étalées en cercle dans la même station. — J'ai récolté dans les vignes de Meursault des panicules qui n'étaient rudes en aucun sens, parce que les denticules des soies étaient aussi ténus que des poils. — Les échantillons d'Auxonne ont les soies très longues.

2. S. glauca P. B. — *Panicum glaucum* L.; Lorey, 971. — ⊙. — A. C. — Juill.-oct. — Moissons et cultures siliceuses. — Jardins et champs du Pays-Bas, St-Seine-en-Bâche (*Lorey*); St-Julien, Clénay, Auxonne, Vielverge (*Faculté des Sciences*); St-Sauveur!, Pontailler!, Collonges!, Longvay!, Seurre!, etc.

3. S. verticillata P. B. — *Panicum verticillatum* L.; Lorey, 971. — ⊙. — Juill.-oct. — A. C. — Cultures, jardins, décombres, bords des chemins. — Laignes!, Beaune!, Moutiers-St-Jean!, Quincy!, etc.

8. ANDROPOGON *L.*

1. A. Ischæmum L.; Lorey, 960. — ♃. — Juill.-août. — R. — Coteaux arides, pelouses. — Ancienne voie romaine de Dijon à Gevrey (*Lombard*) ; Domois, Chenôve (*Faculté des Sciences*); pelouses du coteau joignant le moulin des Etangs à Saulon-la-Rue !, Nuits !, Chassagne !.

9. CRYPSIS *Ait.*

1. C. alopecuroides Schrad. ; Lorey, 977. — ⊙. — Juill.-oct. — A. R. — Bords des eaux, attérissements. — St-Seine-en-Bâche, Boncourt (*Lorey*) ; St-Jean-de-Losne, Cîteaux, Seurre, Arnay-le-Duc (*Duret*) ; bords de la Saône à Lamarche !, Longvay !, réservoirs de Grosbois !, Cercey ! et Panthier !.

10. ALOPECURUS *L.*

1 Plantes ⊙ ou ⊙ ; glumes soudées en leur moitié inférieure . 2
  Plantes ♃ ; glumes soudées en leur quart inférieur ou presque
    libres. 3
2 Feuille supérieure à gaîne fortement renflée-vésiculeuse ; panicule spiciforme-ovoïde. . . . . *A. utriculatus.*
  Feuilles toutes à gaîne non renflée-vésiculeuse ; panicule spiciforme-cylindracée. . . . . *A. agrestis.*
3 Plante ordinairement verte ; tiges dressées ; glumes soudées en leur quart inférieur. . . . . *A. pratensis.*
  Plante ordinairement glauque ; tiges étalées-ascendantes ; glumes presques libres . . . . *A. geniculatus.*

1. A. utriculatus Pers.; Lorey, 976. — ⊙. — Mai-juin. A. C. — Prés aquatiques. — St-Remy !, Rougemont !, Laignes !, Villedieu !, Pontailler !, Santenay !, Jeux !, etc.

2. A. agrestis L.; Lorey, 975. — ⊙ ou ⊙. — Mai-août. — C. — Prairies artificielles, moissons, friches.

3. A. pratensis L.; Lorey, 975. — ♃. — Mai-juin. — C. — Prés.

Tiges droites ou genouillées à un ou deux de leurs nœuds inférieurs ; gaîne de la feuille supérieure ordinairement un peu renflée.

4. A. geniculatus L.; Lorey, 976. — ♃. — Mai-juin.
— Prairies humides, bords des eaux.

Var. α. *geniculatus*. — Plante verte ou glaucescente; glumelle inférieure aristée vers sa base; arête longuement exserte. — R. — Pothières!, Pontailler!, Aisy-s-Thil!.

Var. β. *fulvus* (*A. fulvus* Smith). — Plante glauque; glumelle inférieure aristée vers le milieu de sa longueur; arête incluse ou à peine exserte. — A. R. — Merceuil!, Arnay-le-Duc!, Ste-Isabelle!, Montberthault!. — A conservé son facies et sa couleur glauque, même après cinq ans de culture en une terre non humide. — Quand Lorey dit que certains sujets de son *A. geniculatus* ont leurs fleurs dépourvues d'arête, il a eu sans doute en vue la variété *fulvus*, dont les arêtes sont le plus souvent entièrement incluses.

11. PHLEUM *L.*

Rhizome oblique-horizontal, court, obscurément cespiteux, pourvu d'anciennes gaînes pétiolaires desséchées peu nombreuses; mérithalles caulinaires inférieurs plus ou moins renflés . . . . *P. pratense.*
Rhizome densément cespiteux, pourvu d'anciennes gaînes pétiolaires desséchées très nombreuses; mérithalles caulinaires inférieurs jamais renflés . . . . *P. Bœhmeri.*

Un épi à épillets subsessiles; glumes tronquées à angle droit, mucronées par une arête plus courte qu'elles. *P. pratense.*
Une panicule spiciforme; glumes obliquement tronquées-acuminées. . . . . *P. Bœhmeri.*

1. P. pratense L.; Lorey, 974. — *P. Alpinum* Lorey, 974; non L. — ♃. — Juin-juill. — CC. — Prés, bois, bords des chemins, pelouses.

Mérithalles caulinaires inférieurs plus (*P. nodosum* L.) ou moins renflés. Après floraison, la tige périt et les mérithalles renflés qu'elle surmontait s'ajoutent au rhizome. Ces mérithalles deviennent inertes en passant dans la région postérieure du rhizome et se résorberont au printemps prochain.

La longueur de l'épi peut varier de 10 à 1 centim. Cylindrique dans le premier cas, il est ovoïde-subglobuleux dans le second. Le même individu peut d'ailleurs, suivant la vigueur diverse de ses tiges, avoir des épis très variés de forme et de longueur, et encore atténués ou non au sommet. Des sujets à épis ovoïdes ont donné, après un an de culture au jardin, des épis cylindracés longs de 4 à 6 centim. — Grandes variations dans la longueur de l'arête des glumes et dans celle des cils de leur carène. — La plante, dont Lorey a fait son *P. Alpinum* et qu'il dit commune le long de la Côte, n'est sans doute qu'un *P. pratense* à épis courts, tel qu'on le rencontre souvent sur les pelouses arides. Boreau (*Fl. centr.*, p. 694, 3ᵉ édit.) indique cependant le *P. Alpinum* L. sur la montagne de Montceau (Saône-et-Loire), près des limites de la Côte-d'Or.

2. P. Bœhmeri Wib. — *Phalaris phleoides* L.; Lorey, 973. — ♃. — Juin-juill. — C. — Pelouses arides.

Les ligules ont une insertion oblique comme chez le *P. pratense*.
M. Leclerc a récolté adventivement le *Mibora minima* Desv. à Glanon et à Seurre.

12. AGROSTIS *L.*

1 Glumelle supérieure de moitié plus courte que l'inférieure . .
. . . . A. *alba*.
Glumelle supérieure nulle. 2
2 Plante grêle; point de drageons; tiges stériles étalées, rossu-
lifères-radicantes; feuilles radicales pliées, très étroites. . .
. . . . A. *canina*.
Plante robuste; des drageons; tiges toutes dressées; feuilles
toutes planes et assez larges. . . . . A. *surculifera*.

1. A. alba L. — ♃. — Juin-sept. — C C. — Prés, bois, friches, moissons.

Var. α. *coarctata* (*A. coarctata* Hoffm. — *A. stolonifera* L. *coarctata* Lorey, 964). — Ligule assez longue; panicule contractée après floraison; rameaux à pédicelles ordinairement scabres. — Plante très robuste (*A. gigantea* Gaud.) dans les vignes de Larrey-lez-Poinçon! et les prés du moulin des Etangs à Saulon-la-Rue!.

Var. β. *vulgaris* (*A. vulgaris* With.; Lorey, 966). — Ligule courte, tronquée; panicule à rameaux plus ou moins étalés après floraison; rameaux et pédicelles ordinairement lisses ou presque lisses. — Fleurs très rarement aristées (*A. dubia* DC.).

La couleur de la panicule de l'*A. alba* ne dépend pas de l'exposition, car on trouve côte-à-côte des individus les uns à panicule violette, les autres à panicule blanc-jaunâtre. Il en est de même pour l'*A. canina*.

L'*A. alba* est plus ou moins drageonnant; les tiges stériles sont soit décombantes-étalées, soit longuement couchées-stoloniformes et radicantes; mais toutes les tiges sont dressées chez les sujets robustes d'*A. coarctata*. Des études ultérieures légitimeront sans doute le dédoublement spécifique de l'*A. alba*.

2. A. canina L.; Lorey, 967. — ♃. — Juin-août. — C. — Terres argileuses, cultures, taillis.

La glumelle peut être presque aussi longue ou beaucoup plus courte que la glume supérieure. — Les glumes sont parfois étroites et acuminées, et la fleur alors est habituellement stérile. — L'arête est tantôt plus ou moins exserte, tantôt incluse, tantôt droite ou genouillée.

3. A. surculifera — An *A. rubra* L.; Lorey, 966? — ♃. — Juin-août. — R. — Coteaux arides, friches. — Savigny-s-Beaune !, Laroche-en-Brenil !.

Arête incluse, de longueur variable, insérée vers le quart inférieur de la glumelle. Wahlenberg et Anderson enseignent que l'*Agrostis* suédois, qu'ils regardent comme l'*A. rubra* L., a l'arête insérée vers le tiers inférieur de la glumelle, et ils sont d'avis que Linné s'est mépris en décrivant son *A. rubra* avec une arête terminale.

13. APERA *Adans.*

1. A. Spica-venti P. B. — *Agrostis Spica-venti* L.; Lorey, 967. — ☉. — Juin-juill. — A. C. — Moissons argileuses. — Varois, Couternon, Longvay, Citeaux (*Lorey*); St-Remy !, Fontaine-Française !, Talmay !, Vielverge !,

Beaune!, Labergement-lez-Seurre!, Arnay-le-Duc!, Saulieu!, etc.

14. CALAMAGROSTIS *Adans.*

Rhizome allongé, lâchement rameux, bientôt mortifié ; drageons pleins, robustes, à écailles fermées, et à épaisse écorce bien vite résorbée ; pseudorrhizes naissant seulement aux centres vitaux, peu nombreuses, annuelles, raides, flexueuses, obliques-pivotantes, la plupart fortement filiformes. . . . . *C. Epigeios.*
Rhizome densément rameux-cespiteux, longtemps vivace ; drageons fistuleux, grêles, à écailles ouvertes et à écorce très mince ; pseudorrhizes naissant à tous les nœuds mérithalliens, nombreuses, vivaces, entrelacées, dressées-ascendantes pour un certain nombre, capillaires-filiformes. *C. lanceolata.*

Feuilles glauques, raides ; tiges robustes, très scabres sous le panicule ; glumelle inférieure bifide, munie vers son milieu d'une arête courte . . . . *C. Epigeios.*
Feuilles vertes, molles ; tiges grêles, presque lisses sous la panicule ; glumelle inférieure échancrée, munie au sommet d'une arête très courte . . . . *C. lanceolata.*

1. C. Epigeios Roth ; Lorey, 963. — ♃. — Juill.-août — C. — Lieux humides ou couverts, taillis.

Le rhizome n'est vivant qu'en ses articles les plus antérieurs ; il est mortifié pour le surplus. L'épaisse écorce des drageons est très précocement résorbée-détruite et laisse à nu un cylindre central ligneux, plein et mortifié. Un petit renflement obconique marque sur le rhizome chacun des centres vitaux. Chez le *C. lanceolata* le rhizome est longtemps vivace et les drageons ont le cylindre fibro-vasculaire largement fistuleux, qui est propre à l'immense majorité des *Graminées.*

2. C. lanceolata Roth. — ♃. — Juin-juill. — RR. — Bords des mares, cultures aquatiques. — Mares de Perrigny-s-Ognon !, champs aquatiques de Pontailler !, mare à droite de la route qui va d'Auxonne à Flammerans !.

Grosses touffes émergeant des mares, comme chez le *Carex stricta*.

15. MILIUM *L.*

1. M. effusum L.; Lorey, 968. — ♃. — Mai-juill. — C. — Taillis, buissons.

16. STIPA *L.*

1. S. pinnata L.; Lorey, 968. — ♃. — Juin-juill. — RR. — Rochers et coteaux arides. — Environs de Dijon, Marsannay-la-Côte, Gevrey (*Lorey*); Combe-au-Loup à Velars ! (*Lombard*).

17. LASIAGROSTIS *Link.*

1. L. Calamagrostis Link. — ♃. — Juin-juill. — RRR. — Bois. — Le frère Joseph, jardinier-chef du Pénitencier agricole de Cîteaux, cultive au jardin botanique de ce philanthropique établissement un *L. Calamagrostis* qu'il m'a assuré avoir arraché dans les bois des environs de Cîteaux. Au surplus, cette espèce est commune dans un département limitrophe, le Jura.

18. CYNODON *Rich.*

1. C. Dactylon Rich.; Lorey, 961. — ♃. — Juill.-août. — A. R. — Chemins et pelouses du Val-de-Saône. — Vielverge !, Pontailler !, Auxonne !, Seurre !.

Le rhizome émet des drageons blancs, robustes, un peu comprimés, pleins dans leur jeunesse, plus tard étroitement fistuleux. En outre, certains nœuds des longues tiges stoloniformes couchées-radicantes produisent des bourgeons épaissis, qui se recourbent en crochet, s'enfoncent en terre et s'assimilent ainsi aux drageons véritables, comme il arrive aux *Phragmites communis* et *Calystegia sepium*.

19. SESLERIA *Ard.*

1. S. cærulea Ard.; Lorey, 1014. — ♃. — Avril-mai. — C. — Bois sablonneux.

20. CORYNEPHORUS *P. B.*

1. C. canescens P. B. — *Aira canescens* L.; Lorey, 981. — ♃. — Juin-juill. — R R. — Pelouses, sables. — Environs de Dijon (*Lorey, Fleurot*); Auxonne, Semur, Saulieu (*Lorey*); dans des fouilles à gauche de la route allant de Pontailler à Cléry !.

21. AIRA *L.*

1. A. præcox L. emend.

Var. α. *præcox* (*A. præcox* L.; Lorey, 982). — Panicule spiciforme, à rameaux courts, dressés; épillets fasciculés. — ⊙. — Mai-juin. — A. R. — Pelouses, coteaux arides. — Parc de Dijon, Marsannay-la-Côte (*Lorey*); environs de Dijon (*Fleurot*); Semur!, Montberthault!, St-Andeux !.

Var. β. *multiculmis* (*A. multiculmis* Dumort.). — Panicule à rameaux peu allongés, dressés-étalés; épillets rapprochés au sommet des rameaux, la plupart plus longs que leurs pédicelles. — ⊙ ou ⊙. — Juill.-sept. — R. — Pelouses argileuses, moissons. — Vellerot!, Arnay-le-Duc!, St-Andeux !. — L'*A. multiculmis* sert de trait d'union entre les *A. præcox* et *caryophyllea*; aussi les auteurs le rapportent-ils, comme variété, tantôt à l'une, tantôt à l'autre de ces deux plantes.

Var. γ. *caryophyllea* (*A. caryophyllea* L.; Lorey, 981). — Panicule à rameaux allongés, étalés-dressés, parfois subdivariqués; épillets solitaires, plus courts que leurs pédicelles. — ⊙. — Mai-juin. — Pelouses, lieux arides. — Bagnot, Glanot, Semur (*Duret*); pâtis de Vielverge !, glacis d'Auxonne !, Nolay!, Arnay-le-Duc!, Liernais!, Montberthault!.

22. DESCHAMPSIA *P. B.*

1 Souche peu cespiteuse, ne se divisant pas à l'arrachage en plusieurs petites souches secondaires . . . . . . *D. flexuosa.*
Souche largement cespiteuse, se divisant à l'arrachage en plusieurs petites souches secondaires 2
2 Pseudorrhizes grêles, ne retenant pas entre elles les subdivisions de la souche. . . . . *D. media.*
Pseudorrhizes robustes, entrelacées, et retenant ainsi entre elles les subdivisions de la souche d'ailleurs libres. . . . .
. . . . *D. cæspitosa.*

1 Tiges aphylles en leurs deux tiers supérieurs ; face supérieure des feuilles non striée ; ligule obtuse, très saillante latéralement ; rameaux inférieurs de la panicule géminés-ternés ; arête genouillée, exserte. . . . . *D. flexuosa.*
Tiges feuillées jusqu'en leur partie supérieure ; face supérieure des feuilles profondément striée ; ligule aiguë ou acuminée, peu ou point saillante latéralement ; rameaux inférieurs de la panicule semi-verticillés ; arête droite, incluse 2
2 Feuilles linéaires, à face inférieure lisse ; ligule ovale-aiguë ; arête plus courte que la glumelle. . . . . . *D. cæspitosa.*
Feuilles étroitement linéaires, plus ou moins enroulées-sétacées, à face inférieure rude ; ligule lancéolée-acuminée, souvent déchiquetée-filamenteuse au sommet ; arête nulle ou égalant la glumelle . . . . *D. media.*

1. D. cæspitosa P. B. — *Aira cæspitosa* L; Lorey, 980. — ⚥. — Juin-juill. — C. — Lieux humides, taillis argileux, prairies aquatiques.

2. D. media Rœm. et Schult. — ⚥. — Juin-juill. — R. — Chemins, prairies, pelouses argileuses. — Dijon (*G. G.*, *Bonnet*); Auxonne (*Faculté des Sciences !*); Brognon !, Magny-s-Tille !, pelouses aquatiques de Château-Renard à Gevrey !.

La plante de la Côte-d'Or a ses fleurs mutiques (*Aira subaristata* Faye).

Les souches des *D. media* et *cæspitosa* se décomposent en un grand nombre de parties ou souches secondaires, parce que le rhizome cespiteux de ces espèces se mortifie et se détruit rapidement en ses parties centrales. Ces souches secondaires se séparent facilement les unes des autres chez le *D. media* dont les pseudorrhizes sont plus grêles et moins entrelacées ; il s'ensuit qu'à l'arrachage cette plante vient dans la main sous le moindre effort. — Cultivé en terre fraîche et ombragée, le *D. media* ne prend pas des feuilles planes ; il les a seulement moins fortement enroulées. Le limbe de ses feuilles inférieures continue la direction de la gaîne, tandis qu'il s'étale plus ou moins et qu'il forme un coude avec la gaîne chez le *D. cæspitosa*, qui offre ainsi un peu du port du *Juncus squarrosus*. — L'inflorescence du *D. media* est plus étalée que celle du *D. cæspitosa;* puis ses fleurs sont à peine pubescentes à leur base, tandis que celles du *D. cæspitosa* l'y sont fortement.

3. D. flexuosa Griseb. — *Aira flexuosa* L.; Lorey, 980. — ⚥. — Juin-août. — CCC. — Bois et friches des sols granitiques et siliceux. — Arnay-le-Duc, Semur !, Saulieu! (*Lorey*); Arcelot (*Faculté des Siences !*); Champ d'Oiseau!, Venarey!, bois de Vannal à Jeux!, Rouvray!, Montberthault!, etc.

Les pédicelles des *D. flexuosa* et *media* sont légèrement flexueux; et ils le sont déjà quand la panicule se dégage de la gaîne, car les flexuosités résultent de la compression exercée sur les pédicelles supérieurs par les épillets des pédicelles inférieurs.

23. HOLCUS *L.*

Des drageons allongés . . . . *H. mollis.*
Point de drageons. . . . . *H. lanatus.*

Arête de la fleur mâle longuement exserte, à la fin genouillée.
. . . . *H. mollis.*
Arête de la fleur mâle incluse ou presque incluse, courbée en crochet sur le sec. . . . . *H. lanatus.*

1. H. mollis L. — *Avena mollis* Kœl. ; Lorey, 983. —

♃. — Juin-juill. — C. — Bois et prés surtout des sols siliceux.

2. H. lanatus L. — *Avena lanata* Kœl.; Lorey, 983. — ♃. — Juin-juill. — C. — Prairies.

24. ARRHENATHERUM *P. B.*

1. A. elatius M. et K. — *Avena elatior* L. ; Lorey, 984. — ♃. — Juin-juill. — C. — Prairies, bords des chemins.

Var. β. *bulbosum* Koch (*Avena bulbosa* Willd.; Lorey, 984). — Tiges moins robustes, nœuds caulinaires pubescents, feuilles moins larges, ligule moins courte, floraison plus tardive de quinze jours. Mais cette variété diffère surtout du type par le renflement subglobuleux-ovoïde des mérithalles de son rhizome, et de ses mérithalles caulinaires les plus inférieurs. Le type ne se trouve guère que dans les prairies ; la variété *bulbosum* habite les moissons et les terres cultivées. Cependant, après dix ans de culture au jardin, un *A. elatius* n'a pas offert d'épaississement sensible ni à son rhizome, ni à la base de ses tiges. Les intermédiaires qui relient les deux plantes ont les renflements non subglobuleux, mais oblongs ou obscurément ovoïdes, et parfois un mérithalle cylindracé y est interposé à des mérithalles renflés. Au surplus, le mode d'évolution du rhizome est le même, que les mérithalles en soient renflés ou non ; il y a seulement lieu de constater que le rhizome lâchement cespiteux de l'*A. elatius* type a une tendance au drageonnement chez la variété *bulbosum*, sans doute à cause des sols meubles que cette variété se plaît à habiter.

25. DANTHONIA *DC.*

1. D. decumbens DC. ; Lorey, 988. — ♃. — Juin-juill. — A.C. — Pâtures, bruyères, prés humides. — Ste-Foix, Semur, Saulieu ! (*Lorey*); près de Vadenay à Lucenay !, Val-des-Choues !, Marcilly-s-Tille !, Vielverge !, Broin !, Arnay-le-Duc !, etc.

Tiges plus ou moins décombantes-ascendantes.

26. GAUDINIA *P. B.*

1. G. fragilis P. B. — ⊙ ou pérennant. — Juin-juill. — R R. — Glacis et prés d'Auxonne!, Cîteaux!.

27. AVENA *L.*

1 Plante ⊙ . . . . *A. fatua.*
  Plantes ♃ 2
2 Des drageons allongés. . . . . A. *pratensis.*
  Point de drageons . . . . A. *pubescens.*

1 Ligule courte, tronquée ; épillets pendants . . . . *A. fatua.*
  Ligule allongée ; épillets non pendants. 2
2 Feuilles caulinaires courtes ; panicule à rameaux inférieurs géminés ; rachis de l'épillet muni de poils courts. A. *pratensis.*
  Feuille caulinaire supérieure rudimentaire, à peine plus longue que la ligule ; panicule à rameaux inférieurs verticillés par 3-5 ; rachis de l'épillet muni de poils allongés. . . . . . .
. . . . A. *pubescens.*

1. A. pratensis L.; Lorey, 985. — ♃. — Juin-juill. — A. C. — Bois, prés.

2. A. pubescens L.; Lorey, 986. — ♃. — Mai-juin. — A. C. — Bois, prés, friches.

3. A. fatua L.; Lorey, 988. — ⊙. — Juin-août. — C. — Moissons.

L'*A. orientalis* Schreb. et surtout l'A. *sativa* L. sont cultivés en grand dans le département.

28. TRISETUM *Pers.*

1. T. flavescens P. B. — *Avena flavescens* L.; Lorey, 985. — ♃. — Juin-juill. — C. — Prés.

Rhizome lâchement cespiteux, parfois subdrageonnant comme chez le *Milium effusum.*

29. KOELERIA *Pers.*

Rhizome et base hypogée des rosettes enveloppés comme d'un feutrage par les fibres provenant de la décomposition des gaînes des vieilles feuilles radicales. . . . . *K. Valesiaca.*
Gaînes des vieilles feuilles radicales non décomposées en fibres formant feutrage autour du rhizome et de la base hypogée des rosettes . . . . *K. cristata.*

Feuilles radicales pliées-enroulées, filiformes; gaînes et feuilles glabres; face supérieure des feuilles profondément striée. .
. . . . *K. Valesiaca.*
Feuilles radicales linéaires, à peine pliées; gaînes et feuilles poilues-ciliées; face supérieure des feuilles superficiellement striée. . . . . *K. cristata.*

1. K. cristata Pers.; Lorey, 1002. — ♃. — Juin-juill. — C. — Prés.

Pseudorrhizes de l'année munies d'un tomentum épais, jaunâtre, un peu moins abondant chez le *K. Valesiaca.*

2. K. Valesiaca Gaud. — ♃. — Juin-juill. — A. R. — Rochers, bois arides. — Environs de Dijon (*G. G.*); Meursault (*Carion*); Arrans !, Velars !, Gevrey !, Nuits !, Santenay !.

Tiges à sommet glabre ou fortement velu-tomenteux. Dans ce dernier cas, la plante diffère de la variété *setacca* (K. *setacea* DC.), en ce qu'elle n'a pas les glumes velues ni la glumelle inférieure ciliée.

La décomposition des gaînes des feuilles radicales débute par le bas de la gaîne.

30. PHRAGMITES *Trin.*

1. P. communis Trin. — *Arundo Phragmites* L.; Lorey, 1001. — ♃. — Juill.-sept. — C C. — Etangs, rivières, lieux aquatiques.

Rhizome à drageons nombreux, allongés, beaucoup plus gros que les tiges et acuminés en pointe vulnérante. — Parfois les drageons sortent de terre et se transforment en stolons, qui s'étalent sur la vase des étangs et peuvent atteindre jusqu'à 15 mètres de longueur. Ces stolons sont radicants au pourtour de la plupart des nœuds, d'où sort ordinairement un bourgeon qui s'enfonce en terre, pour y prendre le rôle de drageon. — Les plus robustes des tiges atteignent 3-4 mètres de hauteur. — Les tiges, accidentellement couchées sur le sol, et leurs fragments flottant à la surface de l'eau développent des bourgeons axillaires et des pseudorrhizes à la base de ces bourgeons. Pareille radication des tiges flottantes s'observe aussi chez l'*A. Donax* et quantité d'autres plantes. — Les pseudorrhizes de la base des tiges ont un chevelu dressé-ascendant. — L'inflorescence est parfois réduite à des épillets peu nombreux et subuniflores. — Les fleurs sont très rarement fertiles.

31. CYNOSURUS *L.*

1. C. cristatus L.; Lorey, 1013. — ⚥. — Juin-juill. — C. — Prés.

32. MELICA *L.*

1 Point de drageons; pseudorrhizes filiformes, raides, flexueuses, à chevelu rare ou nul. . . . . *M. ciliata*.
 Des drageons; pseudorrhizes capillaires-filiformes, molles, à chevelu très abondant 2
2 Drageons courts; rhizome cespiteux. . . . . . . *M. nutans*.
 Drageons assez allongés; rhizome obscurément cespiteux . .
 . . . . *M. uniflora*.

1 Glumelle inférieure de la fleur fertile longuement ciliée . . .
 . . . . *M. ciliata*.
 Glumelle inférieure de la fleur fertile non ciliée 2
2 Gaînes anguleuses-tétragones, rudes de bas en haut; ligules non appendiculées; 2 fleurs fertiles. . . . . . *M. nutans*.
 Gaînes faiblement anguleuses, lisses; ligules appendiculées du côté opposé au limbe; une seule fleur fertile . *M. uniflora*.

1. M. ciliata L.; Lorey, 979. — ♃. — Mai-juin. —
A. C.—Rochers, carrières.—Plombières (*Lorey*); St-Remy!,
Blaisy-Bas!, Mâlain !, Beaune !, Semur !, etc.

La plante de la Côte-d'Or est la variété *Nebrodensis* (*M. Nebrodensis* Parl.), dont les tiges sont nombreuses et les feuilles glaucescentes, enroulées au sommet et un peu pliées pour le reste du limbe. Par la dessiccation les feuilles s'enroulent sur toute leur longueur.

2. M. nutans L. — *M. montana* Huds.; Lorey, 979. —
♃. — Mai-juin. — A. C. — Bois. — St-Remy !, Asnières-en-Montagne !, Laignes !, Boudreville !, Essarois !, Aignay-le-Duc !, Val-Suzon !, Chevigny-St-Sauveur !, Bouilland !, etc.

3. M. uniflora Retz; Lorey, 978. — ♃. — Mai-juin. —
C C. — Bois.

Les pseudorrhizes des *Melica* exhalent par le froissement une odeur qui rappelle celle du *Primula officinalis*. — L'inflexion des fleurs ne suit aucune loi.

33. MOLINIA *Mœnch*.

1. M. cærulea Mœnch. — *Festuca cærulea* DC.; Lorey, 1000. — ♃. — Juill-sept. — A. C. — Prés et bois marécageux. — Dans toute la Plaine, Neuilly, Genlis (*Lorey*); Larrey-lez-Poinçon !, Val-des-Choues !, Gevrey !, Tailly !, Seurre!, Saulieu !, etc.

Pseudorrhizes assez robustes, flexueuses, raides. — Base des tiges persistant sous forme de chicots un peu renflés, vivants mais inertes, entourés de filaments grisâtres. — Hauteur des tiges varie de 30 centim. à 1 mètre 20 centim. — Inflorescence parfois très appauvrie et à épillets subuniflores.

34. CATABROSA *P. B.*

1. C. aquatica P. B. — *Poa airoides* Kœl.; Lorey,

1010. — ♃. — Juin-juill. — A. C. — Bords des eaux. — Sombernon (*Lorey*);| St-Remy !, Rougemont !, etc.

35. GLYCERIA *R. Br*.

Rhizome robuste, formé par des drageons radicants presque exclusivement aux nœuds de leurs mérithalles supérieurs; écailles des drageons promptement décomposées en longs filaments blanchâtres; pseudorrhizes fortement filiformes. . . . . *G. aquatica.*
Rhizome assez grêle, formé par la partie caulinaire inférieure radicante à tous ses nœuds; pseudorrhizes filiformes-capillaires . . . . *G. fluitans.*

Tiges dressées; feuilles grandes, lancéolées-linéaires, rudes à la face inférieure. . . . . *G. aquatica.*
Tiges plus ou moins couchées-ascendantes; feuilles linéaires, lisses à la face inférieure. . . . . *G. fluitans.*

1. G. fluitans R. Br. — ♃. — Juin-août.

Var. α. *fluitans* (*G. fluitans* Fries. — *Poa fluitans* DC.; Lorey, 1011). — Tiges longuement couchées-ascendantes; rameaux inférieurs géminés, l'un d'eux réduit à un pédicelle; glumelle inférieure aiguë. — CCC. — Bords des eaux.

Var. β. *plicata* (*G. plicata* Fries). — Tiges brièvement couchées-ascendantes; rameaux inférieurs semi-verticillés; glumelle inférieure à sommet obtus-érodé. — A. C. — Vases, attérissements. — St-Remy !, fontaine de Vadenay à Lucenay !, etc. — On trouve des sujets qui ont la glumelle inférieure obtuse, avec les rameaux géminés, c'est-à-dire qui se rapportent à la fois aux deux variétés. — Le *G. plicata* croissant dans l'eau et le *G. fluitans* cultivé en pleine terre conservent réciproquement leurs caractères.

La face supérieure des feuilles nageantes ne se mouille pas à l'immersion et paraît glauque sous l'eau. — La glumelle supérieure est plus longue, aussi longue, ou plus courte que l'inférieure.

2. G. aquatica Whlbg. — *Poa aquatica* L.; Lorey,

1008. — ♃. — Juill.-août. — C. — Bords des eaux, canal de Bourgogne.

36. BRIZA L.

1. B. media L.; Lorey, 1012. — ♃. — Mai-juin. — C. — Prés, bois.

Le *B. minor* de Lorey (p. 1012) ne doit être qu'un *B. media* des lieux arides, à inflorescence incomplètement dégagée de sa gaîne, et à épillets plus petits et verdâtres.

37. ERAGROSTIS *P. B.*

1. E. vulgaris Coss. et Germ. — *Poa megastachya* Kœl.; Lorey, 1009. — ☉. — Juill.-sept. — R. — Cultures. — Auxonne!, Seurre (*Lorey*); Pouilly-s-Saône!.

Epillets oblongs-linéaires, à glumelle inférieure ordinairement émarginée-mucronulée au sommet (var. *megastachya*); ou épillets linéaires, à glumelle inférieure ordinairement obtuse (var. *microstachya*). On rencontre des individus à inflorescence très appauvrie, avec épillets ovoïdes pauciflores.

L'*E. pilosa* P. B. (*Poa pilosa* L.) a été indiqué par Fleurot (Duret, *Opusc. manusc.*) entre St-Jean-de-Losne et Seurre. D'après M. Bonnet cette espèce figure dans l'herbier Lorey, comme provenant de la Côte-d'Or. Toujours est-il qu'elle n'a plus été revue dans le département.

38. POA *L.*

1 Plante annuelle ou bisannuelle . . . . *P. annua.*
   Plantes vivaces 2
2 Des drageons 3
   Point de drageons 4
3 Drageons cylindracés. . . . . *P. pratensis.*
   Drageons plus ou moins comprimés. . . . . . *P. compressa.*
4 Rosettes radicales bulbiformes par l'épaississement des gaînes
   des feuilles intérieures. . . . . *P. bulbosa.*
   Point de rosettes radicales bulbiformes 5

5 Souche lâchement cespiteuse, non couronnée par de nombreuses gaines radicales desséchées . . P. *trivialis*, P. *nemoralis*.
Souche densément cespiteuse, couronnée par de nombreuses gaines radicales desséchées 6
6 Gaines comprimées, les plus vieilles détruites en leur partie supérieure . . . . P. *Alpina*
Gaines très fortement comprimées-ancipitées, toutes restant entières. P. *Sudetica*.

1 Tiges fortement comprimées 2
Tiges cylindriques ou presque cylindriques. 3
2 Feuilles linéaires-lancéolées, rudes aux bords et sur la carène. . . . . P. *Sudetica*.
Feuilles étroitement linéaires, lisses. . . . . . P. *compressa*.
3 Rameaux de la panicule géminés ou solitaires aux nœuds inférieurs. 4
Rameaux de la panicule ternés ou quinés aux nœuds inférieurs 6
4 Tiges légèrement comprimées ; panicule à rameaux étalés après floraison ; glume inférieure uninervée. . . . . . P. *annua*.
Tiges cylindriques ; panicule à rameaux contractés après floraison ; glume inférieure trinervée. 5
5 Feuilles radicales étroitement linéaires-aiguës ; panicule très souvent vivipare en totalité ou en partie . . . P. *bulbosa*.
Feuilles radicales linéaires, brusquement contractées-mucronées ; point de fleurs vivipares . . . . P. *Alpina*.
6 Ligule oblongue-ovale. . . . . P. *trivialis*.
Ligule courte, tronquée. 7
7 Gaîne supérieure plus courte que le limbe de la feuille ; fleurs à tomentum laineux peu abondant . . . . . P. *nemoralis*.
Gaîne supérieure plus longue que le limbe de la feuille ; fleurs à tomentum laineux abondant. . . . . P. *pratensis*.

1. P. annua L.; Lorey, 1007. — ⊙ ou ⊙. — Mars-oct. — CCC. — Sables, cultures, bords des chemins.

2. P. bulbosa L.; Lorey, 1004. — ♃. — Avril-mai. — C. — Pelouses sèches, rochers.

Les renflements charnus n'existent qu'aux 2-3 gaînes les plus intérieures des rosettes radicales foliacées et ils se résorbent quand le bourgeon devient florifère. Ces renflements diffèrent complètement de ceux qui constituent la base des tiges des *Phleum nodosum* et des *Arrhenatherum bulbosum*, puisque, chez ces dernières plantes, c'est l'axe lui-même qui se renfle en ses mérithalles les plus inférieurs. Il est donc doublement inexact de dire avec les Flores que les tiges du *Poa bulbosa* sont renflées à leur base, puisque l'épaississement n'appartient qu'aux gaînes des rosettes et qu'il disparaît précisément au moment de l'évolution de la tige. Après floraison le bourgeon florifère périt, mais il est accosté d'un à plusieurs bourgeons de remplacement à gaînes charnues.

3. P. Alpina L.; Lorey, 1007. — ♃. — Juin-juill. — A. R. — Bois et pelouses de la Côte. — Gevrey ! (*Lorey*); Lantenay !, Nuits !, Savigny-s-Beaune !, chaumes d'Auvenet !, Santenay !, Nolay !.

La plante de la Côte-d'Or est la variété *brevifolia* (P. brevifolia DC.), qui diffère du type par des feuilles courtes et raides et par l'absence constante de fleurs vivipares.

4. P. Sudetica Hæncke; Lorey, 1008. — ♃. — Juin-juill. — R R. — Bois argileux. — Culètre (*Lorey*); Châteauneuf !, abonde dans les bois entre Vellerot et Arnay-le-Duc !.

5. P. compressa L.; Lorey, 1003. — ♃. — Juin-juill. — C. — Pelouses arides, bords des chemins, vieux murs.

6. P. pratensis L.; Lorey, 1005. — ♃. — Mai-juin. — C. — Prairies.

La variété *angustifolia* a les feuilles radicales très étroites, enroulées et les conserve telles après plusieurs années de culture au jardin.

Gaînes comprimées-ancipitées; tiges cylindriques.

7. P. trivialis L.; Lorey, 1004. — ♃. — Mai-juill. — C. — Bois, prés.

Var. β. *serotina* (*P. serotina* Ehrh.). — Se distingue du *P. trivialis* par sa ligule plutôt ovale qu'oblongue, et par sa glumelle inférieure obscurément nervée. — A. R. — Lieux humides. — Labergement-lez-Seurre (*Berthiot*); Buffon!, Orgeux!.

8. P. nemoralis L.; Lorey, 1005. — ♃. — Mai-juill. — C. — Bois, prés, pelouses.

Var. α. *nemoralis*. — Plante assez grêle; épillets 2-3 flores. — Parfois les nœuds caulinaires sont munis de filaments blanchâtres agglomérés en paquets subglobuleux. Ces filaments ne sont pas des racines adventives, mais appartiennent à une gale produite par la piqûre de quelque insecte.

Var. β. *firmula*. — Plante moins grêle; épillets 2-5 flores.

39. DACTYLIS *L.*

1. D. glomerata L.; Lorey, 1002. — ♃. — Mai-juill. — C C. — Prairies, cultures, bords des chemins.

40. BROMUS *L.*

1 Plantes ♃; glumelle supérieure pubescente. 2
  Plantes ⊙ ou ⊙; glumelle supérieure ciliée. 3
2 Souche vivant un grand nombre d'années, munie de très nombreuses gaînes desséchées; feuilles étroites, ordinairement pliées-enroulées; panicule dressée. . . . . . . *B. erectus*.
  Souche ne vivant guère que 3-4 ans, munie d'un petit nombre de gaînes desséchées; feuilles largement linéaires, planes; panicule penchée. . . . . *B. asper*.
3 Epillets élargis au sommet; arête des fleurs latérales dépassant ou égalant celle des fleurs terminales. 4
  Epillets rétrécis au sommet; arête des fleurs latérales plus courte que celle des fleurs terminales 5
4 Panicule ample, à rameaux étalés; pédicelles glabres, scabres; épillets glabres, à fleurs supérieures fertiles . . *B. sterilis!*
  Panicule assez étroite, penchée; pédicelles lisses, pubescents; épillets pubescents, à fleurs supérieures le plus souvent stériles. . . . . *B. tectorum*.

5 Ligule ovale; rameaux de la panicule réduits à des pédoncules; arêtes divariquées à la maturité . . . *B. squarrosus.*
Ligule plus ou moins courte, tronquée; panicule plus ou moins rameuse; arêtes jamais divariquées 6
6 Panicule à rameaux courts portant de 1 à 3 épillets. *B. mollis.*
Panicule à rameaux allongés portant jusqu'à 8 épillets . . . 7
7 Epillets lancéolés-étroits, à fleurs contiguës. . . *B. arvensis.*
Epillets ovoïdes-oblongs, à fleurs non contiguës. *B. secalinus.*

1. B. sterilis L.; Lorey, 993. — ⊙. — Mai-juin. — CCC. — Prairies artificielles, vieux murs, friches, bords des chemins.

2. B. tectorum L.; Lorey, 994. — ⊙ ou ⊙. — Juin-août. — A.C. — Chemins, friches, coteaux arides, crassiers des forges. — Rougemont !, Ste-Colombe !, Boudreville !, Tarsul !, Velars !, Val-Suzon !, Arnay-le-Duc !, Le Maupas !, etc.

Certains échantillons sont d'une détermination difficile, car ils ont l'inflorescence du *B. tectorum* avec les épillets et pédicelles glabres et scabres du *B. sterilis,* et parfois les pédicelles sont pubérulents-scabriuscules ou bien des pédicelles pubescents portent des épillets glabres.

3. B. arvensis L.; Lorey, 991. — ⊙ ou ⊙. — Mai-août. — C. — Moissons, cultures.

4. B. mollis L. emend. — ⊙. — Juin-juill. —

Var. α. *mollis* (*B. mollis* L.; Lorey, 990). — Epillets pubescents; glumelle inférieure fortement nervée. — CC. — Prés, moissons, bords des chemins.

Var. β. *racemosus* (*B. racemosus* L. — *B. pratensis* Ehrh.; Lorey, 992). — Epillets glabres; glumelle inférieure faiblement nervée. — CC. — Prés humides, cultures, bords des chemins. — Mais il n'est pas rare de rencontrer des épillets glabres à glumelles fortement nervées, ou au contraire des glumelles faiblement nervées avec des épillets pubescents.

5. B. squarrosus L. ; Lorey, 990. — ☉. — Mai-juin.
— A. R. — Dijon ! (*Lombard*); Beaune (*G. G.*); Mâlain !, Velars !, Nuits !, Blagny !, Santenay !.

6. B. secalinus L.; Lorey, 989. — ☉ ou ☉. — Mai-août. — A. C. — Moissons, cultures. — Montbard !, Pouillenay !, Auxonne !, Seurre !, Arnay-le-Duc !, Saulieu !, etc.

7. B. erectus Huds. ; Lorey, 991. — ♃. — Mai-juin. — C. — Coteaux incultes, bois.

Gaînes des feuilles velues ou glabres. — Des échantillons ont les épillets pubescents avec les gaînes glabres.

Les bourgeons de remplacement du *B. erectus* sont 3-4 ans avant de monter à fleurs et par suite ils sont munis d'une épaisse enveloppe de gaînes desséchées qui manque chez le *B. asper*, où ils fleurissent dès leur seconde année. La souche du *B. asper* reste simple, tandis que celle du *B. erectus*, à cause de sa longue durée, s'allonge, devient oblique et a le temps de se scinder en plusieurs souches, rendues indépendantes les unes des autres par destruction de leurs parties postérieures.

8. B. asper Murr.; Lorey, 992. — ♃. — Juin-juill. — C. — Coteaux incultes, bois.

Panicule à rameaux inférieurs ordinairement géminés, parfois ternés-semi-verticillés.

41. FESTUCA *L.*

1 Plantes bisannuelles ou annuelles 2
  Plantes vivaces. 5
2 Epillets sessiles ou subsessiles, disposés ordinairement en épi ou en grappe spiciforme. 3
  Epillets brièvement pédicellés, disposés ordinairement en panicule 4
3 Nœuds caulinaires brun-verdâtre; épillets unilatéraux ; fleurs aristées. *F. tenuiflora.*
  Nœuds caulinaires noirâtres; épillets distiques, ovales-oblongs; fleurs mutiques . . . . *F. Poa.*

4 Panicule étalée, flexueuse ; pédicelles renflés de la base au sommet ; fleurs longuement aristées . . . . . *F. Myuros.*
Panicule dressée, raide ; pédicelles épais, subtriquètres ; fleurs mutiques . . . . *F. rigida.*
5 Feuilles planes. 6
Feuilles pliées-enroulées, au moins les radicales 9
6 Une grappe spiciforme simple, accidentellement rameuse aux nœuds inférieurs ; rachis profondément excavé ; épillets sub-sessiles ou sessiles. . . . . *F. loliacea.*
Une panicule à rachis non excavé ; épillets pédicellés 7
7 Feuilles lancéolées-linéaires ; arête plus longue que la glumelle. . . . . *F. gigantea.*
Feuilles linéaires ; arête nulle ou plus courte que la glumelle. 8
8 Des drageons ; panicule à rameaux géminés et peu inégaux, portant chacun plusieurs épillets. . . . . *F. arundinacea.*
Point de drageons ; panicule à rameaux géminés et très inégaux, le plus court ne portant qu'un seul épillet . . . . .
. . . . *F. pratensis.*
9 Feuilles toutes enroulées ou pliées . . . . *F. ovina.*
Feuilles caulinaires planes ou presque planes, plus larges que les radicales. 10
10 Des drageons ; feuilles caulinaires presque planes. *F. rubra.*
Point de drageons ; feuilles caulinaires planes . . . . . .
. . . . *F. heterophylla.*

1. **F. Myuros** L. — ☉. — Mai-juill. — Chemins, friches, rochers.

Var. α. *Myuros* (*F. Myuros* DC.; Lorey, 995). — Panicule plus ou moins éloignée de la gaîne de la feuille supérieure, ou souvent même incomplètement exserte ; glume inférieure égalant environ un tiers de la longueur de la supérieure. — C.

Var. β. *sciuroides* (*F. sciuroides* Roth ; Lorey, 995). — Panicule plus ou moins éloignée de la gaîne de la feuille supérieure ; glume inférieure égalant environ moitié, rarement les trois quarts (friches de Soissons !) de la longueur de la supérieure. — A. R. — Velars (*Morizot*); Arnay-le-Duc !, Saulieu !, Laroche-en-Brenil !, Semur !.

Dans la même panicule la longueur de la glume inférieure diffère parfois, suivant les épillets, du simple au double, c'est-à-dire se rapporte aux deux variétés.

Le *F. bromoides* L. (*F. uniglumis* Soland.), indiqué à Semur, est très problématique pour le département.

2. F. tenuiflora Schrad. — *Triticum Nardus* DC.; Lorey, 1020. — ⊙. — Mai-juill. — C. — Bords des chemins, pelouses arides, rochers.

La variété mutique (*F. unilateralis* Schrad.) ne s'est pas jusqu'alors offerte dans le département.

3. F. rigida Kunth. — *Poa rigida* L.; Lorey, 1009. — ⊙. — Mai-juill. — A. R. — Rochers, chemins, lieux arides. — Auxey, Saulieu, Semur (*Lorey*); St-Remy!, chaumes d'Auvenet!, Beaune!.

4. F. Poa Kunth. — *Triticum Poa* DC.; Lorey, 1020. — ⊙. — Mai-juill. — A. C. — Coteaux arides siliceux. — Semur! (*Lorey*); Liernais!, Saulieu!, Laroche-en-Brenil, friches du pont de Montberthault!.

Les sujets vigoureux ont assez souvent l'épi rameux en sa partie inférieure (*Triticum Festuca* DC.).

5. F. gigantea Vill. — *Bromus giganteus* L.; Lorey, 993. — ⚥. — Juill.-août. — A. C. — Bois. — St-Remy!, Flammerans!, Vauchignon!, Semur!, etc.

Dans les taillis touffus l'inflorescence est souvent appauvrie (*Bromus triflorus* L.).

6. F. pratensis Huds. — *F. elatior* DC.; Lorey, 999. — ⚥. — Mai-juill. — C. — Prés.

7. F. loliacea Huds. — ⚥. — Mai-juin. — R R R. — Prés humides. — Chevigny-lez-Semur!.

Presque toujours stérile et parfois tenu pour hybride des *F. pratensis* et *Lolium perenne*. — Sous l'influence de la culture la grappe cesse d'être spiciforme, car il s'y développe aux 2-4 nœuds inférieurs un rameau plus ou moins allongé et muni de 2-8 épillets.

8. F. arundinacea Schreb.; Lorey, 999. — ♃. — Juin-juill. — C. — Bois humides, prairies aquatiques, bords des fossés.

Quelques échantillons ont une courte arête exserte, insérée sous le sommet de la glumelle inférieure.

9. F. rubra L.; Lorey, 997. — ♃. — Mai-juin. — C. — Pelouses des bois, prés secs.

Diffère de sa congénère, également drageonnante, le *F. arundinacea*, par des drageons moins robustes, plus abondants et beaucoup plus allongés, par ses pseudorrhizes capillaires, brunes, non fortement filiformes ni grisâtres.

Inflorescence ordinairement très glauque ; épillets glabres ou velus.

10 F. heterophylla Lınk; Lorey, 997. — ♃. — Juin-juill. — A. C. — Bois, surtout des sols argilo-siliceux. — Montbard !, Panges !, Saulon !, Savigny-s-Beaune !, chaumes d'Auvenet !, Saulieu !, Genay !, Chevigny-lez-Semur !, etc.

11. F. ovina L. emend. — ♃. — Mai-juill. — Rochers, pelouses, prés, bois.

Var. α. *ovina* (*F. ovina* L.; Lorey, 998). — Feuilles droites, enroulées-filiformes, scabres ; fleurs très brièvement aristées — R R. — Arnay-le-Duc !. — Assez fréquent au contraire avec des fleurs mutiques (*F. tenuifolia* Sibth.; Lorey, 998). — Val-des-Choues !, Vielverge !, Citeaux !, Menessaire !, Semur !, Montberthault !, etc.

Var. β. *duriuscula* (*F. duriuscula* L.; Lorey, 996). — Feuilles courbées, pliées-carénées, un peu épaisses, lisses ; fleurs ordinairement aristées. — CC. — A parfois les feuilles glauques (*F. glauca* Schrad.; Lorey, 996), et la glaucescence existe aussi pour la face qui est pliée, et qui par conséquent échappe à l'action du soleil. Au surplus, les feuilles restent glauques même au sein d'herbe épaisses ; mais, dans une telle station, elles ne sont plus que très lâchement pliées.

Feuilles et épillets le plus souvent glabres, plus rarement pubescents-velus.

42. BRACHYPODIUM *P. B.*

Des drageons allongés-rameux . . . . *B. pinnatum.*
Point de drageons . . . . *B. sylvaticum.*
Feuilles tordues vers le sommet; arête des fleurs plus courte
 que la glumelle . . . . *B. pinnatum.*
Feuilles tordues vers la base; arête des fleurs supérieures plus
 longue que la glumelle . . . . *B. sylvaticum.*

1. B. sylvaticum Rœm. et Schult. — *Triticum sylvaticum* DC.; Lorey, 1019. — ♃. — Juin-août. — C. — Bois, friches.

2. B. pinnatum P. B. — *Triticum pinnatum* DC.; Lorey, 1018. — ♃. — Juin-août. — C. — Prés secs, coteaux incultes, bois.

Epillets glabres ou pubescents, contigus ou distants, solitaires, rarement géminés, parfois courbés, à concavité tantôt supérieure, tantôt inférieure. Enfin quelques individus ont l'épi rameux, et d'autres reproduisent la forme *cristatum* du *Lolium perenne.*

A la fois drageonnant et cespiteux comme tant de *Graminées* et *Cypéracées.*

Le *B. distachyon* P. B. (*Triticum ciliatum* DC.; Lorey, 1019) n'a pu être retrouvé sur les rochers qui bordent l'ancien étang de Tournesac à Laroche-en-Brenil.

43. LOLIUM *L.*

Plante ☉; glume atteignant ou dépassant la longueur de l'épillet; fleurs renflées à la maturité . . . . *L. temulentum.*
Plante ♃; glume atteignant à peine moitié ou trois quarts de la longueur de l'épillet; fleurs non renflées à la maturité .
. . . . *L. perenne.*

1. L. perenne L. — ♃.

Var. α. *perenne* (*L. perenne* L.; Lorey, 1022). — Glume atteignant trois quarts de l'épillet; fleurs 3-10, rarement subaristées. — C. — Mai-sept. — Bords des chemins, prairies, moissons, friches.

Var. β. *multiflorum* (*L. multiflorum* Lmk; Lorey, 1023). — Glume n'atteignant que moitié de la longueur de l'épillet; fleurs 10-20, aristées, au moins les supérieures. — A. C. — Juin-août. — Prairies humides, moissons.

Le *L. tenue* L. (Lorey, p. 1022) n'est qu'une forme grêle du *L. perenne*. — Le *L. cristatum* Pers. correspond à une tératologie assez fréquente, produite non par une ramification, mais bien par un raccourcissement de l'axe floral. Les épillets sont alors forcés de s'imbriquer et de s'étaler, et l'épi devient ovale-lancéolé. — Une autre tératologie consiste dans la gémination-ternation des épillets en la moitié inférieure de l'épi, qui est en outre parfois rameuse.

2. L. temulentum L.; Lorey, 1023. — ☉. — Juin-juill. — Moissons, cultures.

Var. α. *temulentum*. — Glume égalant l'épillet; fleurs toutes aristées. — A. R. — Poinçon-lez-Larrey!, Citeaux!, Genay!.

Var. β. *speciosum* (*L. speciosum* Koch). — Glume dépassant ordinairement l'épillet; fleurs toutes mutiques, ou les supérieures seules aristées. — A. C. — St-Remy!, Châtillon!, Broindon!, etc.

44. HORDEUM *L.*

1 Plante ☉ ou ☉ ; glume extérieure des épillets latéraux sétacée, l'intérieure linéaire-lancéolée. . . . . . *H. murinum*.
  Plantes ♃ ; glumes toutes conformes. 2
2 Glumes sétacées ; épillets latéraux mâles ou neutres. . . . .
. . . . *H. secalinum*.
  Glumes linéaires ; épillets tous hermaphrodites . . . .
. . . . *H. Europæum*.

1. H. murinum L.; Lorey, 1026. — ☉ ou ☉. — Mai-juill. — CC. — Rues, bords des chemins.

2. H. secalinum Schreb.; Lorey, 1027. — ♃. — Juin-juill. — C. — Prés humides.

3. H. Europæum All. — *Elymus Europæus* L.; Lorey, 1024. — ♃. — Juin-juill. — C. — Bois couverts.

On cultive en grand l'*H. vulgare* L. et le *Secale cereale* L. — L'*Hordeum hexastichum* L. est moins répandu.

45. TRITICUM *L.*

Des drageons . . . . *T. repens.*
Point de drageons. . . . . *T. caninum.*

Feuilles rudes à la face supérieure; fleurs point ou brièvement aristées. . . . . *T. repens.*
Feuilles rudes aux deux faces; fleurs longuement aristées. . . . . *T. caninum.*

1. T. repens L.; Lorey, 1017. — ♃. — Juin-sept. — C C. — Cultures, moissons, friches.

Parfois glauque, encore que croissant au milieu d'individus verts. — Le rhizome du *T. repens* est sympodique à chaque tige ou à chaque rosette de feuilles, bien qu'il ait été parfois décrit comme indéterminé.

2. T. caninum Schreb.; Lorey, 1017. — ♃. — Juin-août. — C. — Berges des rivières, bois.

Le *T. turgidum* L. et surtout le *T. sativum* Lmk sont cultivés en grand. Les épillets du *T. sativum* sont glabres ou velus, mutiques, mucronés ou aristés.

Pour résumer en quelques mots les différences du système souterrain des *Graminées* et des *Cypéracées*, on peut dire que les *Graminées* ont la germination très prompte, le rhizome et les drageons blanc-nacré, radicants seulement aux nœuds, et possédant sous une écorce mince un cylindre central largement fistuleux. Les *Cypéracées*, au contraire, exigent la stratification pour la germination de leurs graines; leur rhizome et leurs drageons sont blanc-mat, radicants le plus souvent aux points-les plus divers des mérithalles; puis le cylindre central est ligneux, plein et entouré d'une épaisse couche parenchymateuse très vite résorbée. — La résorption de la moelle des drageons, ordinairement si prompte pour la très grande majorité des *Graminées*, est assez lente chez le *Cynodon Dactylon*, et, comme le conduit médullaire a très peu de largeur, le rhizome est à peine fistuleux, assez robuste et difficile à rompre. Les drageons restent même pleins chez le *Baldingera arundinacea* et de plus sont radicants non seulement aux nœuds, mais encore aux points les plus divers des mérithalles, ce qui est chez les *Graminées* une très remarquable exception ; enfin le *Calamagrostis Epigeios* se distingue dans la famille par des drageons munis d'une écorce épaisse qui se résorbe dès les premiers mois et qui laisse à nu un cylindre central ligneux, plein et mortifié dans toutes les parties en arrière du centre vital le plus récent. Ces drageons rappellent sous plusieurs rapports ceux de quelques *Carex* aquatiques.

Certaines *Graminées* ont des tiges foliifères stériles (*Baldingera arundinacea, Phragmites communis, Poa nemoralis,* etc.), ou encore de fausses tiges formées par les gaînes allongées des rosettes radicales (*Triticum repens, Calamagrostis Epigeios, C. lanceolata*). Dans les deux cas les feuilles supérieures sont, comme chez les *Cypéracées*, de plus en plus étroites et souvent même filiformes-sétacées. — Le *Cynodon Dactylon* et le *Calamagrostis Epigeios* ont les tiges beaucoup moins largement fistuleuses que celles de la grande majorité des *Graminées*. Les tiges du *Baldingera arundinacea* sont souvent rameuses et le bourgeon axillaire se fraye passage en perçant la gaîne. Chez les *Digitaria filiformis* et *sanguinalis* les rameaux ne percent pas la gaîne, mais montent sortir à son sommet. La ramification est au reste rare chez les *Graminées* et *Cypéracées* à cause de l'obstacle que la gaîne apporte à l'évolution de bourgeons axillaires, et même la truncature du sommet de la tige est le plus souvent impuissante à la provoquer. — Le redressement des tiges étalées-ascendantes résulte de l'allongement de la face inférieure d'un nœud, ce qui cause un coude qui relève la tige. Bien qu'adultes et ayant accompli toute leur croissance normale, les nœuds jouissent ainsi du privilège d'un allongement ultérieur, quand il s'agit de remédier à l'étalement des tiges. Chez la grande majorité des plantes, aussi bien ligneuses (*Peupliers, Pin, Genévrier*, etc.) qu'herbacées, le redressement se fait au contraire par une courbure qui comprend une certaine étendue de la tige et par conséquent plusieurs mérithalles entiers.

Un assez grand nombre de *Graminées* font exception dans la famille par leurs gaînes foliaires plus ou moins tubuleuses et non fendues jusqu'à la base (*Sesleria, Melica, Dactylis, Briza, Avena pubescens, Poa, Bromus, Glyceria fluitans, Gaudinia fragilis*, etc.). Les gaînes des feuilles primordiales sont tubuleuses (Clauson), même chez les espèces dont les feuilles suivantes auront les gaînes fendues.

La torsion ou version transverso-longitudinale de la feuille est un phénomène normal chez la grande majorité des *Graminées*. Pour quelques espèces (*Milium effusum, Bachypodium sylvaticum*), elle se borne à un demi tour de spire, c. à. d. au retournement du limbe qui présente alors au ciel sa face inférieure. La torsion se dirige à droite (*Holcus lanatus*), ou à gauche (*Triticum repens*), ou indifféremment à droite ou à gauche (*Deschampsia cæspitosa, Brachypodium pinnatum*). Quelques espèces, comme *Glyceria fluitans, G. aquatica, Sesleria cærulea, Phragmites communis, Setaria verticillata*, échappent à toute version. — La torsion me semble résulter d'une inégalité dans les tensions respectives des deux côtés du limbe. A quoi attribuer ce défaut d'équilibre ? A la vernation convolutée qui établirait une inégalité d'accroissement dans les moitiés du limbe ? Il est vrai que la torsion fait défaut si la vernation est plane (*Glyceria aquatica*), ou condupliquée (*Sesleria cærulea, Glyceria fluitans, Cypéracées*) ; vrai encore que le

Triticum sativum tord ordinairement sa feuille à gauche, c. à. d. sur la moitié enveloppée durant la vernation. Mais on peut objecter que la torsion se fait aussi à gauche, quand pour quelques feuilles la moitié enveloppée se trouve par exception être la droite (*Triticum repens*); puis, chaque feuille d'*Avena sativa* subit double version, d'abord une supérieure à gauche, et ensuite une inférieure à droite. On ne saurait non plus avoir recours aux influences atmosphériques, car des feuilles contiguës et contemporaines gardent leur version réciproque, c'est-à-dire qu'elles se contournent les unes à droite (*Trisetum flavescens*) et les autres à gauche (*Hordeum sativum*); enfin la version reste la même chez les sujets d'une même espèce (*Triticum sativum*), malgré les plus grandes différences d'âge et de station.

L'inflorescence est ordinairement régressive en son ensemble, c'est-à-dire que la floraison descend du sommet à la base des panicules et des épis ; mais elle est progressive en ses détails, car dans les épillets pluriflores l'épanouissement débute par la fleur de la base pour finir par celles du sommet. Il faut noter cependant que, dans les épis des *Secale cereale*, *Triticum sativum*, *T. repens*, l'épanouissement débute dans la région moyenne de l'épi, puis s'avance simultanément vers les 2 extrémités. — Les stigmates se montrent avant les étamines, et le sexe femelle est, comme chez les *Carex*, plus précoce que le mâle. — Les épis, dits simples, des *Triticées* sont en réalité composés, puisque chaque épillet est assimilable à un très petit rameau florifère.

Les mérithalles du rachis de l'inflorescence de quelques espèces sont creusés d'un ou de plusieurs sillons au-dessus des nœuds (*Festuca pratensis*, *F. gigantea*, *F. arundinacea*, *Holcus lanatus*, etc.). Quand les épillets sont sessiles, le sillon devient une véritable excavation, qui a dû loger non plus un pédicelle ou un rameau, mais bien l'épillet lui-même (*Lolium*, *Triticum*, *Festuca loliacea*, etc.).

Plusieurs *Graminées*, qui ont les rameaux inférieurs de la panicule géminés, peuvent les avoir accidentellement solitaires (*Festuca pratensis, F. rubra*, etc.). Comme les rameaux géminés sont très inégaux, on peut regarder le petit comme le premier ramuscule d'un rameau unique, rameau n'émergeant qu'au point d'insertion de ce premier ramuscule. La gémination doit donc cesser quand une végétation vigoureuse emporte la base du rameau et avec elle le ramuscule au delà de leur point normal d'émergence. L'explication est la même pour le *Glyceria plicata*, quand les rameaux inférieurs de sa panicule sont solitaires et non plus semi-verticillés.

Les pédicelles et rameaux des panicules sont dressés-contractés avant l'anthèse, étalés pendant, redressés-contractés après, chez un très grand nombre de *Graminées*, comme *Anthoxanthum odoratum, Calamagrostis lanceolata, Arrhenatherum elatius, Festuca duriuscula, Bromus erectus*, etc. C'est qu'au moment de l'anthèse il se développe à la face interne de la base des rameaux une callosité blanchâtre. Par l'allongement et la courbure que cette callosité détermine en son point d'insertion, elle force le rameau à s'étaler ; mais elle n'agit point à la façon d'un coin interposé au rameau et au rachis, car le plus souvent elle n'est pas contiguë à ce dernier. La courbure n'existe qu'au point correspondant à la callosité ; le surplus du rameau reste droit. Après floraison la callosité perd sa turgescence et s'atrophie, et le rameau, se relevant, revient à la direction qu'il avait avant le développement de la callosité. Le *Milium effusum* cependant fait exception, car les rameaux de sa panicule restent étalés après l'anthèse, malgré l'effacement de leur volumineuse callosité.

La vestiture et l'aristation des fleurs sont des caractères très variables et peu importants. Aussi beaucoup d'espèces offrent-elles, chacune, soit des variétés glabres et velues (*Bro-

mus erectus, B. mollis, Anthoxanthum odoratum, Brachypodium pinnatum, Festuca rubra, F. duriuscula, etc.), soit des variétés aristées et mutiques (*Deschampsia media, Festuca ovina, F. arundinacea, Triticum repens, T. sativum, Lolium perenne, L. temulentum,* etc.). Enfin quand l'arête existe, elle est souvent d'une insertion et d'une longueur très variables (*Phleum, Alopecurus, Agrostis, Deschampsia,* etc.).

Sous l'influence de la sécheresse, les arêtes de certaines *Graminées* sont plus ou moins genouillées vers leur partie moyenne, et en outre elles se tordent à droite dans leur partie inférieure, c'est-à-dire dans la partie comprise entre l'insertion de l'arête et son coude (*Avena fatua, A. sativa, A. Orientalis, A. pratensis, A. pubescens, Trisetum flavescens, Arrhenatherum elatius, Andropogon Ischæmum, Stipa pinnata, Gaudinia fragilis,* etc.). La spire a ses tours rapprochés-déprimés surtout chez les *Avena fatua, Trisetum flavescens, Arrhenatherum elatius* et *Andropogon Ischæmum*. La torsion est peu prononcée et exige un grand degré de dessiccation pour les arêtes des *Alopecurus utriculatus, pratensis* et *agrestis*. Enfin la moitié supérieure de l'arête, fortement desséchée, des *Andropogon Ischæmum, Avena fatua* et *pratensis* offre, à partir du coude, 1-2 tours de spire dirigée à gauche, c'est-à-dire en sens inverse de la spire inférieure. — Pour la plupart des arêtes droites des *Graminées*, elles sont rebelles à toute torsion (*Apera Spica-venti, Setaria viridis, S. verticillata, S. glauca, Bromus secalinus, B. sterilis,* etc.). A peine quelques-unes, par une grande sécheresse, présentent-elles vers leur base un tour ou un demi-tour de spire tournant ou à gauche (*Oplismenus Crus-Galli*), ou le plus souvent à droite (*Bromus arvensis, B. mollis*). Les arêtes coudées ou tordues par la sécheresse deviennent droites ou se détordent à l'humidité.

A la maturité, les glumes et glumelles du *Melica Nebro-*

densis s'entr'ouvrent sous l'influence de la sécheresse, et les poils de la glumelle inférieure s'étalent de la façon la plus élégante. L'humidité les fait rentrer à l'intérieur des glumelles qui, ainsi que les glumes, se referment sur eux. Sont encore hygrométriques les glumes et glumelles des *Phragmites communis*, mais les poils des fleurs restent toujours exserts.

La couleur des épillets peut varier du jaunâtre au violet et au brun foncé chez les *Sesleria cærulea, Molinia cærulea, Poa Sudetica, Poa nemoralis, Agrostis alba, A. canina, Alopecurus agrestis, A. utriculatus*, etc.

Principales tératologies : partition d'une tige terminée par deux grappes (*Kœleria cristata*); partition d'une grappe spiciforme (*Phleum pratense*) ; soudure entre eux de certains rameaux semi-verticillés et par conséquent diminution du nombre de ces rameaux (*Festuca pratensis, Bromus erectus*); multiplication de rameaux floraux, verticillés au nombre de 18-20 aux nœuds inférieurs de l'inflorescence (*Bromus erectus*) ; ramification d'un épi, ou d'une grappe spiciforme (*Anthoxanthum odoratum, Festuca Poa, Brachypodium pinnatum, Lolium perenne*) ; accrescence notable des glumes et glumelles coïncidant avec la stérilité des fleurs (*Agrostis alba, Phleum pratense, Bromus erectus*); viviparité des fleurs (*Dactylis glomerata, Phleum Bœhmeri, Deschampsia cæspitosa*), qui est même normal pour la plupart des inflorescences du *Poa bulbosa*; enfin remplacement de l'ovaire par un ergot (*Arrhenatherum elatius, Sesleria cærulea, Glyceria fluitans*).

EMBRANCHEMENT II.

PLANTES CRYPTOGAMES OU ACOTYLÉDONÉES.

Division I. ACROGÈNES.

CVIII. FOUGÈRES (Juss.).

1. CETERACH *C. Bauh.*

1. C. officinarum C. Bauh.; Lorey, 1042. — ⚥. — *Fruct.* juin-sept. — A. C. — Vieux murs et rochers exposés au soleil. — Dans les rochers et murs de toute la Côte, Cîteaux (*Lorey*); Arnay-le-Duc (*Gillot*); château de Mâlain, chemin de Dijon à Courcelles (*Faculté des Sciences*); Buffon!, Montbard!, Fain-lez-Montbard!, Flavigny!, rochers de Baulme-la-Roche!, de Gevrey!, de Savigny-s-Beaune!, de Bouilland! et de Santenay!, Laroche-en-Brenil!, St-Andeux!, Quincy!, etc.

2. POLYPODIUM *L.*

1 Rhizome robuste, allongé, rameux, parsemé de petites tubérosités charnues, rapprochées, peu saillantes, aussi larges que longues, les unes ayant servi d'insertion à des frondes, les autres portant des bourgeons expectants-boudeurs; frondes se détachant par une articulation. . . . . *P. vulgare.*
Rhizome grêle, muni de nombreux drageons, parsemé de chicots pétiolaires espacés, cylindracés-oblongs; frondes non articulées à la base 2
2 Rhizome glabre et noir. . . . . *P. Dryopteris.*
Rhizome pubescent-tomenteux, fauve-brun. . *P. Phegopteris.*

1 Frondes 2-3 pinnatiséquées . . . . P. *Dryopteris.*
Frondes pinnatipartites ou pinnatiséquées 2
2 Frondes glabres, pinnatipartites, à segments presque entiers et distiques. . . . . P. *vulgare.*
Frondes-pubescentes-velues, pinnatiséquées, à segments pinnatifides et la plupart opposés. . . . . . . P. *Phegopteris.*

1. P. vulgare L.; Lorey, 1043. — ♃. — *Fruct.* mai-oct. — C. — Rochers et vieux murs exposés au nord ou ombragés.

La cassure du rhizome, d'abord blanche, devient bien vite jaunâtre.

2. P. Dryopteris L. — ♃. — *Fruct.* juin-oct.

Var. α. *Dryopteris* (P. *Dryopteris* Hoffm). — Feuilles molles, allongées, étalées, glabres. — R. — Broussailles et rochers humides et ombragés. — Saulieu! (*Lombard*); rochers du cours supérieur du Suzon!.

Var. β. *calcareum* (P. *calcareum* Sw.; Lorey, 1043.). — Rhizome moins grêle et plus ligneux; feuilles raides, assez courtes, dressées, pubescentes-glanduleuses. — A. C. — Pierrailles et éboulis des coteaux boisés. — Flavigny (*Lombard*); Gevrey (*Maillard*); St-Remy!, Mont-Afrique!, Lusigny!, Bouilland!, Nuits!, etc.

3. P. Phegopteris L. — ♃. — *Fruct.* juill-août. — RRR. — Bois, broussailles. — Saulieu aux Chemins-Blancs! (*Lombard*); Montbroin (*Boreau*).

3. PTERIS *L.*

1. P. aquilina L.; Lorey, 1054. — ♃. — *Fruct.* juin-sept. — CCC. — Friches et bois des sols granitiques et siliceux. — Se retrouve en quelques stations calcaires à affleurements siliceux comme à Flavigny (*Collenot*), Buffon!, Montbard!, Avot!, etc.

Frondes éparses sur un rhizome horizontal, rameux-drageonnant, beaucoup plus profondément (25-30^c) enterré que celui des autres *Fougères* du département; drageons très allongés à sommet tronqué. — Une coupe oblique transversale des chicots pétiolaires offre des lignes colorées, disposées en forme d'une aigle à deux têtes, et qui sont dues à des parties parenchymateuses fortement épaissies et durcies. — Frondes pouvant atteindre jusqu'à deux mètres de hauteur. — D'après M. Eug.. Fournier, les frondes de P. *aquilina* sont rarement fructifères.

4. BLECHNUM *L.*

1. B. spicant Roth ; Lorey, 1053. — ♃. — *Fruct.* juill. sept. — R. — Bois humides des sols granitiques. — Saulieu (*Lorey*) ; Eschamps!, St-Germain-de-Modéon!, St-Andeux!.

5. SCOLOPENDRIUM *L.*

1. S. officinale Sm.; Lorey, 1052. — ♃. — *Fruct.* juill.-oct. — C. — Rochers ombragés, puits.

6. ASPLENIUM *L.*

1 Rhizome à chicots pétiolaires assez robustes, fusiformes ou lancéolés-cylindracés. 2
  Rhizome à chicots grêles, fortement filiformes. 3
2 Chicots écailleux les premières années, comprimés-fusiformes, très atténués en leur partie inférieure; rhizome et pseudorrhizes noirs. . . . . A. *Filix-femina*.
  Chicots pubescents, peu ou point écailleux même dès les premières années, lancéolés-cylindracés, s'atténuant de la base au sommet; rhizome et pseudorrhizes roux-brun . . .
  . . . . A. *Adiantum-nigrum*.
3 Chicots sillonnés, anguleux-subtrigones. . A. *septentrionale*.
  Chicots non sillonnés, faiblement anguleux. 4
4 Chicots disparaissant rapidement. . . . . A. *Ruta-muraria*.
  Chicots longtemps persistants, d'une tardive formation à cause de la longue durée des frondes. . . . . . A. *Trichomanes*.

1 Pétiole bi-trifurqué au sommet, à divisions terminées par un limbe linéaire. . . . . A. *septentrionale*.

Frondes pinnati-tripinnatiséquées 2
2 Frondes pinnatiséquées. . . . . A. *Trichomanes*.
Frondes bi-tripinnatiséquées 3
3 Segments inférieurs plus petits que les moyens . . . .
. . . . A. *Filix-femina*.
Segments inférieurs plus grands que les moyens. 4
4 Segments lancéolés-aigus, à lobes nombreux . . . .
. . . . A. *Adiantum-nigrum*.
Segments obovales-cunéiformes, à lobes peu nombreux . . . .
. . . . A. *Ruta-muraria*.

1. A. septentrionale Sw.; 1051. — ♃. — *Fruct.* juin-août. — A.C. — Rochers granitiques. — Semur!, Saulieu!, Laroche-en-Brenil!, Nolay!, Arnay-le-Duc! (*Lorey*); Liernais (*Boreau*) ; Remilly!, Le Maupas!, Menessaire!, Montigny-St-Barthélemy!, Vieux-Château!.

2. A. Ruta-muraria L.; Lorey, 1050. — ♃. — *Fruct.* mai-oct. — C C. — Vieux murs, rochers au midi.

3. A Trichomanes L.; Lorey, 1051. — ♃. — *Fruct.* mai-oct. — C C C. — Vieux murs, rochers exposés au nord ou ombragés.

Les A. *Trichomanes, Ruta-muraria, septentrionale* et autres *Fougères*, qui vivent dans les fentes des murs ou des rochers, commencent par être très faibles. Mais après quelques années ces plantes finissent par constituer des touffes vigoureuses, alors qu'un terreau se sera formé autour de la souche, grâce à l'accumulation des grains de poussière apportés par les vents et à la décomposition des vieilles pseudorrhizes et des bases pétiolaires.

4. A. Adiantum-nigrum L.; Lorey, 1050. — ♃. — *Fruct.* juin-sept. — R. — Bois, rochers. — Saulieu, Semur, Dijon (*Lorey*); Remilly!, Montberthault!.

L'*A. Halleri* DC., indiqué par Lorey (p. 1049) au vallon de Messigny et à Nuits, est très douteux pour le département. Ce qui m'a été communiqué de ces localités ou ce que j'y ai récolté n'était que du *Cystopteris fragilis*.

5. **A. Filix-femina** Bernh. — *Athyrium Filix-femina* Roth ; Lorey, 1049. — ♃. — *Fruct.* juill.-sept. — Bois, haies, berges des ruisseaux. — Très commun dans le Morvan et le Val-de-Saône !; se rencontre encore çà et là dans les bois argileux, comme à Montbard !, Bourberain !, Panges !.

7. CYSTOPTERIS *Bernh.*

1. **C. fragilis** Bernh. — *Aspidium fragile* DC.; Lorey, 1047. — *Aspidium regium* Sw.; Lorey, 1048. — ♃. — *Fruct.* juin-sept. — A. R. — Bois ombragés, rochers humides. — Saulieu !, Laroche-en-Brenil (*Borcau*) ; Fontenay-lez-Montbard !, Val-des-Choues !, Trouhaut !, Is-s-Tille !, murs du parc de Dijon !, Nuits !, Bouilland !, Arnay-le-Duc !, Semur !.

Les frondes fertiles sont beaucoup plus découpées que les stériles, et doivent sans doute être rapportées à l'*Aspidium regium* de Lorey. — Les frondes des jeunes sujets sont courtes, ont les lobes assez larges et ne sont que pinnatiséquées.

8. NEPHRODIUM *Rich.*

1 Rhizome grêle, horizontal, allongé, drageonnant . . . . . .
. . . . *N. Thelipteris.*
Rhizome plus ou moins robuste, oblique, cespiteux 2
2 Rhizome à chicots pétiolaires anguleux-subtétragones, d'un diamètre conforme . . . . *N. Oreopteris.*
Rhizome à chicots pétiolaires arrondis ou obscurément anguleux, d'un diamètre non conforme. 3
3 Rhizome robuste; chicots écailleux, densément imbriqués, ayant leur plus grand diamètre en leur partie moyenne . .
. . . . *N. Filix-mas.*
Rhizome assez robuste ; chicots non écailleux, lâchement imbriqués, ayant leur plus grand diamètre à leur base. . . . .
. . . . *N. spinulosum.*

1 Frondes bi-tripinnatiséquées; segments inférieurs environ aussi grands que les moyens; dents des lobes cuspidées-aristées . . . . *N. spinulosum.*
Frondes pinnatiséquées, plus rarement sub-bipinnatiséquées; segments inférieurs notablement plus courts que les moyens; dents des lobes mutiques, rarement mucronées 2
2 Lobes des segments dentés-crénelés, les plus inférieurs de chaque segment distincts, sauf dans les segments terminaux, ce qui rend les frondes sub-bipinnatiséquées. . *N. Filix-mas.*
Lobes des segments entiers ou très obscurément crénelés, tous confluents à la base ; frondes par conséquent n'étant jamais que pinnatiséquées 3
3 Frondes à bords roulés en dessous, à lobes aigus, à face inférieure très rarement pourvue de points résineux jaunâtres; groupes des sporanges éloignés du bord des lobes . . . . *N. Thelipteris.*
Frondes à bords à peine roulés en dessous, à lobes arrondis-obtus au sommet, à face inférieure pourvue de points résineux jaunâtres; groupes des sporanges placés près du bord des lobes . . . . *N. Orcopteris.*

1. N. Filix-mas Stremp. — *Polystichum Filix-mas* Roth; Lorey, 1046. — ♃. — *Fruct.* juin-sept. — C. — Bois argileux, rochers et coteaux boisés à l'exposition du Nord.

Certains échantillons ont les lobes des segments profondément dentés, raides, rapprochés, aigus-submucronés (*Polystichum Callipteris* Lefrou in Bor.). C'est là peut-être la plante dont Lorey, p. 1045, a fait son *Polystichum Callipteris*, et qu'il dit assez abondante aux environs de Saulieu et de Laroche.

2. N. spinulosum DC. — *Polystichum dilatatum* DC.; Lorey, 1046. — ♃. — *Fruct.* juin-sept. — A. C. — Bois granitiques et argilo-siliceux. — Semur !, Saulieu !, Arnay-le-Duc (*Lorey*); Montbard !, Chevigny-lez-Semur !, Pouillenay !, Sombernon !, Pontailler !, Flammerans !, Cîteaux !, Seurre !, Argilly !, St-Léger-de-Fourches !, St-Germain-de-Modéon !, Rouvray !, etc.

Les frondes tripinnatiséquées constituent la variété *tanacetifolium* (*Polystichum tanacetifolium* DC.).

3. N. Oreopteris Kunth. — ♃. — *Fruct.* juill.-août. — RRR. — Bois montueux humides granitiques. — Bois de Verneau près l'étang Larmier à Saulieu ! (*Lombard, Charleux*) ; St-Léger (*Boreau*).

4. N. Thelipteris Stremp. — *Polystichum Thelipteris* Roth ; Lorey, 1044. — ♃. — *Fruct.* juin-sept. — R. — Bois humides. — Val-des-Choues, Premeaux (*Lorey*) ; environs de Dijon (*Lombard*) ; bois de Marcy-s-Tille (*Viallanes*) ; Aignay-le-Duc !.

9. ASPIDIUM *Sw.*

1. A. aculeatum Sw. — *Polystichum aculeatum* Roth; Lorey, 1047. — ♃. — *Fruct.* juin-sept. — RR. — Haies, bois. — Nuits, Saulieu (*Lorey*) ; Blanot (*Lombard*) ; Recey !, Rouvray !.

10. OSMUNDA *L.*

1. O. regalis L.; Lorey, 1041. — ♃. — *Fruct.* juin-sept. — RRR. — Marécages des bois. — Saulieu au bois de la Fiotte (*Lorey*) ; Les-Cordains près Eschamps au marécage de la Vente-à-l'Italienne ! (*Charleux*). — Se trouve dans l'Yonne près de nos limites sur les bords du Trinclin au monastère de la Pierre-qui-Vire (*Lucand*).

Chicots pétiolaires fusiformes, munis d'ailes latérales membraneuses.

11. BOTRYCHIUM *Sw.*

1. B. Lunaria Sw.; Lorey, 1040. — ♃. — *Fruct.* juin-août. — RRR. — Pelouses montagneuses. — A côté de la ferme du Val des-Choues, Thoisy-la-Berchère au pré Luidiot

(Lorey); environs de Saulieu *(Lombard, Charleux)*. — Depuis longtemps cette plante n'a pas été revue dans la Côte-d'Or.

Je n'ai pas eu occasion d'étudier le système souterrain du B. *Lunaria*. D'après M. Duval-Jouve [1], il ne se produit jamais par an qu'un seul pétiole; les racines apparaissent non la même année que le pétiole, comme chez les autres *Fougères*, mais seulement après sa destruction, et elles sont contiguës à la cicatrice qu'il a laissée. Enfin ce savant botaniste ajoute que parfois les racines émettent des bourgeons adventifs.

12. OPHIOGLOSSUM L.

1. O. vulgatum L.; Lorey, 1040. — ♃. — *Fruct.* mai-juin. — A. R. — Prés et pelouses humides. — Val-Suzon, St-Apollinaire, St-Philibert, Broindon, Villebichot, Citeaux, Boncourt, Saulieu *(Lorey)*; de Pouilly à Ruffey *(Méline)*; St-Remy !, Pontailler !, Lamarche !, Vielverge !, Nolay !, Vauchignon dans la prairie sous la cascade !.

Le rhizome des *Fougères* se dédouble pour produire les pétioles par des partitions successives. Aussi, lorsque les frondes sont très rapprochées et par conséquent les partitions très nombreuses, une traction rétrograde opérée sur les pétioles enlève-t-elle une notable partie, ou même *(Asplenium Filix-femina, Nephrodium Filix-mas)* la totalité du rhizome. Quand le rhizome est allongé-drageonnant et que les frondes sont espacées, le rhizome est toujours prolongé de quelques centimètres au delà de l'insertion des plus nouvelles frondes, ce qui prouve qu'il n'est point formé par les décurrences vasculaires des pétioles *(Pteris aquilina, Polypodium Dryopteris, P. vulgare, P. Phegopteris* et *Nephrodium Thelipteris).*

En raison de cette naissance par une partition du rhizome,

---

[1] In. Billot, *Annot. à la Fl. de Fr. et d'Allem.*, 1862, p. 252-254.

les pétioles sont dépourvus d'articulation à leur base. Leur partie inférieure, ordinairement épaissie, survit à la destruction du surplus de la fronde chez la très grande majorité des *Fougères* et reste adhérente au rhizome sous forme d'un chicot plus ou moins allongé. Les chicots du *Nephrodium Filix-mas* sont accrescents, et leur pseudorrhize conserve son activité pendant plusieurs années. — La partition donne aussi naissance aux drageons et aux ramifications du rhizome; elle est encore très fréquente dans les pseudorrhizes. Enfin on en trouve d'assez nombreux exemples jusque dans certaines frondes dont le rachis se bifurque en sa partie supérieure (*Nephrodium Filix-mas*, *N. spinulosum*, *Asplenium Ruta-muraria*, *Polypodium Dryopteris* et surtout *Scolopendrium officinale*).

Les pseudorrhizes sont finement ramifiées ; elles sortent tantôt du rhizome lui-même (*Polypodium vulgare*, *P. Phegopteris*, *P. Dryopteris*, *Pteris aquilina*), tantôt de la base des chicots et ordinairement l'on n'en compte qu'une seule par chicot (*Blechnum Spicant*, *Asplenium Filix-femina*, *A. Trichomanes*, *A. Ruta-muraria*, *A. septentrionale*, *Ceterach officinarum*, etc.).

Assez souvent des bourgeons adventifs sont insérés chez le *Nephrodium Filix-mas* à la face externe et vers la base du chicot, et chez le *N. spinulosum* près de l'aisselle pour les chicots de la face supérieure du rhizome et sur les côtés pour ceux de la face inférieure. Tous ces bourgeons ont une base d'insertion très grêle ; après quelques années, ils se séparent des chicots, tandis que ceux-ci resteront longtemps encore adhérents au rhizome. — L'*Ophioglossum vulgatum* offre aussi des bourgeons adventifs, mais ils sont situés à l'extrémité des pseudorrhizes.

Les souches cespiteuses et écailleuses de certaines *Fougères* sont douées d'une vitalité très opiniâtre. Ainsi un rhizome arraché de *Nephrodium Filix-mas*, tenu tout un hiver à côté du feu d'un poêle, est entré en végétation, quand je l'ai replanté au printemps. Des rhizomes d'*Iris Germanica* ont survécu aussi à une pareille épreuve.

Les frondes des *Fougères* exigent 2-3 ans pour leur complète évolution. Dans leur première période, elles restent roulées en crosse sur leur face supérieure et forment comme autant de bourrelets autour de la souche. La dernière année enfin elles se déroulent et s'allongent en restant droites (*Scolopendrium officinale, Polypodium vulgare, P. calcareum, Asplenium Trichomanes, A. Ruta-muraria, Nephrodium Filix-mas*), ou au contraire en offrant un rachis d'abord flexueux en sa moitié supérieure (*Nephrodium spinulosum*). Les segments de l'*Asplenium Filix-femina* apparaissent réfractés le long du rachis, à mesure que le déroulement de celui-ci les met en évidence. Chez les *Aspidium aculeatum* et *Pteris aquilina*, la fronde à demi déroulée courbe et renverse en dehors sa moitié supérieure qui achève de se dérouler dans cette position, et la courbure du rachis quitte la partie moyenne pour s'avancer jusqu'au sommet à mesure des progrès du déroulement. Toutes ces diverses positions, que les frondes prennent pendant leur développement, sont dues à des inégalités temporaires de croissance dans leurs faces. — Les frondes d'*Ophioglossum vulgatum* font exception dans la famille, car elles ne sont pas enroulées à leur sortie du sol.

Chez quelques espèces cespiteuses, les frondes sont disposées en cercle parfait et, comme elles s'étalent légèrement en se déroulant, leur ensemble forme une coupe des plus élégantes (*Nephrodium Filix-mas, Aspidium aculeatum*). Souvent cependant un bourgeon adventif, entrecroisant une seconde coupe dans la coupe primitive et d'abord solitaire du *Nephrodium Filix-mas*, vient détruire l'effet gracieux que produisait l'insertion circulaire des frondes.

Le polymorphisme est extrême pour le nombre, la forme,

la grandeur, les découpures et l'espacement des lobes des frondes (*Cystopteris fragilis, Pteris aquilina, Asplenium Ruta-muraria, A. Filix-femina, Nephrodium spinulosum, N. Filix-mas*, etc.). En outre, les segments peuvent être opposés ou distiques sur le même individu (*Nephrodium spinulosum, Asplenium Filix-femina*, etc.).

Les frondes persistent plus d'une année chez les *Aspidium aculeatum, Polypodium vulgare, Scolopendrium officinale, Ceterach officinarum, Asplenium Trichomanes, A. Ruta-muraria*, tandis qu'elles périssent chaque hiver chez les *Nephrodium spinulosum, N. Filix-mas, Asplenium Filix-femina, A. Adiantum-nigrum, A. septentrionale, Polypodium Dryopteris*, etc. La chute des frondes a lieu par la désorganisation des tissus à une certaine distance de la base du pétiole, et c'est cette partie inférieure qui en persistant forme le chicot. Par exception la fronde du *Polypodium vulgare* se détache à l'aide d'une désarticulation ; il en résulte une cicatrice circulaire et concave au sommet des petites protubérances foliifères charnues qui parsèment le rhizome de cette espèce.

Le limbe des frondes de certaines *Fougères* est très sensible aux influences hygrométriques. Ainsi, lors des longues sécheresses qui accompagnent souvent les grandes chaleurs et les fortes gelées, la face supérieure des frondes des *Scolopendrium officinale* devient convexe par infléchissement des bords ; les lobes du *Ceterach officinarum* se relèvent au contraire et ne montrent plus que leur face inférieure tapissée de ses fructifications grisâtres ; enfin le *Polypodium vulgare* redresse ses lobes qui s'enroulent en outre sur leur face supérieure, tandis que l'*Asplenium Trichomanes* réfracte les siens dont la face supérieure devient convexe. Les effets hygrométriques se produisent aussi sur les feuilles mortes des souches de l'*Asplenium Trichomanes* et du *Ceterach officinarum*.

La lente évolution des frondes, l'absence de bourgeon à leur aisselle, la fréquente radication des chicots, le développement de bourgeons adventifs sur les chicots de quelques espèces, la présence des fructifications sur les frondes elles-mêmes sont autant de raisons pour assimiler la fronde à une tige plutôt qu'à une véritable feuille.

CIX. MARSILÉACÉES (R. Br.).

1. MARSILEA *L.*

1. M. quadrifoliata L. — *M. quadrifolia* DC.; Lorey, 1055. — ♃. — *Fruct.* juill.-août. — RR. — Mares, fossés, eaux stagnantes. — St-Seine, St-Nicolas, Broin, Seurre *Lorey*); Cîteaux (*G. G.*); étang de Villebichot (frère *Joseph*); fausse Saône à Bonencontre !.

Dans les eaux peu profondes, le limbe des feuilles reste émergé, ainsi qu'il arrive aux *Nuphar luteum* et *Nymphæa alba.*

2. PILULARIA *L.*

1. P. globulifera L.; Lorey, 1059. — ♃. — *Fruct.* juill.-août. — RRR. — Mares, fossés. — Saulieu, Rouvray (*Lorey*); Saulieu dans les mares de Poutaquin (*Lombard*); petites flaques d'eau autour de l'étang de Vernon près Rouvray !.

CX. ÉQUISÉTACÉES (Rich.).

1. EQUISETUM *L.*

1 Rhizome brillant, glabre 2
  Rhizome terne, parfois pubescent-velu en ses jeunes parties . 3

2 Rhizome robuste, brun-roux, sillonné à la dessiccation ; pseudorrhizes très nombreuses. . . . . *E. limosum.*
Rhizome grêle, noir, non sillonné à la dessiccation ; pseudorrhizes peu nombreuses . . . . *E. palustre.*
3 Rhizome noir, incompressible . . . . *E. hyemale.*
Rhizome brun-roux, ou roussâtre, plus ou moins compressible. 4
4 Rhizome assez gros, très facilement compressible, flasque et ridé à la dessiccation . . . . *E. Telmateya.*
Rhizome assez grêle, assez facilement compressible, sillonné à la dessiccation. 5
5 Rhizome glabre . . . . *E. sylvaticum.*
Rhizome pubescent en ses drageons ou jeunes parties . . . .
. . . . *E. arvense.*

1 Tiges rudes, persistantes. . . . . *E. hyemale.*
Tiges lisses, annuelles 2
2 Tiges conformes, toutes ordinairement fertiles ; rameaux pourvus d'une lacune centrale (Duval-Jouve [1]) 3
Tiges biformes, les unes fertiles, les autres stériles ; rameaux dépourvus d'une lacune centrale. 4
3 Tiges robustes, superficiellement sillonnées, à lacune centrale occupant les 9/10 du diamètre, les lacunes latérales petites ; gaines caulinaires apprimées, à dents à peine membraneuses aux bords. . . . . *E. limosum.*
Tiges grêles, profondément sillonnées, à lacune centrale occupant le cinquième du diamètre, les lacunes latérales grandes ; gaines non apprimées, à dents largement membraneuses aux bords. . . . . *E. palustre.*
4 Tiges fertiles persistant après fructification, se ramifiant alors et devenant semblables aux stériles ; rameaux arqués-réfractés. . . . . *E. sylvaticum.*
Tiges fertiles se détruisant après fructification ; rameaux non arqués-réfractés 5
5 Tiges stériles souvent d'un beau blanc, rarement verdâtres ou noires ; lacune centrale occupant les 5/6 du diamètre pour

1. In *Bull. de la Soc. bot. de Fr.*, 1858, V, p. 512-513.

les tiges fertiles et les 3/5 pour les stériles ; gaînes caulinaires à 15-25 dents acuminées-subulées ; premier entre-nœud des rameaux atteignant à peine (Duval-Jouve) la base des dents de la gaîne caulinaire contiguë . . *E. Telmateya.*

Tiges stériles vertes, rarement blanches en leur partie inférieure ; lacune centrale occupant les 2/5 du diamètre pour les tiges fertiles et le quart pour les stériles ; gaînes caulinaires à 8-12 dents lancéolées-acuminées ; premier entrenœud des rameaux beaucoup plus long que le gaîne caulinaire contiguë. . . . . *E. arvense.*

1. E. arvense L. ; Lorey, 1034. — ♃. — *Fruct.* avril-mai. — C C. — Champs et prés un peu humides, lieux ombragés.

2. E. Telmateya Ehrh.; Lorey, 1035. — *E. fluviatile* DC.; Lorey, 1035; non L. — ♃. — *Fruct.* avril-mai. — A. C. — Bois et champs argileux. — Quincey, Cîteaux, Sombernon, Vandenesse (*Lorey*) ; Meloisey, St-Romain (*Faculté des Sciences*) ; Villotte-lez-St-Seine (*Morizot*) ; Labergement-lez-Seurre (*Berthiot*); Quincy !, Grignon !, Venarey !, Darcey !, Baigneux !, Flavigny !, Foncegrive !, Trouhaut !, Remilly !, Commarin !, Semur !, etc.

Les tiges sont normalement d'un beau blanc d'ivoire, mais il n'est pas très rare de les rencontrer d'un noir d'ébène ; parfois les deux couleurs sont associées sur la même tige. Ainsi, tantôt la partie inférieure est noire et la supérieure blanche, tantôt les deux teintes vont jusqu'à se disputer capricieusement le même mérithalle. La couleur noire n'est pas un indice de maladie, car les tiges qu'elle envahit sont aussi saines et aussi vigoureuses que les tiges blanches. — Les *Equisetum arvense* et *limosum* changent parfois en une teinte blanchâtre ou blanc rosé la couleur verte de la partie inférieure de leurs tiges, sans qu'on puisse invoquer soit un état maladif, soit l'influence d'une station trop ombragée.

Il peut arriver aux *E. Telmateya* et *arvense* d'avoir certaines de leurs tiges stériles terminées par un épi ; mais cet épi est ordinairement moins gros que celui des tiges fertiles.

3. E. sylvaticum L.; Lorey, 1036. — ♃. — *Fruct.* mai-juin. — R R. — Prés et buissons des sols granitiques. — Arnay-le-Duc (*Lorey*); Saulieu dans les prés sous les Chemins Blancs ! (*Lombard*) ; entre Eschamps et Montabon !.

4. E. palustre L.; Lorey, 1037. — ♃. — *Fruct.* mai-juill. — C. — Prés aquatiques, bords des marais.

5. E. limosum L.; Lorey, 1037. — ♃. — *Fruct.* mai-juill. — CCC. — Marécages, bords des étangs, ruisseaux.

On rencontre fréquemment des tiges pourvues de rameaux fructifères (*E. fluviatile* L.; non Lorey, 1035). Il en est de même de l'*E. palustre.*

6. E. hyemale L.; Lorey, 1038. — ♃. — *Fruct.* mai-juill. — R R. — Bois marécageux. — Bois entre Arcelot et Orgeux !, bois de Magny-s-Tille !. — N'a pas été retrouvé au bassin de l'ancien monastère du Val-des-Choues ni à l'étang Froidvent près de Lugny, où Lorey le dit pourtant abondant.

L'*E. hyemale* ne se ramifie guère qu'après une mutilation de la tige.

Le rhizome des *Equisetum* est longuement rameux-drageonnant ; il rampe horizontalement à une assez grande profondeur, d'où il émet des tiges dressées, radicantes en leur partie hypogée. Cette partie caulinaire hypogée a été parfois prise pour le rhizome lui-même, qui a été décrit à tort comme verticalement descendant. — Les pseudorrhizes ne naissent que des nœuds, et les ramifications du rhizome sont dues à des bourgeons latéraux, non à la partition. — Le rhizome des *E. sylvaticum, Telmateya, palustre* et surtout de l'*E. arvense* est parfois muni à certains de ses nœuds de bourgeons charnus-féculents, ovoïdes-subglobuleux, qui sont des organes de multiplication.

Les gaînes des tiges de la plupart des *Equisetum* sont

d'abord vert-pâle avec une tache noire limitée aux dents du sommet; puis la teinte noire se manifeste à la base de la gaine où elle forme une zone plus ou moins large, en même temps qu'on voit s'étendre la tache du sommet. La partie intermédiaire échappe ordinairement à l'invasion de la couleur noire, et finit par devenir blanche chez les vieilles gaines; sa rupture entraîne la chute de la partie supérieure de la gaine, tandis que la moitié inférieure persistera jusqu'à la destruction des tiges elles-mêmes.

Au moment de la fructification, le large canal fistuleux des tiges fructifères est gorgé d'eau sécrétée par la plante. Pareille sécrétion remplit aussi l'intérieur des jeunes tiges stériles d'*E. Telmateya*, dont le sommet a été amputé et où la sève s'accumule par suite de cette amputation de la partie supérieure.

CXI. LYCOPODIACÉES (Rich.).

1. LYCOPODIUM *L.*

1 Rhizome très court, oblique, formé par la base des tiges ascendantes . . . . *L. Selago.*
  Rhizome très allongé, formé par les tiges couchées-radicantes. 2
2 Pseudorrhizes rares, assez robustes, cylindracées, fortement filiformes. . . . . *L. clavatum.*
  Pseudorrhizes assez nombreuses, grêles, capillaires-filiformes.
. . . . *L. inundatum.*

1 Feuilles terminées par une longue soie; sporanges groupés en 2-3 épis au sommet de longs pédoncules . . . *L. clavatum.*
  Feuilles non terminées par une soie; sporanges sessiles à l'aisselle des feuilles du sommet des rameaux. 2
2 Tiges fastigiées, dressées-ascendantes; feuilles toutes semblables. *L. Selago.*

Tiges couchées ; feuilles bractéales un peu plus larges à la base que les feuilles caulinaires. . . . . *L. inundatum.*

1. L. Selago L. — ♃. — *Fruct.* juill.-sept. — R R R. — Lieux tourbeux. — St-Léger-de-Fourches dans les marais de la queue de l'étang Morin (*Lombard*); St-Germain-de-Modéon dans le pâtis tourbeux à gauche de la queue de l'étang de Romanet!.

2. L. clavatum L.; Lorey, 1057. — ♃. — *Fruct.* juill.-sept. — R R. — Bois, bruyères humides. — Saulieu (*Lorey*); Saulieu au bois du Brenil (*Lombard*); sous les *Genévriers* de la rive gauche de l'étang Morin près St-Léger-de-Fourches, un peu en avant de la chaussée !.

3. L. inundatum L.; Lorey, 1058. — ♃. — *Fruct.* juill.-sept. — R R. — Lieux tourbeux ombragés. — Saulieu (*Lorey*); St-Léger-de-Fourches à l'étang Morin, et à Saulieu en l'ancien étang Larmier le long du bois! (*Lombard*); Saulieu à l'étang Fortier (*Boreau*).

FIN DU TOME SECOND.

APPENDICE

1° PLANTES NOUVELLES

Atriplex rosea L. — Dijon, sur les décombres entre la gare et les Chartreux ! (*Méline!*).

Carex strigosa Huds. — Limpré près Chevigny-St-Sauveur (*Rochet!*). — Signalé en outre par M. Gillot au bois de Bragny près de Verdun-s-Saône, tout près des limites de la Côte-d'Or. — Echantillon unique.

Centaurea Melitensis L. — Dijon, dans les cuvettes de l'avenue du Parc (*Méline !*).

† **Centaurea paniculata** L. — Beaune, en la Champagne et dans les sentiers au milieu des vignes (*Bonnet !*).

Meconopsis Cambrica Vig. — Sources de l'Ouche près Lusigny, lieu dit la Roche-Latine (abbé *Garnier*).

Œnanthe pimpinelloides L. — Prairies d'Auxonne (*Fac. des Sc.* ¹!). — Se distingue de suite à ses renflements ovoïdes-subglobuleux, insérés vers le milieu de la longueur des pseudorrhizes, à la façon de ceux du *Spiræa Filipendula* ; l'*ŒE. pimpinelloides* de Lorey est un synonyme de l'*ŒE. Lachenalii*. — Echantillon unique.

1. Les herborisations de la Faculté des Sciences se sont faites habituellement dans les environs de Dijon, sous la direction de M. le professeur Emery et avec le concours de MM. d'Arbaumont, Genty, Morizot et Rochet.

Orobanche minor Sutt. **Picridis** (*O. Picridis* Fr. Sch.). — ∞. — Sur *Picris hieracioides* dans les friches à Quincy !. — A. C. — Plante velue-pubescente ; corolle blanchâtre, veinée bleu-lilas, à lèvre supérieure entière; filets velus sur leur face interne.

Seseli coloratum Ehrh. — Bois de Perrigny près Dijon (*Lombard!*). — Echantillon unique.

Sisymbrium Pannonicum Jacq. — Décombres à Dijon (*Méline!*). — Récolté, adventivement aussi, au Creusot (Saône-et-Loire) par M. Gillot.

Sorbus latifolia Pers. — Broussailles et friches des coteaux de Quincy!, bois de Quincy!, bois de Chaumour entre St-Remy et Quincerot!. — C. — Fruits fades et jaune-orangé à la maturité, bruns et légèrement acidules à la blêtissure, à 3-4 pépins bien conformés.

Trifolium hybridum L. — Dijon, aux abords de la petite gare du Canal!.

2° SUPPLÉMENT AUX STATIONS

Aconitum lycoctonum L. — Combe de Flavignerot (*Fac. des Sc.*) ; aux sources de l'Ouche près Lusigny (*Gillot*).

Aira præcox L. **multiculmis** (*A. multiculmis* Dumort.). — Friches entre Corgoloin et Prissey (*Leclerc!*).

Androsace maxima L. — Barraques de Gevrey, Norges (*Bellier*).

Asarum Europæum L. — Lachaume, Boudreville (*Magdelaine*).

† **Centranthus latifolius** Dufr. — Nuits près de la station du *Ruta graveolens*, et certains rochers bordant le chemin de fer entre Is-s-Tille et Langres (*Rochet*). — Lorey (p. 456) dit cette plante naturalisée dans les carrières des Chartreux, à Dijon.

Chlora perfoliata L. — Sapinière de Montculot (*Genty*); bois de Gevrolles (*Magdelaine!*).

Chrysosplenium oppositifolium L. — Savigny-s-Mâlain, bois de Bligny-le-Sec (*Morizot*).

Cicendia filiformis Delarbre. — Pontailler (*Weber*).

× **Cirsium medium** (*C. acaule* × *bulbosum*. — *C. bulboso-acaule* Næg. — *C. medium* All.). — Petit marais près de la fontaine de Jouvence (*Bonnet*).

† **Corydalis lutea** DC. — Larrey-lez-Dijon, rempart du Château des Gendarmes à Dijon, murailles de Beaune (*Morizot*); remparts de Semur (*Lachot*).

Cotoneaster vulgaris L. — Coteau des Carrières-Blanches à Dijon (*Faculté des Sc.*).

Epilobium spicatum Lmk. — De Velars à Fleurey entre la route et le canal (*Belin*).

Euphorbia Esula L. **salicetorum** (*E. salicetorum* Jord.). — Meursault (*Ozanon!*). — C'est la variété qui a les plus larges feuilles.

Galium sylvestre Poll. **Fleuroti** (*G. Fleuroti* Jord.). — A Etalante, les individus glabres sont aussi abondants que les velus !.

Hyoscyamus niger L.; Lorey, 635. — ☉. — Juin-juill. — A. C. — Rues des villages, décombres, friches. — Cette plante vulgaire, omise par inadvertance, fera suite au *Datura Stramonium*, p. 256.

Hypericum Desestangsii Lamotte. — Magny-la-Ville (*Lachot!*).

Lathyrus latifolius L. — Combe de Gevrey (*Fac. des Sc.*).

L. palustris L. **linearifolius** Ser. — Chevigny-St-Sauveur et Limpré (*Fac. des Sc.!*), où il n'avait pas été revu depuis Lorey.

Lepidium Draba L. — Plombières, Pont de-Pany *(Fac. des Sc.)*.

Linum Alpinum Jacq. **Leonii** (*L. Leonii* Schultz). — Montagne entre Boux et Villy-en-Auxois *(Lachot)*.

Œnanthe silaifolia Bieb. — Prairies bordant la route qui va de St-Jean-de-Losne à Maison-Dieu *(Weber!)*. — Le renflement des pseudorrhizes est obovoïde-claviforme, moins longuement atténué et beaucoup moins grêle que chez l'*Œ. Lachenalii*.

Œnothera biennis L. — Arcelot, talus du chemin de fer de Langres *(Morizot)*.

Orchis galeata Lmk **simia** (*O. Simia* Lmk). — Bois des Muliers entre Prenois et Plombières (*H. Corot!*). — Signalé (p. 497) avec doute à Nolay. — L'*O. Simia* ne me semble qu'une variété d'*O. galeata*, à divisions du lobe moyen du labelle très étroites et très allongées. Des sujets intermédiaires ont en effet ces divisions, non pas 2-3 fois, comme chez l'*O. galeata*, mais à peine une fois plus larges et plus courtes que les lobes latéraux.

O. ustulata L. — Jouvence, Neuvon, Velars, Fleurey, Gevrey *(Faculté des Sc.)*.

Orobanche Hederæ Duby. — Quincy !. — Les *O. Hederæ*, *minor* et *amethystea* sont· ∞, non ♃ (p. 286.).

Pæonia corallina Retz. — Bois du Chêne et de Talant, rochers de la Combe Ragot près Messigny *(Fac. des Sc.)*.

Parnassia palustris L. — Arc-s-Tille, Ste-Foix, ruisseau de Sans-Fond *(Morizot)*.

Petroselinum segetum L. — Champs de la Colombière *(Latreille)*.

Phalangium Liliago Schreb. — Entre Boudreville et Lachaume *(Magdelaine)*.

Plantago arenaria Waldst. et Kit. — Dijon *(Méline!)*.

Pyrola rotundifolia L. — Abonde dans les bois de Montigny-s-Aube (*Magdelaine*).

Senecio erucæfolius L.; Lorey, 472. — ♃. — Juill.-sept. — C. — Broussailles, bords des fossés, terrains argileux, lieux couverts. — Inscrit à la clef souterraine des *Senecio*, le *S. erucæfolius* ne l'a été, par mégarde, ni dans la clef aérienne, ni dans la nomenclature des espèces. A rétablir à la suite du *S. nemorensis*, p. 377.

Stellaria glauca With. — Limpré (*Fac. des Sc.*).

Thesium pratense Ehrh. — Prairie entre Val-Suzon et le Val-Courbe (*Bonnet*).

Valeriana tuberosa L. — Sommet de la Combe-Ragot entre Messigny et Etaules (*Bonnet*).

Viola elatior Fries. — Bèze (*Fac. des Sc.*).

V. palustris L. — Cessey-s-Tille (*Fac. des Sc.*).

M. Gillot m'a signalé dans la Nièvre, tout près des confins de la Côte-d'Or, et comme pouvant donc être recherchés dans ce dernier département, le *Vaccinium Vitis-Idæa* L. à St-Brisson et l'*Allosurus crispus* Bernh. dans les fissures des rochers près du hameau de Lachaux, commune d'Alligny-en-Morvan.

CORRECTIONS

Pages VI, ligne 12 : leur centre ; *lisez :* leurs centres.
    XIV, ligne 7 : concuremment; *lisez* : concurremment.
    XXI, ligne 31 : *Farsetia clypeolata; lisez* : *Farsetia clypeata.*
    XXIII, lignes 26 et 27 : *Le membre de phrase* « soit à fuir un excès d'humidité ou un sol épuisé » *doit s'entendre ainsi :* Parmi les racines d'une même plante, celles qui sont dans un mauvais milieu restent faibles et courtes ; celles qui, au contraire, rencontrent de meilleures conditions de végétation s'allongent en se dirigeant de ce côté par un effet purement mécanique et sans qu'il y ait le moindre choix de leur part.
    XXIV, lignes 5 et 6 : Toutes les *Monocotylédonées* sont dépourvues de racine ; *lisez :* Toutes les *Monocotylédonées* adultes sont dépourvues de racine. — Le pivot des *Monocotylédonées* ne survit que très peu de temps à la germination. Parmi les rares espèces qui font exception, l'on doit citer les *Lilium cordifolium* Thunb. et *callosum* Zucc. qui, d'après M. Duchartre, gardent leur pivot pendant 1-2 années.
    2, ligne 26 : Lorey, 5 ; *lisez :* Lorey, 4.
    5, ligne 8 : Lorey, 5; *lisez :* Lorey, 7.
    — ligne 21 : Lorey, 8; *lisez :* Lorey, 10.
    9, ligne 12 : *aquatilis* L. *c; lisez* : *aquatilis* L. γ.
    13, ligne 18 : Lorey, 15; *lisez :* Lorey, 17.
    15, ligne avant-dernière : Lorey, 22; *lisez :* Lorey, 23.
    22, ligne avant-dernière : Lorey, 124; *lisez :* Lorey, 123.
    32, ligne 30 : Lorey, 144; *lisez :* Lorey, 145.
    48, ligne antépénultième : ou n'aisselant; *lisez* : ou n'aissellant.

Pages 48 et 49. *Les deux dernières lignes de la page* 48 *et toute la page* 49, *pour ce qui a trait à l'inflorescence des Geranium, seront modifiées conformément à l'interprétation suivante*: Des quatre bractées, deux sont foliaires et deux stipulaires. Les deux bractées foliaires représentent chacune une feuille atrophiée et l'une de ces bractées est fertile. Elle est accostée de ses deux stipules, qui constituent les deux bractées stipulaires, et elle aisselle le pédicelle latéral. L'autre bractée foliaire est ordinairement stérile et dépourvue de stipules; c'est ce qui explique pourquoi les bractées sont insérées 3, 1. Le *G. Robertianum* montre très bien les dégradations successives qui transforment les feuilles en bractées. L'hypothèse d'une seconde cyme et de bractées de second ordre doit donc être abandonnée.

55, ligne 1 : Lorey, 116; *lisez* : Lorey, 117.

63, ligne 2 : Dampierre! ; *lisez* : Dompierre-en-Morvan!.

68, ligne 9 : *N. luteum* L. ; lisez : *N. luteum* Sm.

75, ligne dernière : 775-784 ; *lisez* : 779-784.

76, lignes 20, 24 et 27 : 2. 2. 3.; *lisez* : 3. 4. 5.

79, ligne avant-dernière : Lorey, 97; *lisez* : Lorey, 79.

90, lignes 6 et 7 : *Brassica Erucastrum* DC., *Fl. Fr.*, n° 4122; Lorey, 94, pro parte ; non L. ; lisez : *Brassica Erucastrum* Lorey, 94, pro parte; non L., nec DC., *Fl. Fr.*, n° 4122.

95, ligne 19 : Lorey, 69 ; *lisez* : Lorey, 68.

118, ligne 8. *Supprimez* : Coss. Germ., *Fl. Par.*, Atl., t. XI.
— ligne 21 : M. cœrulea ; lisez : M. cærulea.

119, ligne 22 : la gousse des *M. orbicularis* ; lisez : la gousse des *M. media, orbicularis*.

130, ligne 19 : la côte ; lisez : la Côte.

131, ligne 22 : Kirsleger; *lisez* : Kirschleger.

137, ligne 16. *Ajoutez* : Fin août, elles sont flasques-ridées. Serait-ce là une réserve alimentaire consommée pendant les sécheresses de l'été ?

166, ligne 20 : Santenay !; *lisez* : Satenay !.

197, ligne 29 : boursouflement; *lisez* : boursoufflement.

214, ligne 25 : *Carpinus Betula* ; lisez : *Carpinus Betulus*.

Pages 228, ligne 1 : Les pédicelles s'étalent ; *lisez* : Les pédicelles de l'*A. cærulea* s'étalent.

244, ligne 10 : Etang desséché de Fà !; *lisez* : Etang desséché de Tà !.

246, ligne 15 : Seurre !; *lisez* : Semur !.

286, lignes 21-23. *Lisez* : car si ses étamines assez velues rapprochent ma plante de l'*O. Picridis* Fr. Sch., elle s'en éloigne par sa corolle jaunâtre concolore et par.

289, ligne 21 : De même que individus; *lisez* : De même que les individus.

301, ligne 1 : Lmk, 692 ; *lisez* : Lorey, 692.

310, ligne 4 : pseudorrizes ; *lisez* : pseudorrhizes.

312, ligne 19 : est interrompu ; *lisez* : est lacuneux en son pourtour.

322, lignes 6 et 7 : Si la grappe est composée comme chez le *C. Rapunculus; lisez* : Dans la grappe composée du *C. Rapunculus*.

332, ligne dernière : A cause de sa corolle tubuleuse, le *Galium glaucum* L. doit être transporté dans le genre *Asperula*, où il forme l'*A. galioides* M. B.

338, lignes 21 et 22. *Après* « Ce tubercule-pseudorrhize ne se détruit que l'année de la floraison, » *ajoutez l'explication suivante :* Les années où le tubercule est foliifère, il perd au printemps son épaisse couche corticale ; mais la zone génératrice forme de nouveaux tissus pour remplacer l'écorce et accroître le cylindre central. Il y a là une notable différence avec la racine tubéreuse du *Cerfeuil bulbeux* (*Chærophyllum bulbosum* L.) qui, jusqu'à la floraison, grossit pendant 2-3 printemps, en ne souffrant qu'une exfoliation tout à fait superficielle.

348, ligne 5 : ⑧ ; *lisez* : ∞.

358, ligne 25 : 1. *Clanatum;* lisez : 1. *C. lanatum*.

387, ligne 6 : ⑧ ; *lisez* : ∞.

400, ligne 16 : Moq. Tand. *lisez* : Moq.-Tand.

422 et 423. *Tout le paragraphe qui accompagne l'E. Cyparissias sera remplacé ainsi :* Des individus, récoltés dans les haies des prés de Seurre, doivent être rapportés à l'*E.*

Pseudo-Cyparissias Jord. Ils se rapprochent de l'*E. Cyparissias* par les feuilles et de l'*E. Esula* par les folioles involucrales lancéolées-acuminées, et ils ont, comme ces deux espèces, une racine drageonnante. Ils me paraissent correspondre à l'*E. Esula* de Lorey.

Pages 439. *Remplacez les lignes 30 et 31 par* : Arbre élevé, à rameaux étalés.

472 et 473. *La fin de la page 472 depuis* « Pour le *L. candidum*, » *et le commencement de la page 473 jusqu'à* « trait d'union » *se liront ainsi* : Le *L. candidum* possède toujours des feuilles radicales avec alternance d'écailles foliifères et d'écailles aphylles. La rosette des jeunes sujets, qui ne sont pas encore caulifères, est formée de feuilles automnales et vernales ; celle des sujets caulifères, qu'ils soient florifères ou non, ne comprend que des feuilles automnales, car leurs feuilles vernales sont toutes caulinaires. Les *L. Martagon, croceum, bulbiferum, Pyrenaicum, tigrinum,* etc. n'ont de feuilles automnales à aucune période de leur existence.

444, ligne 2 : sexe; *lisez* : sexes.

481. Parmi les plantes inscrites en la ligne 20, les *Radis*, *Rave* et *Navet* seront transportés, lignes 13-14, dans la première division (Hypertrophie parenchymateuse interposée aux faisceaux vasculaires), et les *Bryonia dioica* et *Betterave* le seront, ligne 27, dans la troisième (Hypertrophie double). Par conséquent, les lignes 24-26 seront supprimées et « peu nombreux, » ligne 30, sera remplacé par « plus ou moins nombreux. »

481 et 482, lignes 22 et 17 : *Sisum Sisarum*; lisez : *Sium Sisarum*.

489, ligne 10 : aisselée ; *lisez* : aissellée.

497, ligne 5 : variable ; *lisez* : variables.

512, ligne 7. *Après la phrase commençant par* « Les fleurs s'épanouissent régulièrement de bas en haut, » *ajoutez* : Par exception dans la famille, l'inflorescence de l'*Orchis Morio* est très capricieuse. En effet, tantôt il y a progression d'ensemble ; tantôt l'épanouissement débute simultanément aux points les plus divers; tantôt enfin, et le plus souvent, l'anthèse commence en la région moyenne de l'épi, puis de là s'avance à la fois vers le sommet et vers la base. En outre, il y a grande irrégularité de détails, car certains boutons s'ouvrent beaucoup plus tard que leurs voisins et restent ainsi entremêlés à des fleurs épanouies.

Pages 512, ligne 21 : L'ovaire des *Ophrydées* est contourné ; *lisez :* L'ovaire de la plupart des *Ophrydées* est contourné dans sa jeunesse. Celui des *Ophrys arachnites* et *apifera*, entre autres espèces, fait exception ; mais il est courbé et incliné pendant l'anthèse, puis il devient droit et dressé pour la fructification.

518, ligne avant-dernière. *Après* « oblongues-lancéolées, » *remplacez le reste de la phrase par :* et atténuées à la base.

— La *Flore Française* de de Candolle a deux *Potamogeton fluitans :* l'un (v, 310) est bien le *P. fluitans* Roth; l'autre (III, 184) est synonyme du *P. variifolius* Thore [(P. *gramineus* L. *heterophyllus*).

522, ligne 5 : Lorey, 847, part.; *lisez :* Lorey, 847.

— ligne 14 : la diagnose qui ; *lisez :* la tige qui.

599, ligne 12 : *Hordeum sativum; lisez : Hordeum vulgare* L.

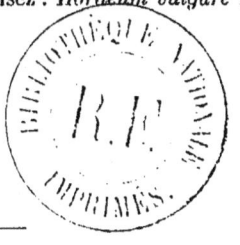

TABLE DES MATIÈRES

Adhérences (Contre l'hypothèse des). Feuilles géminées et inflorescence des *Solanées*, 257-259 ; vrilles de la *Vigne*, 59, et du *Bryonia dioica*, 325.

Affaiblissement (Contre l') progressif des végétaux propagés de fissiparité, 164.

Alternance de pièces foliifères et de pièces aphylles dans certains bulbes, 220, 471-472, 630. — des mouvements des tubercules d'*Orchidées*, 506.

Apparition capricieuse du *Chlora perfoliata*, 236.

Article, xxv-xxvi, 487, 488, 491, 528, 529, 553, 556.

Atrophie de l'axe primaire avant floraison, 56, 63-64, 118, 138, 183, 255, 279, 472, 486, 510. — des ovules n'est pas toujours un obstacle au grossissement du fruit, 176. — normale annuelle des bourgeons terminaux de certains arbres, 431-432.

Axe hypocotylé, xi. — est le siège unique ou au moins principal du renflement de certains tubercules, 17, 150 et de la plupart des racines charnues, xii, 323.

Bleuissement, par dessiccation, d'anthères, de feuilles, de jeunes capsules et de sommités florifères, 424.— des jeunes fruits des *Torilis Anthriscus* et *nodosa*, 209.

Bourgeons adventifs sur axe hypocotylé, 4, 16, 100, 227, 279. — sur chicots pétiolaires de *Fougères*, 611. — sur feuilles des *Cardamine pratensis* et *deciduifolia*, 82-83. — sur l'aire de la section transversale de pseudorrhizes, 338, de racines, 210, 323, 396 et de tiges, 434. — sur pseudorrhizes, xxiv, 47, 63, 84, 196, 238, 240, 242, 254, 280, 307, 315, 352, 369-370, 410, 419, 610. — sur racines, xxiv, 17,

58, 63, 84, 87, 97, 100, 105, 135, 153, 157, 178, 182, 213, 229, 240, 241, 254, 273, 279-280, 307, 324, 387, 410, 411, 419, 431, 438, 439. — sur suçoirs du *Gui*, 217. — sur tentacules d'*Orobanches*, 288. — sur tubercules, 491.

Bourgeons caulinaires radicants après la chute et la destruction des tiges, 84, 85-86, 201. — charnus de l'*Epilobium palustre*, 184-185, et de certains *Equisetum*, 617. — primaires situés sur le pivot des germinations du *Corydalis solida*, 74, du *Bunium bulbocastanum*, 193-194, et du *Chærophyllum bulbosum*, 194.

Broussins des racines d'*Alnus glutinosa*, 445-446.

Bulbes, 220, 466-474. — à pièces soudées-concrescentes, 468. — à pièces toutes foliifères ou à pièces foliifères et aphylles, 471-472. — à plateau ou à rhizome, 470, 479. — écailleux ou tuniqués, 466-467. — classés d'après les pièces qui les forment, 467-468. — de certaines *Dicotylédonées*, 472. — du *Tulipa Gesneriana* décrits dans toutes les phases d'une période végétative annuelle, 473-474. — pédicellés du *Tulipa Gesneriana*, 454-455. — solides, 480-481.

Bulbilles, 458, 464.

Caïeux, 220, 475-478. — capricieux dans leur évolution foliifère, 477. — pédicellés des *Allium* 475, 477-478.

Callosité des rameaux floraux et des pédicelles des *Graminées* est la cause de leurs mouvements, 600. — des feuilles de *Rhinanthacées*, 277, et du *Campanula rotundifolia*, 317.

Canaux laticifères des *Chicoracées* et de quelques *Carduacées*, 396-397. — oléifères des *Composées*, 396-397. — oléo-résineux des *Ombellifères*, 210.

Chlorophylle des feuilles persistantes s'altérant pendant les grands froids, 314, 446.

Cladodes du *Ruscus aculeatus*, 488-489.

Coalescence (Contre l'hypothèse de la). Voir Adhérences.

Collet, xi, 150.

Cotylédon unique, 74, 193 et nul, 14, 244, chez certaines *Dicotylédonées*. — nul chez les *Orchidées*, 244, 509.

Couleurs alternativement changeantes des *Medicago sativa* et *media*, 140. — changeantes de feuilles, 125, 151, 231 et de

TABLE DES MATIÈRES. 635

fleurs, 139, 176, 248, 252, 299, 329. — glauque de certaines plantes, 151, 593, 596; jaune, 53, 243, 434, 435 et rouge, 151-152, 243, 435, de certaines tiges sont indépendantes de l'exposition, 408.

Crampons du *Lierre*, 212-213.
Croissance du *Gui* peut se produire de haut en bas, 215-216,
Cyme, XII-XIII. — prétendue centripète, 234.
Darwinisme (Contre le), IX.
Décortication (Effets de la) annulaire, 218.
Déplacement (Loi de), XIII, 184.
Désarticulation des feuilles de *Potamogeton natans* a son siège au sommet du pétiole, 519. — des feuilles de *Rubus* est double, 161. — des frondes de *Polypodium vulgare*, 613. — de tiges, 2, 207.
Descente des bulbes de *Tulipa Gesneriana*, 455. — des tubercules de *Colchicum autumnale*, 454, de *Crocus* et *Gladiolus*, 476, et d'*Orchidées*, 507-508. — progressive des bulbilles, caïeux et jeunes bulbes, 475-476.
Destructions partielles de pseudorrhizes, 369 et de racines, 16, 73, 76-77, 136-137, 183, 238, 261, 294, 336, 340, 369, 385, 386.
Détermination des espèces par les organes souterrains, V-VI.
Drageons, XIV.
Durée des plantes, XIV.
Elagage des arbres très nuisible à leur accroissement diamétral, 434-435.
Elasticité de fruits, 43-44, 45, 102, 141, 144.
Entraînement (Contre l'hypothèse de l'). Voir Adhérences.
Epanouissement débutant en la région moyenne de l'inflorescence, 321, 342-343, 442, 443, 566-567, 599. — simultané pour les fleurs d'une même inflorescence, 20, 442, 443, 532, 630.
Espèce (Délimitation de l'), VIII-X.
Feuilles à disposition capricieuse, 225. — de consistances différentes, 11, 70-71, 229, 517, 518, 521. — dimorphes, 10, 113, 138, 430, 451, 521, 529. — géminées des *Solanées*, 258-260. — inégales, 48, 258-259, 430.

Fleur (Nature de la), XVII-XIX.
Fleurs apétales, 43, 110, 299. — d'une longue durée, 238, 512. — éphémères, 64, 104, 143, 182, 227, 242-243. — sécrétant un liquide, 18, 256, 501. — s'épanouissant sous l'eau, 9, 427, 515, 526.
Frondes des *Fougères* demandent 2-3 ans pour leur complète évolution, 612.
Gaînes tubuleuses foliaires des *Graminées* sont loin d'être toujours fendues, 598.
Germination, XIV-XV. — au sein du fruit, 177, 216. — capricieuse, XV, 265. — très lente et très prompte, XV.
Gibbosité (Cause de la) du *Lemna gibba*, 527.
Glandes foliaires des *Rutacées* et des *Hypéricinées*, 44.
Glaucescence indépendante de l'influence des milieux (voir Couleurs et Milieux).
Graines inertes à l'ombre des vieux taillis, 5, 255. — non altérées par leur passage dans l'intestin des oiseaux, 215, 437, ni par une submersion prolongée, 437. — pourvues de plus d'un embryon, 216.
Granules corticaux des racines et des pseudorrhizes des *Papilionacées*, 137-138, 628.
Greffe entre *Poiriers* et *Pommiers* réussit très rarement, 177. — n'existe pas entre le *Gui* et le rameau nourricier, 217-218. — spontanée entre les rameaux du *Lierre*, 213.
Hibernacles, XV. — de l'*Hydrocharis Morsus-ranæ*, 513-514. — des *Utricularia*, 283. — du *Ceratophyllum demersum*, 427-428. — du *Myriophyllum spicatum*, 188. — du *Potamogeton crispus*, 523-524.
Hybrides (Mode de désignation des), XV-XVI.
Hygrométricité des aigrettes de *Composées*, 399. — des arêtes de *Graminées*, 601. — des dents capsulaires de *Caryophyllées*, 39, et de *Primulacées*, 223. — des feuilles mortes de *Fougères*, 613. — des glumes et des glumelles de *Graminées*, 601-602. — des gousses de *Papilionacées*, 140-141. — des involucres de *Composées*, 398. — des styles de *Géraniacées*, 50.
Hypogynie et **périgynie** des *Rosacées*, 174.

Inflexion pédicellaire de grappes unilatérales, xvi.
Inflorescence, xvi-xvii. — inflammable, 44.
Inflorescences capricieuses : *Actæa spicata*, 20; *Allium*, 483-484; *Amentacées*, 442; *Armeria plantaginea*, 231; *Arum Italicum* et *maculatum*, 530; *Campanula*, 321-322, 484; *Carex*, 566; *Delphinium Consolida*, 20; *Hedera Helix*, 213; *Knautia arvensis*, 342; *Pomacées* et *Rubus*, 173, 177; *Scabiosa Columbaria* et *succisa*, 342; *Sparganium*, 532; *Verbascum Lychnitis, nigrum, Thapsus*, etc., 263-264.
Inflorescences des principales familles : *Amygdalées*, 154; *Caryophyllées*, 36-38; *Cypéracées*, 566; *Graminées*, 599; *Iridées*, 492-493; *Labiées*, 313; *Ombellifères*, 211-212; *Papilionacées*, 138-139; *Renonculacées*, 19-20; *Rosacées*, 173-174; *Scrofularinées*, 281-282.
Inflorescences litigieuses : *Alisma Plantago*, 449-450; *Borraginées*, 252-253; *Bryonia dioica*, 324; *Drosera*, 66; *Helianthemum*, 104; *Crassulacées*, 152; *Crucifères*, 100-101; *Geranium*, 628; *Lilium candidum*, 484; *Montia fontana*, 144; *Oxalis Acetosella*, 43; *Ruscus aculeatus*, 488-489; *Solanées*, 256-258; *Spiræa Ulmaria* et *Filipendula*, 174; *Tiliacées*, 54.
Innocuïté (Certains cas d') des *Orties*, 413.
Jordanisme (Contre le), viii-x.
Latex blanc, 56, 72, 215, 321, 421. — jaunâtre, 72, 4.2. — s'échappant, au moindre contact, des feuilles de certains *Lactuca* et *Mulgedium*, 386.
Loupes du *Hêtre*, 429.
Marcescence des feuilles du *Chêne* et du *Hêtre*, 429, et du *Rubia peregrina*, 334.
Métamorphose (Contre la), xvii-xix, 26, 236.
Milieux (Influence souvent nulle des), 9-10, 70, 197, 408, 427, 441, 520, 593, 596.
Monocarpien, xix-xx. — n'indique en rien la durée des plantes, xxii.
Mouvements de calices, 227, 271. — d'étamines, 21, 64, 161, 169. — de feuilles vivantes (en dehors du sommeil), 62, 65, 388-389, 392, 613. — de pédicelles et de pédoncules

postérieurement à la floraison, 38-39, 50, 71, 102, 104, 186, 226, 228, 235, 241, 266, 267, 316, 384, 456, 457, 463, 494, 503, 515. — de styles, 185.

Niveau (Loi de), xx, 454, 455, 475-476, 507-508.

Odeur aromatique de feuilles par la dessiccation, 118, 135, 314, 331, 416, 436, 568. — de pseudorrhizes, 172, 223, 329, 369, 397, 536, 546, 583. — de racines, 55-56, 210, 329, 364, 369, 397. — de rhizomes, 66, 172, 223, 397.

Odeur fétide de bois, 111, 153, 213, 214, 321, 327. — de feuilles, 48, 87, 94, 246, 296, 360, 363, 378, 388, 401, 418, 491. — de fruits, 2-3. — de pseudorrhizes, 321, 329, 338, 397, 451, 568. — de racines, 53, 135, 210, 218, 297, 321, 329, 347, 361, 390. — de rhizomes, 321, 338, 397, 451, 455, 460, 485, 486, 494.

Odeur forte de racines, 67, 99, 136, 153. — variable de quelques fleurs, 486, 512.

Partition, xx-xxi. — associée parfois à la ramification, 258, 395. — des pseudorrhizes des *Fougères*, 611. — expliquant quantité d'inflorescences, 42, 54, 66, 71, 100, 104, 144, 152, 174, 214, 234, 252-253, 258-259, 324, 355, 395, 415, 487. — produisant les ramifications du rhizome des *Fougères*, 611.

Pérennant, xxii.

Phases végétatives comparées de l'existence des *Néottiées* et des *Ophrydées*, 510.

Phyllodes de certains *Potamogeton*, 518, 519, 521.

Pivot de germination, xxii, 627.

Plantes à végétation exclusivement souterraine jusqu'à la floraison, 60, 289, 504. — croissant entièrement submergées, 247, 292, 551, 555. — demi-parasites, 279, 280-281, 417. — parasites, 214, 244-245, 287. — parasites sur elles-mêmes, 215, 245, 288. — prétendues carnivores, 65. — rebelles à la culture, 56, 67, 237. — sans racine ni pseudorrhizes, 283, 428, 527. — saponifères, 24.

Plurannuel, (Nécessité du terme), xxii.

Pseudorrhizes, xxii-xxiii. — aériennes, xxiii, 15, 151. — ascendantes, xxiii, 561, 574, 582. — charnues de *Spiranthes* bien différentes du tubercule des *Ophrydées*, 511. — dauciformes, 15, 478-479. — des chicots pétiolaires de *Fougères*, 611. — des *Néottiées* comparées à celles des *Ophrydées*, 510-511. — dimorphes, 14, 196, 198, 348. — naissant aux points les plus divers des mérithalles, xxiii, 311, 396, 488, 561. — naissant seulement aux nœuds mérithalliens, xxii-xxiii, 290, 311, 312, 488, 523, 561, 617. — produisant un prolongement réparateur sur l'aire de leur section transversale, 511.

Racine, xxiii-xxiv. — produisant un prolongement réparateur sur l'aire d'une section transversale, 210.

Radicule, xxiv. — ascendante, 189.

Rameaux de *Saules* fragiles à leur insertion, 440.

Régression, xxiv.

Renflement de bourgeons souterrains de certains *Equisetum*, 617. — de l'écorce dans la partie submergée de certaines tiges, 64, 141-142, 182, 294. — de pseudorrhizes, 15, 133, 146, 198-200, 242, 320, 338, 351, 490, 508, 511. — de racines, xii, 320, 323. — des écailles des bourgeons souterrains des *Potamogeton fluitans, perfoliatus* et *lucens*, 523. — des gaines foliaires radicales du *Poa bulbosa*, 587.

Renflements des organes souterrains, classés d'après : la durée, 482 ; la nature de l'organe, 481-482 ; le siège anatomique du renflement, 481-482, 630.

Renflements parsemés : sur pseudorrhizes, 155, 621 ; sur racine, 324 ; sur rhizome, 134, 270, 523, 554, 556, 579.

Repos (Loi de), xxiv-xxv.

Rhizomes en même temps cespiteux et drageonnants, 560, 574. — sans destructions en leur partie inférieure, ni progression à leur sommet, 209.

Signes ∞, xxii. — !, vii. — ×, xv. — †, vii.

Sommeil des fleurs, xxv, 27, 51, 104, 227, 239-240, 322-323, 397-398, 457-458.

Souches en certains cas distinctes de rhizome et formant plusieurs centres vitaux sur un même rhizome, xxv-xxvi, 410, 424, 485, 531, 561. — frappées de léthargie dans les vieux taillis, 4, 107, 370, et dans les étangs desséchés, 556.

indéfinies, 71, 108, 122, 173, 231, 238, 281, 311, 561. — indéfinies avec un rhizome sympodique, 514. — indiquées à tort comme indéfinies, 4, 65, 223, 250, 452, 473, 505, 555, 596. — repoussent après exploitation, à l'aide de bourgeons normaux et non pas (sauf pour quelques essences, 431, 434) à l'aide de bourgeons adventifs, 430, 434. — repoussent mal si on les a exploitées trop bas, 430-431. — se refusent à repousser chez les *Abiétinées*, quelle qu'ait été l'exploitation, 447.

Soudures (Contre l'hypothèse des). Voir Adhérences.

Spathe des *Allium*, 463.

Stolons XXVI, 63. — s'insinuant en terre par leur extrémité, 43, 241, 242, 293, 575, 582.

Subérosité des rameaux d'*Acer campestre* et d'*Ulmus campestris*, 57, 412.

Suçoirs des *Rhinanthacées*, 280-281. — des *Thesium* 417. — du *Gui* ne pénètrent pas dans le bois, mais sont englobés dans les couches ligneuses en formation, 216-217.

Sympodisme (Contre le) de certaines inflorescences, 58-59, 144, 152, 253, 256, 324.

Tentacules des *Orobanches*, 287-288.

Tératologie :

    Accrescence de bractées, 341. — des écailles femelles de *Carex* (*C. Kochiana*, *C. prolixa*), 564-565. — de glumes et glumelles, 602. — de calices, 339.

    Androgynie de chatons, 443-444.

    Avortement de corolles, 12. — de fleurs, 341. — de lames carpellaires, 455. — de pièces du périanthe, 498.

    Coalescence de rameaux d'inflorescence, 602.

    Dédoublement de filets staminaux et d'ovaires, 443.

    Ergot remplaçant l'ovaire, 602.

    Fasciation caulinaire, 399, 414, 426. — pédonculaire, 12, 66, 174, 223. — réceptaculaire, 12. — de rayons d'ombelle, 211.

    Foliation d'épis de *Plantago*, 231.

    Gale du *Poa nemoralis*, 588.

TABLE DES MATIÈRES.

Géantisme de fruits, 374, 409, 549 (*Carex sicyocarpa* Lebel).

Gynandrie, 443.

Hypertrophie locale de rameaux de *Genévrier*, 446-447.

Lobation de pétales, 88.

Multiplication d'étamines, 444, 455, 498. — de lames carpellaires, 266, 455. — de pièces florales, 13, 39, 73, 82-83, 106, 156, 174, 330, 455, 459, 488.

Partition caulinaire, 66, 399, 602. — de pseudorrhizes, 611. — d'inflorescence, 602. — de hampe, 455. — du sommet des frondes de *Fougères*, 611.

Pélorie, 106.

Peltation de feuilles, 53, 431.

Pétalisation d'anthères, 174.

Polycladie, 444.

Prolification de fleurs, 82-83, 126, 211, 228, 318, 458, 462, 464, 534, 602. — d'inflorescences, 40, 126, 211, 340, 352, 415, 426.

Raccourcissement de l'axe floral du *Lolium cristatum*, 595.

Ramification de l'inflorescence, 119-120, 230, 234, 426, 565, 595, 602.

Roses de *Saules*, 444.

Soudure d'anthères, 443. — de filets, 443.

Stérilité de fruits, 89, 341, 374, 409, 549.

Verticillation de feuilles, 57, 61, 141, 185, 225, 227, 232, 268, 337, 412, 442, 488.

Virescence, 39, 126, 228, 299, 318, 339, 426.

Tiges fausses, 237, 485, 503, 563, 597. — même ligneuses, se redressant spontanément après avoir été inclinées, 447, 597-598. — radicantes spontanément après s'être détachées de la souche, 10, 12, 84, 85-86, 196, 201, 268, 379, 410, 524. — sécrétant un liquide, 618. — s'enterrant par leur sommet radicant, 160, 187, 241, 575. — tétragones des *Hypéricinées*, *Rubia* et *Galium* par la présence d'ailes corticales, 312, 335, et tétragones des *Labiées* et *Scrofularinées* par développement d'angles au cylindre central, 312.

Torsion des feuilles de *Graminées* (voir Version). — de pédicelles, 76, 512-513. — de pétioles et de pétiolules, 1, 76, 461. — des ovaires d'*Orchidées*, 512-513, 631. — du labelle du *Loroglossum hircinum*, 495, et du rachis des *Spiranthes*, 513.

Transformation rapide du système souterrain de certaines plantes, 19, 150-151, 183, 231, 242.

Tubercules, 13, 18, 75, 150, 193. — à plateau prolifère du *Gladiolus Gandavensis*, 481. — de la *Pomme-de-terre*, 254, 482-483. — de l'*Igname*, 490-491. — du *Colchicum autumnale*, 453-454. — du *Tamus communis*, 490.

Tubercules des Orchidées : constitués par une pseudorrhize hypertrophiée et non par une agglomération de pseudorrhizes, 508-509. — munis parfois de deux bourgeons de remplacement, 506. — oscillant alternativement à droite et à gauche, 506. — sessiles ou pédicellés, 507. — simples ou palmés, 505-506.

Usurpation (Contre l'hypothèse de l') : *Borraginées*, 253 ; *Bryonia dioica*, 325 ; *Solanées*, 256-259 ; *Vigne*, 58-59.

Verdissement des corolles de *Primula* par la dessiccation, 223.

Version de feuilles : *Allium ursinum*, 461 ; *Graminées*, 594, 598-599 ; *Lactuca saligna* et *Scariola*, 386 ; *Salix*, 442.

Vitalité opiniâtre : racines d'*Eryngium campestre* et de *Vigne*, après suppression de la souche, 190 ; rameaux détachés de *Sedum*, 153 ; souches arrachées d'*Iris Germanica* et de *Nephrodium Filix-mas*, 611-612.

Volubilité, XXVI-XXVII, 241, 326.

TABLE DE PLANTES

MENTIONNÉES EN CET OUVRAGE, BIEN QU'ÉTRANGÈRES A LA COTE-D'OR

Ceux des noms spécifiques, qui ont été inscrits en français dans le corps de l'ouvrage, le sont en latin dans cette table.

Abies excelsa DC. 53, 215, 447,
— pectinata DC. 215.
Æsculus Hippocastanum L. xii, 215, 434.
Agave Americana L. xix-xx.
Ajuga pyramidalis L. 309, 392.
Allium fallax Don 479.
— Moly L. 474.
Allosurus crispus Bernh. 625
Amygdalus L. 154.
— communis L. 215.
Anthoxanthum villosum Dumort. 567.
Armeria plantaginea Willd. 231.
Artemisia campestris L. 363.
Arum Dracunculus L. 529.
— palmatum Hort. 529.
Asphodelus albus Willd. 482.
Asplenium Halleri DC. 606.
Atriplex littoralis L. 404.
Beta vulgaris L. rapacea Koch xii, 403, 481, 482, 630.
Bidens radiata Thuill. 359.
Bunias Erucago L. 210.
Brassica Napus L. xii, 481, 482.
— Rapa L. xii, 481, 482, 630.
Calendula officinalis L. 352.
Cannabis sativa L. 27, 284, 289.
Caucalis leptophylla L. 208.
Cercis Siliquastrum L. 137.
Chærophyllum bulbosum L. 194, 482, 629.
— nodosum Lmk 204.
Chailletia 174.
Chrysanthemum montanum L. 362.
Cirsium hybridum Koch 350.
— palustri-oleraceum Næg. 350.
— pratense DC. 352.
Cladanthus proliferus 352.
Colchicum variegatum L. 453.
Coleus Blumei Benth. 284.
Convolvulus Batatas L. 241, 482.

Convolvulus tricolor L. 243.
Corydalis cava Schw. 77.
Cratægus Crus-Galli L. 215.
Crocus L. 476, 479, 480, 481, 482.
Cucumis Melo L. 324.
— perennis xxiii, 324, 482.
— sativus L. 324.
Cucurbita Pepo Seringe 324.
Cyclamen Europæum L. 226.
Cynara Cardunculus L. xi.
Dahlia 351, 482.
Datura meteloides 256.
Daucus Carota L. xii, 481, 482.
Dielytra spectabilis DC. 77.
Digitalis grandiflora All. 272.
Dionæa 65.
Dioscorea Batatas Decaisne 481, 482, 490-491.
Ecbalium Elaterium 323, 324.
Echinops L. 397.
Eopopon vitifolius 324, 482.
Ephedra L. 27.
Epilobium collinum Gmel. 180.
Epipactis microphylla Sw. 502.
Faba vulgaris Mœnch 138.
Farsetia clypeata R. B. xxi.
Fraxinus Ornus L. 215.
Fritillaria imperialis L. 455, 468.
Galium saccharatum All. 332.
Geranium pratense L. 48.
Gladiolus L. 476, 479, 480, 481, 482, 493.
Gladiolus communis L. 486.
— Gandavensis Hort. 481.
Grammica obtusiflora B. K. 244.
Helianthemum guttatum Mill. 103.

Helianthus tuberosus L. 482.
Hemerocallis fulva L. 482.
Hyacinthus Orientalis L. 467, 470, 473, 474.
Impatiens Balsamina L. xii, 45.
Iris pallida Lmk ? 492.
— Xiphium Ehrh. 468-471, 473, 474.
Juglans regia L. 215, 442.
Juncus pygmæus Thuill. 534.
Knautia sylvatica Duby 340.
Kæleria setacea Pers. 581.
Lactuca sativa L. 386.
— stricta W. K. 386.
Larix Europæa DC. 447.
Lilium L. 473, 477.
— bulbiferum L. 456, 467, 471, 472, 477, 484, 510, 630.
— candidum L. 456, 467, 470, 471, 479, 484, 630.
— croceum Chaix 456, 471, 472, 484, 510, 630.
— Pomponium L. 456, 477.
— Pyrenaicum Gouan 456, 477, 484, 630.
— tigrinum Gawl. 456.
Loranthus Europæus L. 215.
Luzula nivea DC. 537.
Melilotus cærulea Lmk 118.
Morus alba L. 215.
Mulgedium Floridanum 386.
Narcissus Jonquilla L. 494.
Nepenthes 65.
Odontites Jaubertiana Bor. 279.
OEnanthe media Griseb. 200.
Orchis pallens L. 498.
Oryza sativa L. 59.

Oxalis crenata Jacq. 482.
— Deppei H. B. 467, 472, 479.
Pæonia officinalis Retz 19.
Pastinaca sativa L. xii, 482.
Phleum Alpinum L. 572.
Pinguicula vulgaris L. 65, 283.
Pinus L. 447, 598.
— Laricio Poir. 215.
— Picea L. 215.
— sylvestris L. 215, 447.
Pisum sativum L. xii.
Podisoma 447.
Potentilla collina G. G. 167.
— hirta L. 167.
Prenanthes purpurea L. 383.
Primula grandiflora Lmk 224.
Quercus Phellos 215.
— Ilex L. 215.
— rubra L. 215.
Raphanus sativus L. xii, 92, 481, 482, 630.
Raphanus niger Mérat xii.
Ranunculus Chærophyllos L. 481.
Rhus glabra L. 431.
— typhina L. 431.
Richardia Æthiopica Kunth 529.
Saxifraga Aizoon Jacq. 220.

Salix Babylonica L. 215.
Scolymus L. 397.
Scorpiurus vermiculata L. 137, 138.
Senecio Saracenicus L. 377.
— Cacaliaster Lmk 377.
Seseli elatum L. 202.
Sium Sisarum L. 481, 482.
Sonchus palustris L. 388.
Sophora Japonica 137.
Syringa dubia Pers. 432.
— Josika Jacq. 432.
— vulgaris L. 215, 233, 432.
Tamarix Gallica L. 215.
Thladiantha dubia 324, 482.
Thuya Tourn. 446, 447.
Tigridia Pavonia Red. 479.
Tradescantia Virginica L. 210.
Tulipa Gesneriana L. xx, 454, 455, 468, 470, 472, 473, 478, 479.
Vaccinium Vitis-Idæa L. 625.
Veratrum album L. 237.
Vinca major L. 233.
Viola Cryana Ravin 108.
— lancifolia Thore 106.
— Rothomagensis Desf. 108.

TABLE DES FAMILLES

Les pages précédées d'un trait horizontal sont celles où il est parlé accessoirement de la famille.

Acérinées, 56.
Alismacées, 448.
Amarantacées, 400.
Amaryllidées, 493. — 470.
Ambrosiacées, 399.
† Ampélidées, 58.
Amygdalées, 153. — xviii.
Apocynées, 233.
Aristolochiées, 418.
Aroidées, 528.
Asclépiadées, 234.
Asparaginées, 485.
Balsaminées, 44.
Berbéridées, 21.
Bétulinées, 444.
Borraginées, 245. — xx, 256.
Butomées, 452.
Callitrichinées, 426.
Campanulacées, 315. — xviii, xxv.

Cannabinées, 411.
Caprifoliacées, 326.
Caryophyllées, 21. — xii, xviii, 101, 102, 379, 484, 485.
   Alsinées, 28. — xii, 485.
   Silénées, 21. — 485.
Célastrinées, 58.
Cératophyllées, 427.
Circéacées, 186.
Cistinées, 102.
Colchicacées, 452.
Composées, 347. — xxv, 340. 415.
   Carduacées, 347. — xi.
   Chicoracées, 378. — xv, 321, 323.
   Radiées, 359. — xxiii.
Convolvulacées, 240.
Crassulacées, 146. — xx.

CRUCIFÈRES, 78. — XVI, XVII, XX-XXI, 35, 67, 323, 379.
   Siliculeuses, 91.
   Siliqueuses, 78.
CUCURBITACÉES, 323. — XI, XVIII.
CUPRESSINÉES, 446.
CUPULIFÈRES, 428.
CUSCUTACÉES, 243.
CYPÉRACÉES, 538. — XV, 594, 596, 597, 598.
DIOSCORÉES, 490. — XVIII.
DIPSACÉES, 339.
DROSÉRACÉES, 65.
ELATINÉES, 40.
EQUISÉTACÉES, 614.
ERICINÉES, 221.
EUPHORBIACÉES, 418. — 321.
FOUGÈRES, 603.
FUMARIACÉES, 73.
GENTIANÉES, 235.
GÉRANIACÉES, 45.
GLOBULARIÉES, 314.
GRAMINÉES, 567. — XV, XXII, 243, 244, 280, 563.
GROSSULARIÉES, 218.
HALORAGÉES, 187.
HÉDÉRACÉES, 212.
HIPPURIDÉES, 416.
HYDROCHARIDÉES, 513.
HYPÉRICINÉES, 60. — XVIII, 44.

ILICINÉES, 232.
IRIDÉES, 491. — 476, 480.
JONCÉES, 532.
JONCAGINÉES, 516.
LABIÉES, 290. — XII, 36, 37, 63, 282, 284, 321, 335, 484-485.
LEMNACÉES, 526.
LENTIBULARIÉES, 282.
LILIACÉES, 454. — XVI, XVIII, 453, 494-495.
LINÉES, 41.
LORANTHACÉES, 214.
LYCOPODIACÉES, 618.
LYTHRARIÉES, 141.
MALVACÉES, 50.
MARSILÉACÉES, 614.
MONOTROPÉES, 59.
NAIADÉES, 525.
NYMPHÉACÉES, 67.
OLÉINÉES, 232.
OMBELLIFÈRES, 189. — XV, 357.
ONOGRARIÉES, 178.
ORCHIDÉES, 495. — 14, 18, 244.
   Néottiées, 501.
   Ophrydées, 495. — XVI. XX, 14, 133, 338, 481, 482.
OROBANCHÉES, 283.
OXALIDÉES, 42.

TABLE DES FAMILLES.

Papavéracées, 71.
Papilionacées, 111. — XVI, 244, 311, 411, 446.
Paronychiées, 144.
Plantaginées, 228.
Polygalées, 54.
Polygonées, 404.
Pomacées, 175. — 173, 174.
Portulaciées, 142.
Potamées, 516.
Primulacées, 222.
Pyrolacées, 66.
Renonculacées, 1. — XII, XVIII, 174.
Résédacées, 67.
Rhamnées, 110.
Rosacées, 155. — XVIII, XXI, 154, 415.
Rubiacées, 330.

Rutacées, 44.
Salicinées, 432.
Salsolacées, 401.
Sanguisorbées, 413.
Santalacées, 417.
Saxifragées, 219. — XXI.
Scrofularinées, 264. — 312.
Solanées, 254. — XX.
Thyméléacées, 415.
Tiliacées, 53. — XVIII.
Typhacées, 530.
Ulmacées, 411.
Urticées, 412.
Vacciniées, 314.
Valérianées, 336.
Verbascées, 260.
Verbénacées, 313.
Violariées, 104. — XVIII.

TABLE DES GENRES ET DES ESPÈCES

Les noms des genres sont imprimés en petites capitales, ceux d'espèces en romain et les synonymes en italique. Les petits caractères romains et italiques servent pour les espèces qui sont imparfaitement naturalisées, ou dont l'existence dans le département reste contestable. — Quand les espèces d'un même genre exigent l'emploi du romain et de l'italique, les noms spécifiques ont alors autant de séries alphabétiques que de sortes de caractères. — L'énumération taxinomique des genres et des espèces est à la page qui suit immédiatement leurs noms; les pages à la suite d'un trait horizontal sont celles où il est parlé accessoirement d'un genre ou d'une espèce.

ACER L. 56.
  campestre L. 57. — 56, 214, 215, 412.
  Monspessulanum L. 57. — 215.
  opulifolium Vill. 57.
  platanoides L. 57. — XXIII, 56, 215.
  Pseudo-Platanus L. 57-58. — 56, 215.
ACERAS R. Br. 495.
  anthropophora R. Br. 495. — 505, 512.
ACHILLEA L. 360. — 284.
  Millefolium L. 360. — 284.
  Ptarmica L. 360.
ACONITUM L. 17. — 20.
  lycoctonum L. 17. — 16, 622.
  Napellus L. 17-18. — 17, 19, 133, 322, 338.
ACTÆA L. 18.
  spicata L. 18. — 20.
ADENOCARPUS DC. 112.
  complicatus J. Gay 112.
  parvifolius DC. 112.
ADONIS L. 5. — 19.
  æstivalis L. 5.
  autumnalis L. 5.
  flammea Jacq. 5.
ADOXA L. 326.
  Moschatellina L. 326.
ÆGOPODIUM L. 192.
  Podagraria L. 192. — XXIII, 211.
ÆTHUSA L. 198.
  Cynapium L. 198.
AGRIMONIA L. 172.
  Eupatoria L. 172. — 172, 174.
  odorata Ait. 172.
Agrostemma Githago L. 28.
AGROSTIS L. 572. — 601.
  alba L. 572-573. — 602.
  canina L. 573. — 572, 602.
  surculifera 573. — 572.
  coarctata Hoffm. 572-573.

dubia DC. 573.
gigantea Gaud 572.
rubra L. ? 573.
Spica-venti L. 573.
stolonifera L. 572.
vulgaris With. 572.

AIRA L. 576.
præcox L. emend. 576.—622.
cæspitosa L. 577.
canescens L. 576.
caryophyllea L. 576.
flexuosa L. 578.
multiculmis Dumort. 576, 622.
subaristata Faye 577.

AJUGA L. 307. — 312.
Chamæpitys Schreb. 308. — 307.
Genevensis L. 309. — XXIV, 307, 308.
reptans L. 308-309. — XIV, 299, 311, 392.
Alpina Vill. 309.
pyramidalis Lorey 309.

ALCHEMILLA Tourn. 413.
arvensis Scop. 414. — 413.
vulgaris L. 414. — 413.

ALISMA L. 448.
natans L. 450. — 448.
Plantago L. 448-450. — 451, 484.
ranunculoides L. 451. — 448.
arcuatum Michal. 449.
Damasonium L. 451.
graminifolium Ehrh. 449.
lanceolatum Rchb. 449.

Alliaria officinalis DC. 87.

ALLIUM L. 459. — 452, 474, 475, 477, 478, 479, 480, 483, 484.
acutangulum Schrad. 462. — 460, 462, 467, 469, 474, 479, 483, 495.
oleraceum L. 462-463. — 460, 461, 462, 464, 465, 469, 470,
471, 472, 475, 477, 478, 483.
rotundum L. 465. — VIII, 460, 461, 463, 468, 469, 474, 475, 477, 478, 481, 483.
Schœnoprasum L. 461-462. — 460, 463, 464, 467, 483.
sphærocephalum L. 465. — 460, 461, 463, 464, 465, 468, 470, 474, 475, 477, 483.
ursinum L. 461. — 460, 463, 467, 483.
vineale L. 464-465. — XII, 220, 460, 461, 462, 463, 468, 471, 477, 483.
approximatum G. G. 465.
carinatum Lorey, non L. 463.
compactum Thuill. 464.
complanatum Bor. 462.
pallens Lorey 463.
senescens Lorey 462.

ALNUS Tourn. 445.
glutinosa Gœrtn. 445-446. — 215, 442, 548.

ALOPECURUS L. 570. — 601.
agrestis L. 570. — 601, 602.
geniculatus L. 571. — 570.
pratensis L. 570. — 601.
utriculatus Pers. 570. — 601, 602.
fulvus Sm. 571.

ALSINE Whlnbg 30.
Jacquini Koch 31. — 30.
mucronata L. 31. — 30.
tenuifolia Whlnbg 31. — 30, 39.
verna Bartl. 31.

ALTHÆA L. 51.
hirsuta L. 52. — 51, 52.
† officinalis L. 52.
cannabina L. 52.

ALYSSUM L. 92.
calycinum L. 92. — 99.
montanum L. 92.
incanum L. 92.

TABLE DES GENRES ET DES ESPÈCES. 653

AMARANTUS Tourn. 400. — 403.
retroflexus L. 400.
sylvestris Desf. 400.
Blitum Lorey 400.
albus L. 400.

AMELANCHIER Mœnch 176.
vulgaris Mœnch 176.

AMMI Tourn. 192.
majus L. 192.
Visnaga Lmk 192.

ANACAMPTIS Rich. 496.
pyramidalis Rich. 496. — 505, 509.

ANAGALLIS Tourn. 227.
arvensis L. 227-228. — 225.
tenella L. 228. — 225, 227, 228.
cærulea Schreb. 227, 629.
phœnicea Lmk 227.

ANARRHINUM Desf. 273.
bellidifolium Desf. 273.

ANCHUSA L. 246.
Italica Retz 246.

ANDROPOGON L. 569.
Ischæmum L. 569. — 601.

ANDROSACE Tourn. 224.
maxima L. 224, 622.

ANEMONE L. 3. — 20.
Hepatica L. 4. — 3.
nemorosa L. 4-5. — xxv, 3, 457.
Pulsatilla L. 3-4.
ranunculoides L. 5. — 3, 20, 457.

Anethum graveolens L. 206.

ANGELICA L. 204. — 192.
sylvestris L. 204-205. — xxii.

ANTENNARIA Gærtn. 366.
dioica Gærtn. 366.

ANTHEMIS L. 360.
arvensis L. 361. — 360, 398.
Cotula L. 361. — 360, 398.
nobilis L. 360.

ANTHOXANTHUM L. 567.
odoratum L. 567-568. — 600, 601, 602.

ANTHRISCUS Hoffm. 203.
† Cerefolium Hoffm. 203.
sylvestris Hoffm. 203. — 210.
vulgaris Pers. 203. — 209, 211.

ANTHYLLIS L. 115. — 243.
montana L. 115.
Vulneraria L. 115.

ANTIRRHINUM Juss. 272.
† majus L. 273. — 272.
Orontium L. 273. — 265, 272.

APERA Adans. 573.
Spica-venti P. B. 573. — 601.

AQUILEGIA L. 16. — 18.
vulgaris L. 16. — 19.

ARABIS L. 79.
arenosa Scop. 80. — 79, 99, 101.
brassicæformis Wallr. 79. — 99.
sagittata DC. 80. — 79, 99, 100, 101.
Turrita L. 80. — 79, 99, 284, 289.
Thaliana L. 87.

Arbutus Uva-ursi L. 222.

ARCTOSTAPHYLOS Adans. 222.
officinalis Wimm. et Grab. 222.

ARENARIA L. 31.
serpyllifolia L. 31-32. — 39.
fasciculata Jacq. 31.
leptoclados Guss. 32.
rubra L. 28.
setacea Lorey 31.
tenuifolia L. 31.
trinervia L. 31.
viscidula Thuill. 31.
segetalis Lmk 28.
verna L. 31.

ARISTOLOCHIA Tourn. 418.
Clematitis L. 418.

ARNICA L. 371.
   montana L. 371. — 397.
ARNOSERIS Gærtn. 378.
   minima Koch 378.
ARRHENATHERUM P. B. 579.
   elatius M. et K. 579. — 587, 600, 601, 602.
ARTEMISIA L. 362.
   Absinthium L. 363. — 362.
   vulgaris L. 363. — 396.
ARUM L. 528.
   Italicum Mill. 528. — VIII, 449, 479, 529, 530.
   maculatum L. 528. — 480, 529, 530.
   vulgare Lmk 528.
Arundo Phragmites L. 581.
ASARUM Tourn. 418.
   Europæum L. 418. — 622.
Asparagus officinalis L. 489.
ASPERUGO Tourn. 251.
   procumbens L. 251.
ASPERULA L. 330.
   arvensis L. 330.
   cynanchica L. 330. — 335.
   galioides M. B. 629.
   odorata L. 330. — 335.
ASPIDIUM Sw. 609.
   aculeatum Sw. 609. — 612, 613.
   fragile DC. 609.
   regium Sw. 607.
ASPLENIUM L. 605.
   Adiantum-nigrum L. 606. — 605, 613.
   Filix-femina Bernh. 607. — 605, 606, 610, 611, 612, 613.
   Ruta-muraria L. 606. — 605, 611, 612, 613.
   septentrionale Sw. 606. — 605, 611, 613.
   Trichomanes L. 606. — 605, 611, 612, 613.

ASTER L. 371.
   Amellus L. 371. — 396.
   brumalis Nees 371.
   Novi-Belgii L. 371.
   salignus Willd. 371.
ASTRAGALUS L. 117.
   glycyphyllos L. 117.
ATHAMANTA Koch 203.
   Cretensis L. 203.
   Pyrenaica Jacq. 201.
Athyrium Filix-femina Roth 607.
ATRIPLEX Tourn. 404. — 243.
   hastata L. emend. 404.
   angustifolia Sm. 404.
   hastata L. 404.
   littoralis Lorey 404.
   patula L. 404.
   rosea L. 621.
ATROPA L. 255.
   Belladona L. 255. — 5, 258, 259.
AVENA L. 580. — 244.
   fatua L. 580. — 601.
   pratensis L. 580. — 601.
   pubescens L. 580. — 598, 601.
   bulbosa Willd. 579.
   elatior L. 579.
   flavescens L. 580.
   lanata Kœl. 579.
   mollis Kœl. 578.
   Orientalis Schreb. 580. — 601.
   sativa L. 580. — 599, 601.
BALDINGERA Fl. Wett. 568.
   arundinacea Dumort. 568. — 597.
BALLOTA Tourn. 305.
   nigra L. 305. — 311, 313.
   fœtida Lmk 305.
BARBAREA R. Br. 78.
   patula Fries 79. — 78.
   vulgaris R. Br. 79. — 78, 101.
   arcuata Rchb. 79.
   intermedia Bor. 79.
   parviflora Fries 79.

TABLE DES GENRES ET DES ESPÈCES.

præcox R. Br. 79.
stricta Bor. 79.

BARKHAUSIA Mœnch 388.
fœtida DC. 388.
† setosa DC. 389. — 388.
taraxacifolia DC. 388-389. — 384, 390.

BELLIS L. 362.
perennis L. 362.

BERBERIS L. 21.
vulgaris L. 21.

Beta maritima L. 404.

BETONICA L. 304.
officinalis L. 304. — 311.

BETULA Tourn. 444.
alba L. 444-445. — 53, 215.
pubescens Ehrh. 445.

BIDENS L. 359.
cernua L. 359-360. — XII.
tripartita L. 359. — 244.

BISCUTELLA L. 97.
lævigata L. 97.
ambigua DC. 97.

BLECHNUM L. 605.
Spicant Roth 605. — 611.

BLITUM Tourn. 403.
Bonus-Henricus Rchb. 403.
rubrum Rchb. 403.
capitatum L. 403.
virgatum L. 403.

† **BORRAGO** Tourn. 245.
† officinalis L. 245-346.

BOTRYCHIUM Sw. 609.
Lunaria Sw. 609-610.

BRACHYPODIUM P. B. 594.
pinnatum P. B. 594. — 598, 601. 602.
sylvaticum Rœm. et Schult. 594. — 598.
distachyon P. B. 594.

† **BRASSICA** L. 90.
† nigra Koch 90.

Erucastrum Lorey 90. — 91, 628.

BRAYA Sternb. et Hoppe 88.
supina Koch 88.

BRIZA L. 585. — 598.
media L. 585.
minor Lorey 585.

BROMUS L. 588. — 598.
arvensis L. 589. — 601.
asper Murr. 590. — 588, 590.
erectus Huds. 590. — 588, 600, 601, 602.
mollis L. emend. 589. — 601.
secalinus L. 590. — 589, 601.
squarrosus L. 590. — 589.
sterilis L. 589. — 588, 589, 601.
tectorum L. 589. — 588.
giganteus L. 592.
mollis L. 589.
pratensis Ehrh. 589.
racemosus L. 589.
triflorus L. 592.

BRUNELLA Tourn. 305. — 312.
grandiflora Jacq. 306. — 305. 311.
vulgaris L. 306. — 305, 306, 312.
alba Pall. 306.
laciniata Lorey 306.

BRYONIA L. 323. — 1.
dioica Jacq. 323-326. — XXIII, XXVII, 481, 482, 630.

BUFFONIA L. 30.
macrosperma J. Gay 30. — 36.
annua DC. 30.

Bulliarda Vaillantii DC. 146.
Bunium virescens DC. 202.

BUPHTHALMUM L. 366.
salicifolium L. 366.

BUPLEVRUM Tourn. 190.
aristatum Bartl. 191.
falcatum L. 191. — 190.

rotundifolium L. 191. — 190.
tenuissimum L. 191.
BUTOMUS L. 452.
umbellatus L. 452.
BUXUS Tourn. 424.
sempervirens L. 424-425.
CALAMAGROSTIS Adans. 574.
Epigeios Roth 574.—XXIII, 597.
lanceolata Roth 574-575. —
XXIII, 548, 574, 597, 600.
CALAMINTHA Tourn. 296.
Acinos Gaud. 296. — 311.
officinalis Mœnch 296. — 63,
311, 312, 343.
menthæfolia Host 296.
Nepeta Lmk 296.
CALENDULA L. 364.
arvensis L. 364.
CALEPINA Desv. 98.
Corvini Desv. 98.
CALLITRICHE L. 426.
aquatica Huds. 426-427.
autumnalis Lorey 426.
verna Lorey 426, 427.
CALLUNA Salisb. 221.
vulgaris Salisb. 221-222.
Erica DC. 221.
CALTHA L. 15.
palustris L. 15. — 20, 373.
CALYSTEGIA R. Br. 241.
sepium R. Br. 241-243.—XIV,
XXVI, XXVII, 43, 575.
CAMELINA Crantz 93.
sativa Crantz 93.
sylvestris Wallr. 93.
CAMPANULA Tourn. 315. — XII,
244, 321, 484, 567.
Cervicaria L. 317. — 315, 320,
321, 322.
glomerata L. 317. — 315, 320,
321, 322.
patula L. 316. — 315, 321.
persicæfolia L. 318. — 315,
316, 320, 321, 484.
rapunculoides L. 317. — 315,
316, 320, 321, 322, 484.
Rapunculus L. 316. — XII,
315, 320, 322, 629.
rotundifolia L. 317-318. — 315,
316, 321, 322.
Trachelium L. 317. — XIX, 4,
315, 316, 320, 321, 322.
CAPSELLA Vent. 96. — 101.
Bursa-pastoris Mœnch 96. —
XIV, 101.
rubella Reut. 96.
CARDAMINE L. 80.
deciduifolia 83-84. — 81, 101.
impatiens L. 81. — 100, 102.
pratensis L. 82-83. — 81, 83,
84, 100, 102.
sylvatica Lmk 81-82.
dentata Schult. 82.
hirsuta Lorey 81.
amara L. 84.
hirsuta L. 81, 82.
parviflora L. 82.
CARDUUS L. 352.
crispus L. 353. — 352, 397.
defloratus L. 353. — 352.
nutans L. 353. — 352, 397.
acanthoides L. 353.
CAREX L. 538. — 343, 555, 560,
567, 597, 599.
acuta L. 549. —XXIII, 541, 548,
549, 550, 551, 560, 566.
alba Scop. 549. — 542, 560,
561, 562, 563.
ampullacea Good. 549.—XXIII,
542, 561.
brizoides L. 547. —XXIII, 541,
561, 563.
canescens L. 545. — 539.
cyperoides L. 544. — 538.
Davalliana Sm. 543. — 538,
560, 565.
digitata L. 547. — 540, 561,
564.

distans L. 546. — 540, 563, 565, 566.
disticha Huds. 547. — xxiii, 541, 561, 562, 563, 564, 566.
elongata L. 544. — 539.
filiformis L. 551. — 543.
flava L. 545. — 540, 560, 563, 564, 565, 566.
glauca Scop. 549. — xxiii. 542, 561, 562, 563, 564, 565, 566.
gynobasis Vill. 547. — 541, 560, 561, 563, 564, 565.
hirta L. 551. — 543, 561, 563, 565, 566.
Hornschuchiana Hoppe 545-546. — 540.
humilis Leyss. 547. — 540, 560, 561, 564.
lævigata Sm. 546. — 540, 560, 562.
leporina L. 544. — 539, 561, 563.
limosa L. 549. — 542.
maxima Scop. 545. — 539, 551, 566.
montana L. 546. — 541, 560, 561.
muricata L. 543-544. — 539, 561, 564.
nutans Host 551. — 542, 560, 562, 566.
pallescens L. 545. — 539, 562, 564.
paludosa Good. 550-551. — 542, 551, 560, 561, 562, 563, 564, 565, 566.
panicea L. 549. — 542, 561, 562, 563, 565, 566.
paniculata L. 544. — 539, 548, 562, 563, 564.
paradoxa Willd. 544. — 539, 544, 548, 563.
pilulifera L. 546. — 541.
polyrrhiza Wallr. 546-547. — 541, 566.

præcox Jacq. 549. — xxiii, 542, 561, 562, 564, 565, 566.
Pseudo-Cyperus L. 546. — 540.
pulicaris L. 543. — 538, 562.
remota L. 544. — 539.
riparia Curt. 551. — xxiii, 542, 550, 551, 561, 562, 563, 564, 565, 566.
stellulata Good. 544. — 539, 565.
stricta Good. 548-549. — xxiii, 541, 560, 561, 562, 563, 565, 566, 575.
strigosa Huds. 621.
sylvatica Huds. 546. — 5, 540, 560, 562, 563.
teretiuscula Good. 548. — 541, 544.
tomentosa L. 549. — 543, 561, 562, 565, 566.
vesicaria L. 549. — 542, 562, 564.
vulgaris Fries 548. — 541.
vulpina L. 543. — 539, 560, 564.
cæspitosa DC. 548.
divulsa Good. 543, 564.
fulva Good. 543.
hirtæformis Pers. 551.
Kochiana DC. 550, 565.
Œderi Ehrh. 545.
ornithopoda Willd. 547.
ovalis Good. 544.
patula Host 545.
patula Scop. 546.
prolixa Fries 565.
sicyocarpa Lebel 549.
depauperata Good. 545.
dioica L. 547.

CARLINA Tourn. 347.
acaulis L. 347-348. — 350, 398.
vulgaris L. 347. — xxii, 398.
Chamæleon Vill. 347.

CARPINUS L. 431.

Betulus L. 431-432. — 214.
CARUM Koch 193.
  bulbocastanum Koch 193-194. — 482.
  Carvi L. 193. — 211.
  verticillatum Koch 194. — 193.
CASTANEA Tourn. 429.
  vulgaris Lmk 429. — 215.
CATABROSA P. B. 583.
  aquatica P. B. 583-584.
CAUCALIS L. 208.
  daucoides L. 208. — 209.
CAULINIA Willd. 525.
  minor Coss. et Germ. 525-526.
CENTAUREA L. 355. — 139.
  Calcitrapa L. 356. — 197, 357, 397.
  Cyanus L. 357. — 356.
  Jacea L. emend. 357-358. — 356, 396, 398.
  † paniculata L. 621.
  Scabiosa L. 357. — 356, 286, 397, 398.
  † solstitialis L. 357. — 197, 356.
  amara L. 357.
  Jacea L. 357.
  microptilon G. G. 358, 398.
  nigra L. 357, 358.
  pratensis Thuill. 357.
  serotina Bor. 358.
    aspero-Calcitrapa G. G. 357.
    Calcitrapo-aspera G. G. 357.
    Melitensis L. 621.
    calcitrapoides Gouan 357.
    hybrida Chaix 357.
CENTRANTHUS DC. 336.
  angustifolius DC. 336. — 338.
  † latifolius Dufr. 622.
CENTROPHYLLUM Neck. 358.
  lanatum DC. 358.
CENTUNCULUS L. 226.
  minimus L. 226. — 225.
CEPHALANTHERA Rich. 501.

grandiflora Babingt. 502. — 501, 503, 511, 512.
rubra Rich. 502. — 501, 510.
Xiphophyllum Rchb. 502. — 512.
CERASTIUM L. 33. — 243.
  arvense L. 35. — 34, 36, 38.
  brachypetalum Desp. 34. — 33, 38.
  erectum Coss. et Germ. 35. — 33, 36.
  glomeratum Thuill. 34-35. — 33, 35.
  glutinosum Fries 34. — XIV, 34, 38.
  semidecandrum L. 34. — 38.
  triviale Lmk 35. — 34.
  aquaticum L. 35.
  viscosum DC. 34.
  viscosum Lorey 34.
  vulgatum DC. 35.
  vulgatum Lorey 35.
CERASUS Juss. 153.
  avium Mœnch 154. — 153.
  Mahaleb Mill. 154. — 153, 215, 431.
  Padus DC. 154. — XXIII, 153.
    Caproniana D C. 154.
    vulgaris Mill. 154.
CERATOPHYLLUM L. 427.
  demersum L. 427-428. — XV.
  submersum Lorey 427, 428.
CETERACH C. Bauh. 603.
  officinarum C. Bauh. 603. — 611, 613.
CHÆROPHYLLUM L. 204.
  temulum L. 204.
† CHEIRANTHUS R. B. 78.
  † Cheiri L. 78. — XVIII, 99, 455.
CHELIDONIUM Tourn. 73.
  majus L. 73. — 74.
  quercifolium Thuill. 73.
CHENOPODIUM Tourn. 401.

TABLE DES GENRES ET DES ESPÈCES. 659

album L. 402. — 401.
ficifolium Sm. 402. — 401.
glaucum L. 403. — 401.
hybridum L. 402. — 401.
murale L. 402. — 401.
polyspermum L. 402. — 401.
urbicum L. 402. — 401.
Vulvaria L. 402. — 401.
Bonus-Henricus L. 403.
concatenutum Thuill. 402.
intermedium M. K. 402.
leiospermum DC. 402.
rubrum L. 403.
ambrosioides L. 403.

Chironia Centaurium Sm. 239.
pulchella DC. 239.

CHLORA L. 235.
perfoliata L. 235-236. — VIII, XVIII, 623.

CHONDRILLA L. 384.
juncea L. 384-385. — 386.
muralis Lmk 385.

Chrysanthemum corymbosum L. 362.
inodorum L. 361.
Leucanthemum L. 362.
Parthenium Pers. 362.
segetum L. 362.

Chrysocoma Linosyris L. 371.

CHRYSOSPLENIUM L. 220.
alternifolium L. 221. — 220.
oppositifolium L. 221. — 623.

CICENDIA Adans. 239.
filiformis Delarbre 239. — 623.

CICHORIUM L. 379.
Intybus L. 379. — 399.

Cicuta virosa L. 191.

CINERARIA L. 372.
lanceolata Lmk 372-373.
Sibirica L. 373.

CIRCÆA Tourn. 186. — 185.
intermedia Ehrh. 186-187. — XXIII, 186.

Lutetiana L. 186, — XVII, XXIII, 187.

CIRSIUM Tourn. 348. — 243.
acaule All. 350. — 348, 349.
Anglicum Lmk 351-352. — 348, 349.
arvense Lmk 352. — 348, 349, 396, 397.
bulbosum DC. 351. — 348, 349, 350, 351, 352.
eriophorum Scop. 349. — XXII, 348, 396.
lanceolatum Scop. 349. — 348, 353, 396.
× medium 350, 623.
oleraceum All. 350-351. — 348, 349.
palustre Scop. 349. — XXII, 348, 396, 397.
acaule × *bulbosum* 350, 623.
bulboso-acaule Næg. 350, 623.
medium All. 350, 623.
oleraceo-acaule Næg. 350.
oleraceo-bulbosum Næg. 351.
pallens DC. 351.
pratense Lorey 352.
rigens Wallr. 350, 351.

CLADIUM R. Br. 557.
Mariscus R. Br. 557. — 562.

CLEMATIS L. 1.
Vitalba L. 1. — XXVII, 5.

CLINOPODIUM Tourn. 297.
vulgare L. 297. — 63, 311.

COLCHICUM Tourn. 452.
autumnale L. 452-454. — XX, 479, 481, 482.

COLUTEA L. 117.
arborescens L. 117. — 137.

COMARUM L. 164.
palustre L. 164-165. — 173.

CONIUM L. 204.
maculatum L. 204.

CONVALLARIA L. 485.

maialis L. 485. — xvi, xxiii, xxv, 487, 488.
latifolia Hoffm. 486.
multiflora L. 486.
Polygonatum L. 486.
CONVOLVULUS L. 240. — 243.
arvensis L. 241. — xxvi, xxvii, 240, 242.
Cantabrica L. 240-241.
sepium L. 241.
Conyza squarrosa L. 368.
Coreopsis Bidens L. 360.
CORNUS Tourn. 213.
mas L. 214. — 213, 215.
sanguinea L. 214. — xiii, 213, 215, 432.
CORONILLA L. 134. — 243.
Emerus L. 135. — 134.
minima L. 135. — 134.
montana Scop. 135. — 108, 134, 136, 137, 138.
varia L. 135. — 134.
CORRIGIOLA L. 144.
littoralis L. 144.
CORYDALIS DC. 73.
† lutea DC. 74. — 76, 78, 623.
solida Sm. 74-75. — 73, 76, 193, 481, 482.
bulbosa DC. 74.
capnoides Pers. 74.
CORYLUS Tourn. 431.
Avellana L. 431. — 215.
CORYNEPHORUS P. B. 576.
canescens P. B. 576.
COTONEASTER Medik 176.
vulgaris Lindl. 176. — 623.
CRATÆGUS L. 175.
oxyacantha L. 175-176. — 214.
monogyna Jacq. 175.
oxyacanthoides Thuill. 175.
CREPIS L. 389.
biennis L. 390. — 389, 399.

præmorsa Tausch 390. — 389.
pulchra L. 389.
tectorum L. 389.
virens Vill. 389-390.
agrestis W.K. 390.
diffusa DC. 390.
scabra Lorey 390.
stricta DC. 390.
CRYPSIS Ait. 570.
alopecuroides Schrad. 570.
CUCUBALUS Gærtn. 24.
bacciferus L. 24. — xii, 36.
CUSCUTA Tourn. 243. — 244, 245.
Epithymum Murr. 243. — 244.
major C. Bauh. 244. — 243, 245.
Bidentis Berthiot 244.
major Lorey 243.
minor DC. 243.
Trifolii Babingt. 243.
Cynanchum Vincetoxicum R.B. 234.
CYNODON Rich. 575.
Dactylon Rich. 575. — 597.
CYNOGLOSSUM L. 251.
Dioscorodis Vill. 251. — 252.
montanum Lmk 251.
officinale L. 251. — xxii, 252.
CYNOSURUS L. 582.
cristatus L. 582.
CYPERUS L. 559.
flavescens L. 559.
fuscus L. 559-560.
longus L. 560.
CYSTOPTERIS Bernh. 607.
fragilis Bernh. 607. — 606, 613.
CYPRIPEDIUM L. 505.
Calceolus L. 505.
CYTISUS L. 111.
decumbens Walp. 111. — 112.
Laburnum L. 111. — 112, 214.

TABLE DES GENRES ET DES ESPÈCES.

supinus L. 112. — 111.
capitatus Jacq. 112.
scoparius Lmk 111.

DACTYLIS L. 588. — 598.
glomerata L. 588. — 602.

DAMASONIUM Juss. 451.
stellatum Rich. 451. — 449.

DANTHONIA DC. 579.
decumbens DC. 579.

DAPHNE L. 415.
Alpina L. 416.
Cneorum L. 416. — 415.
Laureola L. 416. — 415.
Mezereum L. 416. — 415.

DATURA L. 255.
Stramonium L. 255-256.

DAUCUS Tourn. 208.
Carota L. 208. — 211.

DELPHINIUM L. 17. — 18.
Consolida L. 17. — 16, 20, 501.

DENTARIA Tourn. 80.
pinnata Lmk 80. — 102.

DESCHAMPSIA P. B. 577. — 601.
cæspitosa P. B. 577. — 578, 598, 602.
flexuosa Griseb. 578. — 577.
media Rœm. et Schult. 577. — 578, 601.

DIANTHUS L. 22. — 36.
Armeria L. 22. — 39.
Carthusianorum L. 23. — 22, 39, 40.
prolifer L. 22. — 39.
superbus L. 23. — xii, 22, 36, 39.
sylvestris Wulf. 23. — 22, 39.
congestus Bor. 23.
saxicola Jord. 23.
deltoides L. 23.

DICTAMNUS L. 44.
albus L. 44.

DIGITALIS Tourn. 271.
lutea L. 272. — xvi, 272.
✕ purpurascens 272.
purpurea L. 272. — xvi, 265, 271, 272.
parviflora All. 272.
purpurascens Roth 272.
purpureo-lutea Mey. 272.

DIGITARIA Scop. 568.
filiformis Kœl. 568. — 597.
sanguinalis Scop. 568. — 597.

DIPLOTAXIS DC. 89.
muralis DC. 89. — 101.
† tenuifolia DC. 89. — 99.
viminea DC. 90. — 89, 101.

DIPSACUS L. 341.
laciniatus L. 341-342. — 342.
pilosus L. 341. — 342, 343.
sylvestris Mill. 341. — 341, 343, 442, 567.

DORONICUM L. 372.
Austriacum Jacq. 372.
Pardalianches L. 372.

DRABA L. 93. — 102.
aizoides L. 93. — 101.
muralis L. 93. — viii, xiv.
verna L. 93. — xiv, xv, 101.

DROSERA L. 65. — 66.
intermedia Hayne 65. — 66.
rotundifolia L. 65. — 66.

ECHINOSPERMUM Sw. 251.
Lappula Lehm. 251. — 252.

ECHIUM L. 250.
vulgare L. 250. — xxii, 252, 253.
Wierzbickii Hab. 250.

ELATINE L. 40.
Alsinastrum L. 40.
hexandra DC. 40-41. — 40.
Hydropiper DC. 40.
Elymus Europæus L. 595.

ENDYMION Dumort. 459. — 468. 474.

nutans Dumort. 459. — 468,
469, 470, 471, 474, 480, 484.
EPILOBIUM L. 178. — 143, 183,
185.
hirsutum L. 181-182. — XXIII,
142, 179, 180, 183, 185.
lanceolatum Sebast. 180. —
179, 183, 185, 186.
montanum L. 180. — 179, 183,
185, 186.
palustre L. 181. — 179, 180,
184, 186.
parviflorum Schreb. 180. —
179, 181, 183, 185, 186.
roseum Schreb. 180. — 179,
183, 185, 186.
spicatum Lmk 182. — 178,
179, 183, 185, 279, 623.
tetragonum L. 181. — 179,
180, 181, 183, 185, 186.
Lamyi Fr. Schultz 181.
molle Lmk 180.
obscurum Schreb. 180, 181.
rosmarinifolium Hæncke 182.
Epimedium Alpinum L. 21.
EPIPACTIS Rich. 502. — 512.
latifolia All. 502-503. — XVI,
503, 510, 511, 512.
palustris Crantz 503. — XVI,
502, 510.
atrorubens Schult. 502.
ensifolia Sw. 502.
microphylla Lorey 502.
Nidus-avis All. 503.
ovata All. 503.
pallens Sw. 502.
rubra All. 502.
EQUISETUM L. 614. — 244.
arvense L. 616. — 615, 616, 617.
hyemale L. 617. — 615.
limosum L. 617. — 615, 616.
palustre L. 617. — 615, 617.
sylvaticum L. 617. — 615, 617.
Telmateia Ehrh. 616. — 615,
617, 618.

fluviatile DC. 616.
fluviatile L. 617.
ERAGROSTIS P. B. 585.
vulgaris Coss. et Germ. 585.
pilosa P. B. 585.
Erica cinerea L. 222.
ERIGERON L. 370.
acris L. 370.
Canadensis L. 371. — 5, 370.
serotinus Weih. 370.
ERIOPHORUM L. 557.
angustifolium Roth 558. —
557, 562, 566.
gracile Koch 558. — 557.
latifolium Hoppe 558. — 557,
558, 562.
vaginatum L. 558. — 557.
polystachium DC. 558.
ERODIUM L'Hérit. 47.
cicutarium L'Hérit. 47. — 48.
Erophila vulgaris DC. 93.
Eruca sativa Link 90.
ERUCASTRUM Presl 90.
Pollichii Schimp. et Spenn.
90. — 91.
obtusangulum Rchb. 90.
Ervum Ervilia L. 129.
hirsutum L. 129.
monanthos L. 129.
tetraspermum L. 129.
ERYNGIUM Tourn. 190.
campestre L. 190. — 211, 286.
ERYSIMUM L. 88.
cheiranthoides L. 88.
cheiriflorum Wallr. 88-89. —
100, 101.
Orientale R. Br. 89. — 88.
Alpinum Baumg. 79.
lanceolatum Lorey 88.
perfoliatum Crantz 89.
ERYTHRÆA Renealm. 239.
Centaurium Pers. 239. — XII,
239, 240, 323.

pulchella Fries 239-240. —
  xii, xxv, 323.
EUPATORIUM Tourn. 377.
  cannabinum L. 377. — 397.
EUPHORBIA L. 418. — 425.
  Cyparissias L. 422. — xxiv,
    370, 419, 420, 425, 629.
  dulcis L. 423. — 419, 421.
  Esula L. 422.— 419, 420, 425,
    426, 623, 629-630.
  exigua L. 421.— 419, 420, 421,
    425, 426.
  falcata L. 421. — 419, 420.
  Gerardiana Jacq. 422. — 419,
    420, 421, 425.
  helioscopia L. 421.—419, 420,
    426.
  Lathyris L. 421. — xv, 419,
    40.
  palustris L. 423. — 419, 420.
  Peplus L. 421. — 419, 420.
  platyphylla L. 421. — 419,
    420, 425, 426.
  stricta L. 421. —.5, 419, 420.
  sylvatica L. 422. — xvi, 419,
    420, 425.
  verrucosa L. 422.— 419, 421,
    422, 425.
  pinifolia Lorey 422.
  Pseudo-Cyparissias Jord. 629.
  salicetorum Jord. 623.
  salicifolia DC. 422.
  Chamæsyce L. 423.
EUPHRASIA L. 278. — 243, 280.
  officinalis L. 278.
  campestris Jord. 278.
  lutea L. 278.
  nemorosa Pers. 278.
  Odontites L. 279.
  rigidula Jord. 278.
EUXOLUS Rafin. 400.
  viridis Moq.-Tand. 400.
EVONYMUS L. 58.
  Europæus L. 58.

Exacum filiforme Willd. 239.
Fagopyrum esculentum Mœnch 409.
Tataricum Gærtn. 409.

FAGUS Tourn. 428-429.
  sylvatica L. 428. — xxiii, 215,
    431.
Falcaria Rivini Host 191.

FESTUCA L. 590.
  arundinacea Schreb. 593. —
    591, 593, 599, 601.
  gigantea Vill. 592. — 591, 599.
  heterophylla Lmk 593.—591.
  loliacea Huds. 592.— 591, 599.
  Myuros L. 591-592.
  ovina L. emend. 593. — 591,
    601.
  Poa Kunth 592. — 590, 602.
  pratensis Huds. 592. — 591,
    592, 599, 600, 602.
  rigida Kunth 592. — 591.
  rubra L. 593. —591, 600, 601.
  tenuiflora Schrad. 592. —590.
  cærulea DC. 583.
  duriuscula L. 593, 600, 601.
  elatior DC. 592.
  glauca Schrad. 593.
  Myuros DC. 591.
  ovina L. 593.
  sciuroides Roth 591.
  tenuifolia Sibth. 593.
  bromoides L. 592.
  uniglumis Soland. 592.
FICARIA Dill. 14. — 244.
  ranunculoides Mœnch 14-15.
    — 19, 457, 479, 481, 482.
FILAGO Tourn. 364. — 398.
  arvensis L. 365. — 364.
  Germanica L. 364.
  montana L. 364-365.
  spathulata Presl 364.
  canescens Jord. 364.
  lutescens Jord. 364.
FOENICULUM Adans. 202.
  officinale All. 202. — 210.

FRAGARIA L. 162. — 165, 174.
  collina Ehrh. 163. — 162, 164.
  elatior Ehrh. 163. — 162, 163.
  vesca L. 163. — XXIII, XXVI,
    162, 163, 164, 175.
FRAXINUS Tourn. 232.
  excelsior L. 232.
    oxyphylla M. B. 233.
FRITILLARIA L. 455.
  Meleagris L. 455.
FUMANA Spach 103.
  vulgaris Spach 103.
FUMARIA L. 75. — 77, 78.
  capreolata L. 75-76. — 77.
  densiflora DC. 76. — 75, 77.
  officinalis L. 76. — XIV, XXVII,
    75, 76, 77, 78.
  parviflora Lmk 76. — 75, 77.
  Vaillantii Lois. 76. — 75, 77.
  Bastardi Bor. 76.
  capreolata Thuill. 76.
  media Lois. 76.
  Wirtgeni Koch 76.
GAGEA Salisb. 458.
  arvensis Schult. 458. — 468,
    470, 471, 478.
  villosa Duby 458.
    stenopetala Fries 458.
    lutea Duby 458.
GALANTHUS L. 494.
  nivalis L. 494. — 467, 469,
    473.
GALEOBDOLON Huds. 299.
  luteum Huds. 299. — 311,
    450.
GALEOPSIS L. 300. — 243.
  dubia Leers 301. — 300.
  Ladanum L. 300. — 301.
  Tetrahit L. 300. — 301, 313.
  ochroleuca Lmk 301.
  parviflora Lorey 300.
  sulfurea Jord. 300, 301.
  versicolor Curt. 300.

GALIUM L. 331. — 36, 244, 312,
    334, 335.
  Anglicum Huds. 332. — 331.
  Aparine L. 332. — 331, 335.
  boreale L. 333. — 331, 335.
  Cruciata Scop. 332. — 331,
    335.
  Mollugo L. 333.—285, 332, 335.
  palustre L. 334. — 331, 335.
  saxatile L. 334. — 332.
  sylvaticum L. 333. — 331.
  sylvestre Poll. 333-334. —285,
    332, 623.
  tricorne With. 332. — 5, 331.
  uliginosum L. 334. — 331,
    335.
  verum L. 332. — 331, 335.
  Bocconi All. 333.
  divaricatum Lmk 332.
  dumetorum Jord. 333.
  elatum Thuill. 333.
  elongatum Presl 334.
  erectum Huds. 333.
  Fleuroti Jord. 333, 623.
  glaucum L. 285, 331, 332, 335,
    629.
  Hercynicum Weig. 334.
  læve Thuill. 333.
  lucidum Auct. 333.
  Mollugo Lorey 333.
  spurium L. 332.
  supinum Lorey 333.
  Vaillantii DC. 332.
GAUDINIA P. B. 580.
  fragilis P. B. 580. — 598, 601.
GENISTA L. 112. — 243.
  Anglica L. 113.
  Germanica L. 113. — 139.
  pilosa L. 113. — 113.
  sagittalis L. 113. — 112, 285.
  tinctoria L. 113.
  diffusa Willd. 111.
  prostrata Lmk 111.
GENTIANA Tourn. 236.

TABLE DES GENRES ET DES ESPÈCES. 665

ciliata L. 238. — VIII, 236, 238.
Cruciata L. 237-238. — 236, 237.
Germanica Willd. 237. —236, 238.
lutea L. 237. — 210, 238.
Pneumonanthe L. 238. —210, 236, 237, 238.

GERANIUM L'Hérit. 45. — XXV. 47-50, 243.
columbinum L. 46. — XI, 48.
dissectum L. 46. — XI, XIV, 48, 49.
lucidum L. 46. — XI, 45, 47, 48, 50.
molle L. 46. — 48, 50.
pusillum L. 46. — XI, 48.
Pyrenaicum L. 46. — 45, 48, 50.
Robertianum L. 46. — XI, 45, 47, 48, 658.
rotundifolium L. 46. — XI, 45, 48, 50.
sanguineum L. 47. — 45, 48, 49.

GEUM L. 162.
urbanum L. 162. — 172.
rivale L. 162.

† GLAUCIUM Tourn. 73.
† flavum Crantz 73.

GLECHOMA L. 297. — 312.
hederacea L. 297. — XVI, 299, 311, 312.

GLOBULARIA L. 314.
vulgaris L. 314.

GLYCERIA R. Br. 584.
aquatica Whlbg 584. — 598.
fluitans R. Br. 584. — 598, 602.
fluitans Fries 584.
plicata Fries 584, 600.

GNAPHALIUM L. 365.

luteo-album L. 365-366.
sylvaticum L. 366. — 365, 366, 396.
uliginosum L. 365. — 366.
arvense Willd. 365.
dioicum L. 366.
Gallicum Huds. 365.
Germanicum Willd. 364.
montanum Huds. 364.

GRAMMICA Lourciro 244.
Bidentis 244.

GRATIOLA L. 271.
officinalis L. 271.

GYMNADENIA R. Br. 500.
conopsea R. Br. 500. — 506, 509, 510, 512.
odoratissima Rich. 500. — 512.
viridis Rich. 500.

GYPSOPHILA L. 21.
muralis L. 21-22. — 36.
Saxifraga L. 22.

HEDERA Tourn. 212.
Helix L. 212-213.— XXIII, 232, 286, 289.

HELEOCHARIS R.Br. 552.
acicularis R. Br. 553. — 552.
multicaulis Dietr. 553. — 552.
ovata R. Br. 552.
palustris R. Br. 552-553. — 566.
uniglumis Koch 552.

HELIANTHEMUM Tourn. 102.
canum Dun. 103. — 102, 103, 104.
pulverulentum DC. 103. — 102, 103, 104.
vulgare Gærtn. 103. — 102, 103, 104.
Apenninum DC. 103.
Apenninum Lorey 103.
Fumana Mill. 103.

HELIOTROPIUM L. 252.

Europæum L. 252.
HELLEBORUS L. 15.
 fœtidus L. 15-16. — XVI, XVIII, 19, 425.
HELMINTHIA Juss. 381.
 echioides Gærtn. 381.
† **HELODEA** Rich. 515.
 † Canadensis Rich. 515-516. — VIII.
HELODES Spach 62.
 palustris Spach 62. — 64.
HELOSCIADIUM Koch 195.
 inundatum Koch 196. — 195.
 nodiflorum Koch 195. — 210.
 repens Koch 196. — 195, 196.
Hepatica triloba Chaix 4.
HERACLEUM L. 206.
 Sphondylium L. 206.
 longifolium Jacq. 206.
Herminium Monorchis R. Br. 500, 507.
HERNIARIA Tourn. 144.
 glabra L. 145. — 144, 145.
 hirsuta L. 145. — 144.
Hesperis matronalis L. 89.
HIERACIUM Tourn. 390. — 162.
 Auricula L. 392-393. — 391.
 Jacquini Vill. 394. — 391.
 lævigatum Willd. 394-395. — 391, 399.
 murorum L. 393. — 391, 394, 395, 398, 399.
 Pilosella L. 391. — 392, 393, 399.
 præaltum Vill. 393. — 391.
 umbellatum L. 395. — 391, 394, 395, 399.
 acuminatum Jord. 393.
 boreale Fries 394.
 bounophilum Jord. 393.
 brevipes Jord. 393.
 cinerascens Jord. 393.
 cymosum Lorey 393.
 exotericum Jord. 393.

 ovalifolium Jord. 393.
 Peleterianum Mérat 391, 392.
 prasinifolium Jord. 393.
 præmorsum L. 390.
 Sabaudum L. Succ. 394.
 sparsum Jord. 393.
 sylvaticum Lmk 393, 394.
 sylvivagum Jord. 393.
 tridentatum Fries 394.
 umbelliforme Jord. 395.
HIPPOCREPIS L. 136.
 comosa L. 136. — 136, 280.
HIPPURIS L. 416.
 vulgaris L. 416.
† **HIRSCHFELDIA** Mœnch 90.
 † adpressa Mœnch 90.
HOLCUS L. 578.
 lanatus L. 579. — 578, 598, 599.
 mollis L. 578.
HOLOSTEUM L. 31.
 umbellatum L. 31. — 37, 38, 39, 450.
HORDEUM L. 595.
 Europæum All. 595.
 murinum L. 595.
 secalinum Schreb. 595.
  hexastichum L. 596.
  vulgare L. 596.
HOTTONIA L. 224.
 palustris L. 224. — 223, 225.
HUMULUS L. 411. — XXVI, XXVII, 245.
 Lupulus L. 411.
HUTCHINSIA R. Br. 95. — 102.
 petræa R. Br. 95.
HYDROCHARIS L. 513.
 Morsus-ranæ L. 513-514. — XV, 514.
HYDROCOTYLE Tourn. 189.
 vulgaris L. 189. — 211.
HYOSCYAMUS Tourn. 623.
 niger L. 623.

TABLE DES GENRES ET DES ESPÈCES.

Hypericum L. 60. — 63, 64, 311.
　Desestangsii Lamotte 62. — 61, 64, 623.
　hirsutum L. 61. — 60, 63, 64.
　humifusum L. 61. — 63.
　montanum L. 61. — xx, 60, 64.
　perforatum L. 62. — 61-64.
　pulchrum L. 61. — 60, 64.
　tetrapterum Fries 62. — 61-64, 312.
　Helodes L. 62.
　intermedium Bellinck 62.
　quadrangulum Lorey 62.
Hypochæris L. 379.
　glabra L. 379.
　radicata L. 379. — 389, 399.
　　maculata L. 379.
Hyssopus officinalis L. 296.
Iberis L. 94. — 101.
　amara L. 95. — 95, 101.
　Durandii Lorey 95. — 95.
Ilex L. 232.
　Aquifolium L. 232.
Illecebrum L. 145.
　verticillatum L. 145.
Impatiens L. 44. — 110.
　Noli-tangere L. 44. — xii.
Inula L. 367.
　Britannica L. 369-370. — xxiv, 100, 367, 368.
　Conyza DC. 368. — xxii, 367, 398, 399.
　Helenium L. 369. — 367, 368, 397-399.
　montana L. 369. — 367, 368.
　salicina L. 369. — 368, 396.
　squarrosa L. 369. — 368, 396.
　dysenterica L. 367.
　Pulicaria L. 367.
　　. gravoolens Desf. 369.
Iris L. 491. — 244.
　fœtidissima L. 491. — 492.

　Pseudo-Acorus L. 492. — 13, 462, 480, 491, 493.
　Germanica L. 491.
† **Isatis** L. 98.
　† tinctoria L. 98. — 99, 100, 210.
Isnardia L. 182.
　palustris L. 182. — 142, 182.
Isopyrum L. 16.
　thalictroides L. 16. — 19.
Jasione L. 319. — 321, 322.
　montana L. 320. — 319.
　perennis L. 320. — 319.
　Carioni Bor. 320.
Juncus L. 532. — 556.
　bufonius L. 534. — 533, 537, 538.
　capitatus Weig. 534. — 533, 537, 538.
　compressus Jacq. 535. — 533, 537.
　effusus L. emend. 534. — 533, 537.
　glaucus Ehrh. 534. — 533, 537, 538.
　lamprocarpus Ehrh. 535. — 533, 534, 537.
　obtusiflorus Ehrh. 534. — 533, 537.
　squarrosus L. 535. — 533, 537, 578.
　supinus Mœnch 534. — 533.
　sylvaticus Reich. 535. — 533, 537, 538.
　Tenageia L. 533. — 537, 538.
　acutiflorus Ehrh. 535.
　acutiflorus Lorey 534.
　bulbosus L. 535.
　communis E. Meyer 534.
　conglomeratus L. 534.
　sphærocarpus Nees 534.
　uliginosus Roth 534.
Juniperus L. 446.
　communis L. 446.

21

Sabina L. 447.
KNAUTIA Coult. 340.
  arvensis Coult. 340. — 342.
KOELERIA Pers. 581.
  cristata Pers. 581. — 602.
  Valesiaca Gaud. 581.
LACTUCA L. 385.
  perennis L. 386. — 385, 386, 396.
  saligna L. 387. — 385, 386, 397.
  Scariola L. emend. 386. — 385, 397.
  viminea Lmk 387. — 385, 386, 397.
  chondrillæflora Bor. 387.
  Scariola L. 386.
  virosa L. 386.
LAMIUM L. 298. — 110, 299.
  album L. 299. — XVII, 298, 311.
  amplexicaule L. 298-299.
  hybridum L. 298.
  maculatum L. 299. — 298, 311.
  purpureum L. 298. — 311.
LAPPA Tourn. 354. — 396.
  major DC. 354-355.
  minor DC. 354. — 354.
  communis Coss. et Germ. XXII.
  glabra Lmk 354.
  tomentosa Lmk 354.
  pubens Bor. 354.
LAPSANA L. 378.
  communis L. 378. — XIV, 5.
  minima Lmk 378.
Larbrea aquatica St-Hil. 33.
LASERPITIUM L. 207.
  Gallicum L. 207-208.
  latifolium L. 207. — 205, 207, 210.
  asperum Crantz 207.
LASIAGROSTIS Link 575.
  Calamagrostis Link 575.

LATHRÆA L. 286.
  squamaria L. 286.
LATHYRUS L. 130.
  angulatus L. 132. — 131, 140.
  Aphaca L. 131. — XII, 130, 138.
  hirsutus L. 132. — XII, 130, 132, 138.
  latifolius L. 132. — 131, 623.
  Nissolia L. 131. — 130, 138, 141.
  palustris L. 132, 623.
  pratensis L. 133. — 131.
  sphæricus Retz 132. — 131.
  sylvestris L. 132. — XII, 131, 132, 138.
  tuberosus L. 133. — 131, 134, 136, 139, 482.
  platyphyllus Retz 132.
  Cicera L. 132.
  heterophyllus L. 132.
LEERSIA Sw. 567.
  oryzoides Sw. 567.
Legouzia arvensis Durande 318.
  hybrida Lorey 318.
LEMNA L. 526.
  gibba L. 527. — 526.
  minor L. 527. — 526, 527.
  polyrrhiza L. 527. — 526.
  trisulca L. 526.
LEONTODON L. 380.
  autumnalis L. 381. — 380.
  hispidus L. 380-381. — 399.
  hastilis L. 381.
LEONURUS L. 305.
  Cardiaca L. 305.
  Marrubiastrum L. 305.
LEPIDIUM L. 96.
  campestre R. Br. 96. — 99, 101.
  Draba L. 97. — 96, 100, 624.
  graminifolium L. 97. — XVII, 96.
  ruderale L. 96.

Iberis L. 97.
latifolium L. xvii, 97, 100.
LEUCOIUM L. 494. — 474.
vernum L. 494 — 467, 469.
LIBANOTIS Crantz 201. — 243.
montana All. 201. — xix, xxii.
LIGULARIA Cass. 373.
Sibirica Cass. 373. — 397.
Ligusticum Silaus Duby 202.
LIGUSTRUM Tourn. 232.
vulgare L. 232.
LILIUM L. 455. — 244, 466, 469, 471, 474, 475.
Martagon L. 455-456. — 472, 484.
LIMNANTHEMUM Gmel. 235.
Nymphoides Hoffm. et Link 235. — 235.
LIMODORUM Tourn. 501. — 512.
abortivum Sw. 501. — 60, 504.
LIMOSELLA L. 268.
aquatica L. 268. — 281.
LINARIA Juss. 273. — 18, 108, 243, 244.
Alpina DC. 275. — 273, 274.
† Cymbalaria Mill. 275. — xi, 273, 274, 281.
Elatine Desf. 274. — 273.
minor Desf. 274. — 273.
spuria Mill. 274. — 273, 281.
striata DC. 275. — xxiv, 100, 273, 274, 279, 280.
supina Desf. 274-275. — 273.
vulgaris Mœnch 275. — xxiv, 100, 273, 274, 279, 370.
genistifolia Lorey 275.
petræa Jord. 275.
prætermissa Delastre 274.
arvensis Desf. 275.
Pelliceriana Mill. 275.
LINDERNIA All. 271.
pixydaria All. 271.

LINOSYRIS DC. 371.
vulgaris DC. 371. — 396.
LINUM L. 41.
Alpinum Jacq. 41. — 42, 624.
catharticum L. 42. — 41, 42.
Gallicum L. 41. — 42.
tenuifolium L. 41. — 42.
Leonii F. Schultz 41, 624.
Loreyi Jord. 41.
montanum DC. 41.
usitatissimum L. 42.
LITHOSPERMUM Tourn. 249. — 252.
arvense L. 249. — 253.
officinale L. 249. — 253.
purpureo-cæruleum L. 249. — 252.
LITTORELLA L. 228.
lacustris L. 228. — 231.
LOGFIA Cass. 365. — 398.
Gallica Coss. et Germ. 365.
LOLIUM L. 594. — 599.
perenne L. 594-595. — 592, 601, 602.
temulentum L. 595. — 594, 601.
cristatum Pers. 594. — 595.
multiflorum Lmk 595.
speciosum Koch 595.
tenue L. 595.
LONICERA L. 329. — 18.
Periclymenum L. 329. — 329.
Xylosteum L. 329.
LOROGLOSSUM Rich. 495.
hircinum Rich. 495. — 498, 506, 509, 512, 513.
LOTUS L. 115. — 139.
corniculatus L. 116. — 137.
uliginosus Schkuhr 116.
major Sm. 116, 136.
tenuis Kit. 116.
villosus Thuill. 116.
LUNARIA L. 92.

rediviva L. 92.
LUZULA DC. 535.
 albida DC. 537. — 535, 536.
 campestris DC. 536. — 535.
 Forsteri DC. 536. — 535.
 maxima DC. 537. — 535, 536, 560.
 multiflora Lej. 536. — 535.
 vernalis DC. 536. — 535, 537.
 congesta Lej. 536.
 pallescens Bess. 536.
LYCHNIS Tourn. 28.
 Flos-cuculi L. 28.
 Githago L. 28. — 39.
 dioica L. 26.
 sylvestris Hoppe 27.
LYCOPODIUM L. 618.
 clavatum L. 618. — 619.
 inundatum L. 618. — 619.
 Selago L. 618. — 619.
LYCOPSIS L. 246.
 arvensis L. 246.
LYCOPUS L. 293. — 242, 337.
 Europæus L. 293. — 142.
LYSIMACHIA L. 225.
 nemorum L. 226. — XXIII, 225, 228.
 Nummularia L. 226. — XXIII, 225, 226, 228.
 vulgaris L. 225. — 228.
LYTHRUM L. 141.
 hyssopifolia L. 142. — 141, 142.
 Salicaria L. 141-142. — 182.
MAIANTHEMUM Wigg. 487.
 bifolium DC. 487. — 488.
MALACHIUM Fries 35.
 aquaticum Fries 35. — 35, 36, 38.
MALUS Tourn. 177. — 218.
 communis Lmk 177. — 214, 431.
MALVA L. 50.

Alcea L. 51. — 50, 52.
 moschata L. 51. — 50, 52.
 rotundifolia L. 51. — 50, 52.
 sylvestris L. 51. — 50, 52.
 microcarpa Desf. 51.
 Nicæensis All. 51.
MARRUBIUM L. 304.
 vulgare L. 304. — 311.
MARSILEA L. 614.
 quadrifoliata L. 614.
 quadrifolia DC. 614.
MATRICARIA L. 361.
 Chamomilla L. 361. — 398.
 inodora L. 361. — 398.
MECONOPSIS Vig. 621.
 Cambrica Vig. 73, 621.
MEDICAGO L. 118. — 243.
 falcata L. 119. — 118.
 Gerardi Willd. 120. — 119, 120, 137, 138.
 Lupulina L. 119-120. — 138.
 maculata Willd. 120. — 119, 137, 138.
 minima Lmk 120. — 119, 138.
 orbicularis All. 120. — 119.
 polycarpa Willd. 120-121. — 119, 120, 138.
 † sativa L. 119. — 98, 118, 140, 243.
 ambigua Jord. 120.
 apiculata Willd. 120.
 denticulata Willd. 121.
 falcato-media Rchb. 119.
 marginata G. G. 120.
 media Pers. 119, 628.
 Willdenowii Bœnningh. 119.
MELAMPYRUM Tourn. 277. — 56, 280, 417.
 arvense L. 278. — 277, 265, 280.
 cristatum L. 277. — 278, 280.
 pratense L. 278. — XVI, 277, 280.
MELANDRIUM Rœhl. 26. — 36.

dioicum Coss. et Germ. 26-27.
— xii, xxv, 27, 36, 37.
sylvestre Rœhl. 27. — xii, 26, 27, 36, 37, 39.

MELICA L. 582. — 56, 546, 598.
ciliata L. 583. — 582.
nutans L. 583. — 582.
uniflora Retz 583. — 582.
montana Huds. 583.
Nebrodensis Parl. 583.

MELILOTUS Tourn. 117.
officinalis Lmk emend. 117-118. — 138, 139.
alba Lmk 117, 118.
arvensis Wallr. 117, 118.
diffusa Koch 117.
leucantha Koch 117.
macrorrhiza Pers. 117, 118, 120.
officinalis DC. 117, 118.
officinalis Lorey 117.

Melissa officinalis L. 296.

MELITTIS L. 297. — 312.
Melissophyllum L. 297. —xvi, 312, 313, 450.
grandiflora Sm. 297.

MENTHA L. 290. — 162, 242, 244, 311, 312, 337.
aquatica L. 292. — xxiii, 293, 312.
arvensis L. 293. — 290, 292, 304, 312.
Pulegium L. 293. — 290, 291, 312.
rotundifolia L. 291. — xiv, xxiii, 290, 292, 293, 312.
sativa L. 292.—290, 291, 293, 312.
sylvestris L. 291-292. — xxiii, 290, 293, 312.
affinis Bor. 293.
aquatico-arvensis xvi.
arvensi-aquatica Schultz xvi, 293.
atrovirens Bor. 293.
candicans Crantz 292.
dubia Chaix 293.
elata Host 293.
hirsuta L. 292.
Hostii Bor. 293.
latifolia Wirtg. 293.
nitida Host 293.
Nummularia Schrad. 293.
parietariæfolia Bor. 293.
Pauliana Schultz 293.
peduncularis Bor. 293.
plicata Opiz 293.
pulchella Host 293.
purpurea Host 293.
rotundifolio-sylvestris Wirtg. 293.
salebrosa Bor. 293.
sativa Lorey 292.
subspicata Weihe 292, 293.
sylvatica Host 293.
sylvestris G. G. 291.
sylvestri-rotundifolia Wirtg. 293.
rubra Sm. 292.
viridis L. 292.

MENYANTHES Tourn. 235.
trifoliata L. 235. — xxiii, 10.

MERCURIALIS Tourn. 423.
annua L. 423. — 99, 424.
perennis L. 424. — 423.

MESPILUS L. 175.
Germanica L. 175. — 215.

Mibora minima Desv. 572.

MICROPUS L. 364.
erectus L. 364.

MILIUM L. 575.
effusum L. 575. — 580, 598, 600.

MOEHRINGIA L. 31.
trinervia Clairv. 31. — 39.

MOLINIA Mœnch 583.
cœrulea Mœnch 583. — 602.

MONOTROPA L. 59. — 244.

TABLE DES GENRES ET DES ESPÈCES.

Hypopitys L. 59-60. — 14, 504.
MONTIA L. 143.
  fontana L. 143-144.
  minor Gmel. 143.
  rivularis Gmel. 143, 144.
MUSCARI Tourn. 465.
  comosum L. 465. — xx, 453, 456, 466, 467, 469, 470, 471, 475, 477, 478, 479, 484.
  racemosum L. 465. — 457, 475, 484.
  neglectum Guss. 457, 465.
MYAGRUM Tourn. 98.
  perfoliatum L. 98.
MYOSOTIS L. 246. — 252.
  hispida Schlecht. 248. — 247, 249.
  intermedia Link 248. — 247, 249.
  palustris With. 247. — 246, 247, 248, 249.
  stricta Link 248. — 247, 249.
  strigulosa Rchb. 247-248. — 246, 249.
  sylvatica Hoffm. 248. — 246, 249.
  versicolor Rchb. 248. — 247, 249, 252.
  annua Lorey 248, 249.
  lingulata Lehm. 247.
  perennis Lorey 247, 249.
MYOSURUS L. 6.
  minimus L. 6.
MYRIOPHYLLUM Vaill. 187. — 185, 188.
  alterniflorum DC. 188. — 187, 188.
  spicatum L. 187-188. — xv.
  verticillatum L. 187. — 188.
NAIAS L. 525.
  major Roth 525. — 526.
  minor All. 525.
  muricata Thuill. 525.

NARCISSUS L. 493. — 474, 479.
  poeticus L. 493-494. — xix, 467, 469, 470, 471, 494.
  Pseudo-Narcissus L. 494. — 467, 493.
NARDUS L. 567.
  stricta L. 567. — 537.
NASTURTIUM R. Br. 84. — 102.
  amphibium R. Br. 85. — 84, 100, 101, 102, 379.
  asperum Coss. 85. — 84, 281.
  officinale R. Br. 86. — xv, xxiii, 84, 100.
  palustre DC. 85. — 84, 102.
  sylvestre R. Br. 86. — xxiv, 84, 85, 100, 279, 379.
  anceps Rchb. 86.
  rivulare Rchb. 86.
  Pyrenaicum R. Br. 85, 102.
NEOTTIA Rich. 503. — 512.
  Nidus-avis Rich. 503-504. — 60, 501, 504.
  ovata Bluff. et Fingerh. 503. — 510, 512.
  spiralis Sw. 505.
NEPETA L. 297.
  Cataria L. 297. — 311, 313.
NEPHRODIUM Rich 607.
  Filix-mas Stremp. 608. — 607, 610, 611, 612, 613.
  Oreopteris Kunth 609. — 607, 608.
  spinulosum Stremp. 608. — 607, 611, 612, 613.
  Thelypteris Stremp. 609. — 607, 608, 610.
NESLIA Desv. 98.
  paniculata Desv. 98.
NIGELLA L. 16.
  arvensis L. 16.
NUPHAR Sm. 68.
  luteum Sm. 68. — 68-71, 614.
NYMPHÆA Tourn. 67.

alba L. 67. — 68-71, 614.
ODONTITES Hall. 278. — 243, 280.
   lutea Rchb. 278. — xvi.
   rubra Pers. 279. — xvi, 278, 281.
   serotina Rchb. 279.
ŒNANTHE Lmk 198.
   fistulosa L. 200. — 198, 199, 200.
   Lachenalii Gmel. 200. — 198, 199, 209, 210, 621.
   peucedanifolia Poll. 199. — 198, 479, 482.
   Phellandrium Lmk 201. — 198, 200, 211.
   pimpinelloides L. 621. — 481, 482.
   silaifolia Bieb. 200. — 198, 624.
   approximata Mérat 200.
   pimpinelloides Lorey 200, 621.
ŒNOTHERA L. 182.
   biennis L. 182, 624.
ONOBRYCHIS Tourn. 136. — 243.
   sativa Lmk 136.
ONONIS L. 114.
   Columnæ All. 115. — 114.
   Natrix L. 115. — 114, 139.
   repens L. 114. — 136, 139.
   spinosa L. 115. — 114, 139.
   procurrens Wallr. 114.
ONOPORDUM L. 347.
   Acanthium L. 347.
OPHIOGLOSSUM L. 610.
   vulgatum L. 610. — viii, 611, 612.
OPHRYS L. 499. — 506.
   apifera Huds. 499. — 506, 631.
   arachnites Hoffm. 499. — 506, 631.
   aranifera Huds. 499. — 506.
   muscifera Huds. 499.
   anthropophora L. 495.
   Monorchis L. 500.
   myodes Jacq. 499.
   Pseudo-Speculum DC. 499.
OPLISMENUS P.B. 568.
   Crus-galli Kunth 568. — 601.
ORCHIS L. 496. — 243.
   galeata Lmk 497. — 496, 505, 509, 512, 624.
   latifolia L. 498. — xxiii, 496, 498, 506, 512.
   laxiflora Lmk 498. — 496, 505, 509.
   maculata L. 498. — 496, 506, 507, 508, 509.
   mascula L. 497-498. — 496, 498, 506, 509, 512.
   Morio L. 497. — 496, 505, 506, 507, 509, 512, 630.
   purpurea Huds. 497. — 496, 505, 506, 509, 512.
   ustulata L. 496. — 512, 624.
   bifolia L. 500.
   conopsea L. 500.
   hircina Crantz 495.
   hybrida Bngh. 497.
   incarnata L. 498.
     β. *angustifolia* Rchb. 498.
   militaris DC. 497.
   odoratissima L. 500.
   palustris Jacq. 498.
   pyramidalis L. 496.
   Simia Lmk 497, 624.
   speciosa Host 497.
   viridis Crantz 500.
     coriophora L. 497.
     sambucina L. 498.
     variegata Lmk 497.
     pallens Lorey 498.
ORIGANUM Tourn. 295.
   vulgare L. 295. — xx, 63, 311.
   prismaticum Gaud. 295.
ORLAYA Hoffm. 208.
   grandiflora Hoffm. 208.

ORMENIS J. Gay 360.
  nobilis J. Gay 360. — 396, 398.
ORNITHOGALUM L. 456. —468.
  Pyrenaicum L. 456.—xx, 467, 469, 470, 471, 474, 476, 477, 479, 484.
  umbellatum L. 456-458.—xix, xxv, 457, 468, 469, 470, 474, 478, 480, 484.
ORNITHOPUS L. 136.
  perpusillus L. 136. — 137.
OROBANCHE L. 284. — 60, 244, 287-290, 304.
  amethystea Thuill. 286. — 285, 289.
  Cervariæ Suard 286. — 285, 288, 289.
  elatior Sutt. 286. — 285, 288, 289.
  Epithymum DC. 285. — 284, 286, 288.
  Galii Duby 285. — 284, 288.
  Hederæ Duby 286. — 284, 288, 289, 624.
  minor Sutt. 286. — 285, 289, 622, 624.
  Rapum Thuill. 285. — 284, 288.
  Teucrii Fr. Schultz 285-286.—288.
  cærulea L. 284.
  Carotæ Desm. 286.
  fœtida Lorey 285.
  major DC. 285.
  Picridis Fr. Schultz 622, 629.
  ramosa L. 284.
  Rapum var. *affinis* Lorey 285.
  vulgaris DC. 285.
OROBUS L. 133.
  niger L. 134. — 133, 134, 136, 139.
  tuberosus L. 134. — 133, 136, 139.

  vernus L. 134. — 133, 136, 139.
  Pyrenaicus L. 134.
  tenuifolius Roth 134.
OSMUNDA L. 609.
  regalis L. 609. — xxiii.
OXALIS L. 42. — 110.
  Acetosella L. 43. — 42, 43.
  stricta L. 43. — xiv, 42, 43, 242.
OXYCOCCOS Tourn. 314.
  palustris Pers. 314.
PÆONIA L. 18. — 19.
  corallina Retz 18-19. — 624.
Panicum Crus-galli L. 568.
  glaucum L. 569.
  verticillatum L. 569.
  viride L. 569.
PAPAVER Tourn. 71.
  Argemone L. 72.
  dubium L. 72. — 72.
  hybridum L. 73. — 72.
  Rhœas L. 72. — 71, 72.
PARIETARIA Tourn. 413.
  officinalis L. 413.
  diffusa M. K. 413.
  erecta M. K. 413.
  Judaica DC. 413.
  officinalis Lorey 413.
PARIS L. 488.
  quadrifolia L. 488. — 449, 485.
PARNASSIA Tourn. 66.
  palustris L. 66. — 624.
PASTINACA Tourn. 206.
  sativa L. 206.
PEDICULARIS Tourn. 276. — 280.
  palustris L. 276. — 276, 277.
  sylvatica L. 276. — 265, 277.
PEPLIS L. 142.
  Portula L. 142.

PETASITES Tourn. 377.
  vulgaris Desf. 377. — 397.
PETROSELINUM Hoffm. 195.
  † sativum Hoffm. 195.
  segetum Koch 195, 624.
PEUCEDANUM Koch 205.
  Cervaria Lap. 205. — 286.
  Chabræi Gaud. 205. — 209.
  Oreoselinum Mœnch 206. — 205, 209.
  palustre Mœnch 206. — 205, 209, 210.
  carvifolium Vill. 205.
  montanum Lorey 206.
PHÆNOPUS DC. 385.
  muralis Coss. et Germ. 385. — 396.
PHALANGIUM Tourn. 466.
  Liliago Schreb. 466. — 484, 624.
  ramosum Lmk 466. — 484.
Phalaris arundinacea L. 568.
  phleoides L. 572.
  Canariensis L. 568.
PHELIPÆA Tourn. 283. — 284, 287.
  cærulea C. A. Mey. 284. — 283.
  † ramosa C. A. Mey. 284. — 283, 288, 289.
  Mutoli Reut. 284.
PHLEUM L. 571. — 601.
  Bœhmeri Wib. 572. — 571, 602.
  pratense L. 571-572. — 602.
  Alpinum Lorey 571, 572.
  nodosum L. 571.
PHRAGMITES Trin. 581.
  communis Trin. 581-582. — 556, 575, 597, 598, 602.
PHYSALIS L. 255.
  Alkekengi L. 255. — 242, 258.

PHYTEUMA L. 348.
  orbiculare L. 319. — 320.
  spicatum L. 319. — 318, 320.
  nigrum Auct. 319.
  nigrum Schm.? 319.
PICRIS Juss. 381.
  hieracioides L. 381. — 286, 396, 398, 622.
PILULARIA L. 614.
  globulifera L. 614. — 41.
PIMPINELLA L. 197.
  magna L. 197. — 197, 210.
  saxifraga L. 197. — 197, 210.
  dissecta Lorey 197.
  dissecta Retz 197.
  pratensis Thuill. 197.
PLANTAGO L. 229. — 231.
  arenaria W. et K. 230. — 229, 624.
  Cynops L. 230. — 229.
  lanceolata L. 230. — 210, 229.
  major L. 231. — 229, 230.
  media L. 230. — 210, 229, 230, 231.
  intermedia Gilib. 231.
  minima DC. 231.
PLATANTHERA Rich. 500.
  bifolia Rich. emend. 500-501. — XXIII, 449, 506, 509, 512, 513.
  montana Schmidt 501.
POA L. 585. — 598.
  Alpina L. 587. — 586.
  annua L. 586. — XIV, 585.
  bulbosa L. 586-587. — 467, 585, 602.
  compressa L. 587. — 585, 586.
  nemoralis L. 588. — 586, 597, 602.
  pratensis L. 587. — 585, 586.
  Sudetica Hæncke 587. — 586, 602.
  trivialis L. 587-588. — 586.
  airoides Kœl. 583.

aquatica L. 584.
brevifolia DC. 587.
megastachya Kœl. 585.
rigida L. 592.
serotina Ehrh. 588.
<small>*pilosa* L. 585.</small>

PODOSPERMUM DC. 383.
laciniatum DC. 383.

POLYCNEMUM L. 400.
arvense L. 400.
arvense R. Br. 401.
majus R. Br. 401.

POLYGALA L. 54. — 55.
Austriaca Crantz 55. — 54, 56.
calcarea F. Schultz 55. — 54, 56.
depressa Wend. 55. — 54, 56.
vulgaris L. 55. — 5, 54, 56.
amara DC. 55.
oxyptera Rchb. 55.

POLYGONATUM Desf. 485. — 488.
multiflorum Desf. 486-487. — 486.
vulgare Desf. 486. — xxv, 485, 487, 510.

POLYGONUM L. 407. — xii, 243, 244, 410.
amphibium L. 409. — 10, 407, 410.
aviculare L. 409. — 407.
Bistorta L. 409. — 407, 410.
Convolvulus L. 409. — 407.
dumetorum L. 409. — 407.
Hydropiper L. 409. — 407.
lapathifolium L. 408. — 408.
mite Schrank 408.
Persicaria L. 408.
biforme Wahlnbg. 408.
incanum DC. 408.
minus Huds. 408.
nodosum Pers. 408.
pusillum Lmk 408.

POLYPODIUM L. 603.
Dryopteris L. 604. — 603, 610, 611, 613.
Phegopteris L. 604. — 603, 610, 611.
vulgare L. 604. — 603, 610, 611, 612, 613.
calcareum Sw. 604.
Dryopteris Hoffm. 604.

Polystichum aculeatum Roth 609.
Callipteris Lefrou 608.
Callipteris Lorey 608.
dilatatum DC. 608.
Filix-mas Roth 608.
tanacetifolium DC. 609.
Thelipteris Roth 609.

POPULUS Tourn. 438. — 435, 440, 447, 598.
nigra L. 439. — 630.
tremula L. 439. — 214, 431, 438.
<small>alba L. xxiii, 214, 431, 439.
molinifera Ait. 218, 434, 439, 440.
pyramidalis Rozier 434, 439, 440.
fastigiata Poir. 215.
nivea Willd. 431, 439.
Virginiana Desf. 214.</small>

PORTULACA Tourn. 142.
oleracea L. 142-143.

POTAMOGETON Tourn. 516. — xxiii, 522, 525.
acutifolius Link 522. — 517, 524, 525.
crispus L. 521. — xv, 517, 523, 524, 525.
densus L. 522. — 516, 523, 524, 525.
fluitans Roth 519-520. — 518, 520, 523, 525, 631.
gramineus L. 520. — 517, 522, 523.
lucens L. 521. — 10, 518, 523, 524, 525.
natans L. 518-519. — 519, 520.

TABLE DES GENRES ET DES ESPÈCES. 677

obtusifolius M. K. 522. — 517, 521.
pectinatus L. 522. — 517, 523, 525.
perfoliatus L. 521.—517, 523, 525.
polygonifolius Pourr. 520. — 518.
pusillus L. 521. — 517, 524.
rufescens Schrad. 520. —517.
trichoides Cham. et Schlecht. 522. — 517, 524.
compressus DC. *cuspidatus* Duby 522.
compressus Lorey 520.
fluitans DC. 631.
gramineus DC. 521.
heterophyllus DC. 520, 631.
longifolius J. Gay 521.
natans Lorey 518, 519.
oppositifolius DC. 522.
variifolius Thore 631.

POTENTILLA L. 165. — 165.
Anserina L. 167. — 165, 166, 168, 172, 173.
argentea L. 167. — 165, 166.
Fragaria Poir. 166. — 4, 165, 173.
micrantha Ram. 166. — 165, 166.
reptans L. 167. — xxii, 165, 166, 168, 172, 173, 174.
supina L. 166. — 165.
Tormentilla Sibth. 167. — 165, 166, 173.
verna L. 167. — 165, 166, 173, 174.
Comarum Scop. 164.
demissa Jord. 167.
decipiens Jord. 167.

POTERIUM L. 414.
Sanguisorba L. 414. — 415.
dictyocarpum Spach 414.
muricatum Spach 414.
Prenanthes pulchra DC. 389.

viminea L. 387.
PRIMULA L. 222. — 55, 56, 228, 546.
elatior Jacq. 223-224. — 223.
officinalis Jacq. 223. — 4, 222, 224, 228, 250, 364, 583.
PRUNUS Tourn. 154. — 154, 244.
spinosa L. 154-155. — 215, 280, 489.
sylvatica Desv. 155. — 154, 155.
Desvauxii Bor. 155.
domestica L. 155.
insititia L. 155.
PTERIS L. 604.
aquilina L. 604-605. — 610, 611, 612, 613.
PTYCHOTIS Koch 192.
heterophylla Koch 192.
PULICARIA Gærtn. 366.
dysenterica Gærtn. 367. — xiv, 397.
vulgaris Gærtn. 367. — 366.
PULMONARIA Tourn. 250. — xxiv, 252.
angustifolia L. 250. — 4, 252.
azurea Bess. 250.
saccharata Mill. 250.
tuberosa Schrank 250.
vulgaris Mérat 250.
PYRETHRUM Gærtn. 361.
corymbosum Willd. 362. — 361.
Leucanthemum Coss. et Germ. 362. — 361, 396, 399.
Parthenium Sm. 362.
PYROLA Tourn. 66.
rotundifolia L. 66. — viii, 623.
PYRUS Tourn. 176. — 59, 177.
communis L. 176. — 177, 214.
Aria Ehrh. 178.
Aucupuria Gærtn. 178.
Malus L. 177.

Sorbus Gærtn. 178.
torminalis Crantz 178.
QUERCUS Tourn. 430. — 431.
  pedunculata Ehrh. 430. — 430.
  sessiliflora Salisb. 430.
  pubescens Willd. 430.
  racemosa DC. 430.
RADIOLA Gmel. 42.
  linoides Gmel. 42. — 42.
RANUNCULUS L. 6. — XXIV, 12, 19.
  acer L. 13.— XXV, 6, 8, 12, 19.
  aconitifolius L. 12. — 6, 7, 19.
  aquatilis L. 8-9. — XXIII, XXIV, 6, 7, 9, 10, 12, 19.
  arvensis L. 14. — 7. 8, 19.
  auricomus L. 12. — 7, 8, 12.
  bulbosus L. 13. — XX, 6, 8, 12, 13, 19.
  divaricatus Schrank 9-10. — 6, 7, 9.
  Flammula L. 11-12. — 6, 8.
  fluitans Lmk 9. — 6, 7.
  gramineus L. 12. — 6, 8, 13, 19.
  hederaceus L. 11. — XIV, 6, 7, 19.
  Lingua L. 11. — 6, 8, 10, 19.
  nemorosus DC. 12. — 4, 7, 8, 12, 13.
  ophioglossifolius Vill. 14. — 7.
  Philonotis Ehrh. 13. — 7, 8, 12.
  repens L. 11. — XXII, 6, 8, 19.
  sceleratus L. 14. — 7, 8, 19.
  aconitifolius Lorey 12.
  circinatus Sibth. XXIII.
  Drouetii F. Schultz 9.
  Friesanus Jord. 13.
  heterophyllus Willd. 8, 10.
  paucistamineus Tausch 9.
  platanifolius L. 12.

  polyanthemos Thuill. 11
  trichophyllus Chaix 9.
  vulgatus Jord. 13.
RAPHANUS L. 91.
  Raphanistrum L. 91-92.
RAPISTRUM Bœhr. 99.
  rugosum All. 99.
RESEDA L. 67.
  lutea L. 67.
  luteola L. 67. — 67.
RHAMNUS Lmk 110. — 111.
  Alpina L. 110.
  cathartica L. 110. — 432.
  Frangula L. 111.
RHINANTHUS L. 276. — 243, 280, 417.
  major Ehrh. 277. — 276, 277.
  minor Ehrh. 277.
  hirsuta Lmk 277.
  glabra Lmk 277.
RHYNCHOSPORA Vahl 551.
  alba Vahl 551. — 560.
RIBES L. 218.
  Alpinum L. 219. — 218, 219.
  † rubrum L. 219. — 218, 219.
  Uva-crispa L. 219. — 218.
Roripa Bess. 102.
Robinia Pseudo-Acacia L. 214, 431.
ROSA L. 168. — 162, 170-172, 174, 244.
  arvensis L. 170. — 168, 171.
  Biturigensis Bor. 170. — 168, 170.
  canina L. 168-169. — 170, 171, 174, 214.
  pimpinellifolia L. 170. — 168, 170.
  rubiginosa L. 169. — 168, 171.
  tomentosa L. 170. — 168, 169, 171, 172.
  agrestis Savi 169.
  Andegavensis Bast. 169, 172.

bibracteata Bast. 170.
collina Jacq. 169.
dumalis Bechst. 169.
dumetorum Thuill. 169.
glaucescens Desv. 168.
micrantha Sm. 169.
nitens Desv. 168.
platyphylla Rau 169.
sepium Thuill. 169, 170, 172.
septicola Déségl. 169.
spinosissima L. 170.
stylosa Mérat 170.
tomentella Lém. 169.
villosa Lorey 170.
   pomifera Herm. 170.

RUBIA Tourn. 334. — 312.
  peregrina L. 334. — 335, 336.

RUBUS L. 156. — 160-162, 169, 171, 173, 174, 192, 244, 249.
  cæsius L. 158. — 156, 160, 161.
  discolor W. et N. 159-160. — 157, 160, 161.
  glandulosus Bell. 159. — 157, 160, 161.
  hirtus W. et N. 159. — 157, 160, 161.
  Idæus L. 157-158. — XXIV, 156, 159, 160, 161.
  nemorosus Hayne 158. — 156, 161.
  nitidus W. et N. 159. — 157.
  saxatilis L. 158. — 156, 160, 161.
  suberectus Anders. 159. — 157, 160, 161.
  tomentosus Borckh. 160. — 157, 161.
  collinus DC. 160.
  corylifolius DC. 158.
  fruticosus Lorey 159.
  Pseudo-Idæus 159, 161.
  rusticanus Merc. 159, 161.

RUMEX L. 404. — 409.
  Acetosa L. 407. — 404, 410.
  Acetosella L. 407. — 404, 410.
  conglomeratus Murr. 406. — 405.
  crispus L. 406. — 405.
  Hydrolapathum Huds. 406. — 405.
  maritimus L. 405. — 410.
  nemorosus Schrad. 406. — 405, 406.
  obtusifolius L. 406. — 281.
  pulcher L. 405. — 410.
  scutatus L. 407. — 404, 410.
  acutus L. 406.
  aquaticus Vill. 406.
  Nemolapathum Ehrh. 406.
  palustris Sm. 405.
  pratensis M. K. 406.
    bucephalophorus L. 407.
    sanguineus L. 406.

RUSCUS L. 488.
  aculeatus L. 488-489.

† RUTA L. 44.
  † graveolens L. 44. — 622.

SAGINA L. 29.
  apetala L. 30. — 29, 36, 38.
  procumbens L. 29. — 30, 35, 36, 38.
  ciliata Fries 30.
  erecta L. 35.
  patula Jord. 30.
    nodosa E. Mey. 30.

SAGITTARIA L. 451.
  sagittæfolia L. 451. — 427.

SALIX Tourn. 432. — XV, XXIV, 162, 343, 440-444, 566, 567.
  alba L. 434. — 214, 423, 432, 435, 436, 440, 442, 443, 444.
  aurita L. 438. — 434, 442.
  Caprea L. 437-438. — 214, 431, 433, 436, 437, 440, 442, 443.
  cinerea L. 437. — XXIV, 215, 434, 436, 438, 440, 442, 443.
  fragilis L. 435. — 423, 433, 434, 436, 440, 441, 442, 443, 444.

pentandra L. 434. — 432.
purpurea L. 436. — 214, 433, 440, 442, 443, 444.
repens L. 438. — 433.
rubra L. 436. — 214, 433, 435, 440, 441, 442, 443.
× Smithiana 437. — 433, 438, 443.
triandra L. 436. — 214, 432, 435, 436, 440, 441, 442, 443, 444.
viminalis Ehrh. 437. — 215, 433, 436, 440, 441, 443, 444.
affinis G.G. 438.
× *affinis* 438.
aquatica Sm. 438.
× *aquatica* 438.
cærulea Sm. 434.
Caprea × *cinerea* 438.
Caprea × *viminalis* 438.
cinerea × *viminalis* 437.
Forbyana Sm. 436.
furcata Wimm. 436.
Helix L. 436.
Lambertiana Sm. 436.
monandra Hoffm. 436.
Smithiana Willd. 437.
vitellina L. 434. — 435, 440, 441.
Salsola Tragus L. 404.
SALVIA Tourn. 294. — 312.
Sclarea L. 295. — 294.
pratensis L. 294. — 312.
officinalis L. 295.
Verbenacea L. 295.
verticillata L. 295.
SAMBUCUS L. 327.
Ebulus L. 328. — 327.
nigra L. 328. — 327.
racemosa L. 328. — 327.
SAMOLUS Tourn. 226.
Valerandi L. 226. — 228.
SANGUISORBA L. 414.
officinalis L. 414. — 415.
SANICULA Tourn. 190.

Europæa L. 190. — 212.
SAPONARIA L. 23.
ocymoides L. 23.
officinalis L. 24. — 23, 36, 37, 39.
Vaccaria L. 23. — 36.
SAROTHAMNUS Wimm. 111.
scoparius Koch 111. — 141, 285.
SAXIFRAGA L. 219.
granulata L. 220. — 219, 467, 472.
tridactylites L. 219. — xiv.
SCABIOSA L. 339.
Columbaria L. 340. — 339, 342.
succisa L. 340. — 339, 342.
suaveolens Lorey 340.
SCANDIX Gærtn. 204.
Pecten-Veneris L. 204.
SCHOENUS L. 558.
ferrugineus L. 559.
nigricans L. 559. — 562.
albus L. 551.
compressus L. 557.
Mariscus L. 557.
SCHEUCHZERIA L. 516.
palustris L. 516.
SCILLA L. 458.
autumnalis L. 459. — 458, 484.
bifolia L. 459. — 458, 484.
nutans Sm. 459.
SCIRPUS L. 553. — 555.
compressus Pers. 557. — 553, 554.
fluitans L. 557. — 553, 554.
lacustris L. 555-556. — 554.
maritimus L. 556. — xxv, 481, 554, 555, 563.
Michelianus Savi 554. — 553.
mucronatus L. 555. — 553, 554.

setaceus L. 555. — 553, 554.
supinus L. 555. — 553, 554.
sylvaticus L. 556. — 554, 555, 562.
acicularis L. 553.
compactus Krock 556.
glaucus Sm. 555.
ovatus Roth 552.
palustris L. 552.
Tabernæmontani Gmel. 555.
triqueter L. 556.

SCLERANTHUS L. 145.
annuus L. 145-146.
perennis L. 145.
biennis Reut. 146.

SCOLOPENDRIUM Sm. 605.
officinale L. 605. — 611, 613.

SCORZONERA L. 582.
Austriaca Willd. 382.
plantaginea Gaud. 383. — 382, 399.
humilis DC. 382.

SCROFULARIA Tourn. 269. — XIII, 282, 484.
alata Gilib. 270-271. — 269, 282.
aquatica L. 270. — 269, 282.
canina L. 269-270. — 282.
nodosa L. 270. — 269, 282.
† vernalis L. 270. — 269.
Ehrharti Stev. 270.
Hoppii Koch 270.

SCUTELLARIA L. 306. — 312.
Alpina L. 307. — 108, 306.
galericulata L. 307. — 311, 313.
hastifolia L. 307.
minor L. 307.
Secale cereale L. 567. — 596, 599.

SEDUM L. 146. — 150, 152, 153.
acre L. 148. — 147, 150, 152, 153.
album L. 148. — 147, 149, 153, 243.

Boloniense Lois. 148. — 147, 150, 152, 153.
dasyphyllum L. 148. — 147, 152, 153.
elegans Lej. 149. — 147, 150, 151, 152, 153.
reflexum L. 149. — XXI, 147, 150, 151, 152, 153.
rubens L. 147. — 146, 152, 153.
Telephium L. 147. — XXIII, 146, 150, 151, 152, 482.
villosum L. 148. — 147, 150, 152.
aureum Wirtg. 149.
micranthum Bast. 148.
rupestre L. 149.
sexangulare DC. 148.

SELINUM Hoffm. 204.
carvifolia L. 204. — 209.

† SEMPERVIVUM L. 149. — 152, 153.
† tectorum L. 149. — XIX, 152.

SENEBIERA Poir. 97. — 101.
Coronopus Poir. 98. — 97, 100, 211.
† pinnatifida DC. 98. — 100.

SENECIO L. 373.
adonidifolius Loisel. 375. — 373, 374.
aquaticus Huds. 376. — 372, 373, 374.
erucæfolius L. 373, 625.
Jacobæa L. 375. — 143, 373, 374, 399.
nemorensis L. 376-377. — 374, 396.
paludosus L. 376. — 374, 396.
sylvaticus L. 375. — 373, 374.
viscosus L. 374. — 373.
vulgaris L. 374. — XIV; 373.
aquaticus Lorey 376.
artemisiæfolius Pers. 375.

erraticus Bert. 376.
nemorosus Jord. 375.
SERRATULA L. 355.
tinctoria L. 355.
SESELI L. 201.
coloratum Ehrh. 622.
montanum L. 201. — 202,209.
elatum Lorey 202.
Libanotis Koch 201.
SESLERIA Ard. 576. — 598.
cærulea Ard. 576. — 598,602.
SETARIA P. B. 569.
glauca P. B. 569. — 601.
verticillata P. B. 569. — 598, 601.
viridis. P. B. 569. — 601.
SHERARDIA L. 330.
arvensis L. 330. — 284.
SILAUS Bess. 202.
pratensis Bess. 202. — 209.
virescens Boiss. 202-203.
SILENE L. 24. — 243.
Armeria L. 26. — 25.
Gallica L. 26. — 25, 36, 38, 39.
inflata Sm. 25. — 24, 27, 36, 39.
noctiflora L. 26. — 25, 27, 36, 39.
nutans L. 25. — 24, 27, 37, 39, 379.
Otites Sm. 25. — 24, 37.
Anglica Lorey 26.
glareosa Jord. 25.
oleracea Bor. 25.
rupicola Bor. 25.
vesicaria Schrad. 25.
† SILYBUM Vaill. 353.
† Marianum Gærtn. 354.
SINAPIS L. 90.
arvensis L. 91. — xv, 90.
Cheiranthus Koch 90. — 99.
† *nigra* L. 90.

Schkuriana Rchb. 91.
alba L. 91.
SISON Koch 191.
Amomum L. 191.
SISYMBRIUM L. 86. — 102.
Alliaria Scop. 87. — 100.
Irio L. 87. — 101.
officinale L. 87.
Sophia L. 87.
Thalianum J. Gay 87.
asperum L. 85. — 100.
supinum L. 88.
Pannonicum Jacq. 622.
SIUM L. 196.
angustifolium L. 196. — 86.
latifolium L. 196-197. — 427.
SOLANUM Tourn. 254. — 256.
Dulcamara L. 254. — xxvii, 104, 256, 257, 258.
nigrum L. 254. — xi, 99, 256, 257, 258, 281.
ochroleucum Bast. 254.
tuberosum L. 254, 257, 258, 482, 483.
villosum Lmk 254.
SOLIDAGO L. 370.
Virga aurea L. 370. — 5.
graveolens Lmk 369.
SONCHUS L. 387.
arvensis L. 388. — 386, 387.
asper Vill. 388. — 386, 387, 399.
oleraceus L. 387. — 386, 388.
palustris L. 388.
SORBUS L. 177.
Aria Crantz 178. — 214, 622.
Aucuparia L. 178. — 177, 215.
domestica L. 178. — 177.
latifolia Pers. 622.
torminalis Crantz 178. — 215, 431, 622.
SPARGANIUM L. 531.
minimum Fries 532. — 531.
ramosum Huds. 531. — xxv, 532.

TABLE DES GENRES ET DES ESPÈCES. 683

simplex Huds. 531. — 532.
natans Lorey 532.
SPECULARIA Heist. 318. — 321.
hybrida Alph. DC. 318. —XIX, 322, 323.
Speculum Alph. DC. 318. — 322, 323.
SPERGULA L. 28.
arvensis L. 29. — 28, 38.
pentandra L. 29. — 28, 29.
Morisonii Bor. 29.
nodosa L. 30.
SPERGULARIA Pers. 28.
rubra Pers. 28.
segetalis Fenzl. 28.
SPIRÆA L. 155.
Filipendula L. 156. — 155, 172, 174, 415, 482, 621.
hypericifolia L. 155-156.
Ulmaria L. 156. — 56, 155, 172, 174, 415.
SPIRANTHES Rich. 504. —481, 510, 511, 512.
æstivalis Rich. 505. — 504, 511, 513.
autumnalis Rich. 505. — 504, 511, 513.
STACHYS L. 301. — 242.
Alpina L. 303. — 5, 301, 302.
× ambigua Sm. 303-304. — XVI, 302.
annua L. 303. — 301, 302, 311.
arvensis L. 303. — 301, 302, 311.
Germanica L. 303. — 301, 302.
palustris L. 304. — XVI, XXII, 302-303, 304, 311, 312.
recta L. 302. — 301.
sylvatica L. 303. — XVI, 301-304.
ambigua Sm. 303.
palustris × *sylvatica* 303.
Sideritis Vill. 302.

STELLARIA L. 32. — 101.
glauca With. 33. — 32, 37, 38, 101, 625.
graminea L. 33. — 32.
Holostea L. 33. — 32, 36.
media Vill. 32. — XIV, 38.
nemorum L. 32.
uliginosa Murr. 33. — 32, 37, 38, 101.
Stellera Passerina L. 415.
STIPA L. 575.
pinnata L. 575. — 601.
SWERTIA L. 236.
perennis L. 236.
SYMPHYTUM Tourn. 246.
officinale L. 246.
TAMUS L. 490.
communis L. 490-491. — 449, 481.
TANACETUM L. 363.
vulgare L. 363. — 396.
TARAXACUM Juss. 383.
Dens-leonis Desf. 383-384. — 210, 385, 389, 396, 399.
Dens-leonis Lorey 383.
erythrospermum Andrz. 383.
obovatum Lorey 383.
officinale Wig. 383, 399.
palustre DC. 384.
rubrinerve Jord. 384.
TEESDALIA R. Br. 94.
nudicaulis R. Br. 94. — 101.
Iberis DC. 94.
TETRAGONOLOBUS Scop. 116.
siliquosus Roth 116.
TEUCRIUM L. 309. — 243.
Botrys L. 310. — 309.
Chamædrys L. 310. — 285, 311, 313.
montanum L. 310. — 309, 311.
Scordium L. 310. — 309.
Scorodonia L. 310. — 313.

22

THALICTRUM L. 2.
flavum L. 3. — XXII, 2, 19.
majus Jacq. 2. — 2.
minus L. 2. — 2.
Morisonii Mut. 3.
angustifolium L. 3.

THESIUM L. 417.
Alpinum L. 417. — 417.
humifusum DC. emend. 417.
pratense Ehrh. 418. — 417, 625.
divaricatum Jan. 417.
linophyllum Lorey 417.

THLASPI Dill. 94. — 101.
arvense L. 94.
montanum L. 94.
perfoliatum L. 94.

THRINCIA Roth 380.
hirta Roth 380. - 399.

THYMELÆA Tourn. 415.
Passerina Coss. et Germ. 415.

THYMUS L. 295. — 243, 311, 313.
Serpyllum L. 295-296. — 285, 288, 289, 311.
Acinos L. 296.
Calamintha DC. 296.
Chamædrys Fries 295.
lanuginosus Lorey 295.
Serpyllum Fries 295.

TILIA L. 53.
platyphylla Scop. 53. — 54, 151, 214, 243, 431.
sylvestris Desf. 54. — 53, 214.
microphylla Willd. 54.

TILLÆA Micheli 146.
muscosa L. 146.

TORDYLIUM Tourn. 306.
maximum L. 306.

TORILIS Adans. 209.
Anthriscus Gmel. 209.
infesta Duby 209. — 211.
nodosa Gærtn. 209. — 209, 211.

TRAGOPODON L. 381.
major Jacq. 382. — 381.
pratensis L. 381. — 387, 397, 398, 399.
Orientalis L. 382, 387.

TRAPA L. 188.
natans L. 188-189. — XXIII.

TRIFOLIUM Tourn. 121. — 139, 243, 415.
Alpestre L. 126. — 121, 123, 139.
agrarium L. 123. — 121, 122, 124.
arvense L. 124. — 121, 123.
elegans Savi 125. — 121, 122, 125, 126.
filiforme L. 123. — 121, 122.
fragiferum L. 126. — 121, 122, 126.
medium L. 126. — 121, 123, 136, 139.
Michelianum Savi 124. — 121, 122.
montanum L. 125. — 122, 126.
ochroleucum L. 125. — 122.
pratense L. 125. — 121, 123, 139, 243, 286.
procumbens L. 123. — 121, 122, 124, 126, 138.
repens L. 126. — XXII, 121, 122, 137, 139.
rubens L. 126. — 121, 123, 136, 139.
scabrum L. 124. — 121, 123.
striatum L. 124. — 121, 123.
agrestinum Jord. 124.
aureum Poll. 123.
campestre Schreb. 123.
gracile Thuill. 124.
lagopinum Jord. 124.
minus Rchb. 123.
rubellum Jord. 124.
angustifolium L. 124.
hybridum L. 622.
incarnatum L. 124.
nigrescens L. 125.

resupinatum L. 125.
subterraneum L. 125.

TRIGLOCHIN L. 516.
palustre L. 516.

TRINIA Hoffm. 191.
vulgaris DC. 191. — XXII.
glaberrima Duby 191.

TRISETUM Pers. 580.
flavescens P. B. 580. — 599, 601.

TRITICUM L. 596. — 567, 599.
caninum L. 596.
repens L. 596. — 597, 598, 599, 601.
Festuca DC. 592.
Nardus DC. 592.
Poa DC. 592.
pinnatum DC. 594.
sylvaticum DC. 594.
sativum Lmk 59, 596, 599, 601.
turgidum L. 596.
ciliatum DC. 594.

† TULIPA L. 454. — 220, 469, 474.
† sylvestris L. 454-455. — 468, 470, 471, 478.

Tunica saxifraga Scop. 22.

TURGENIA Hoffm. 208.
latifolia Hoffm. 208.

TURRITIS Dill. 86.
glabra L. 86.

TUSSILAGO L. 377.
Farfara L. 377. — 378, 397, 398.
Petasites L. 377.

TYPHA L. 530.
angustifolia L. 531. — 530.
latifolia L. 530-531.
media DC. 531.

ULEX L. 114.
Europæus L. 114. — 136, 141.

ULMUS L. 411. — 431.
campestris L. 411-412. — XXIV, 57, 214, 445.

corylifolia Host 411.
montana Sm. 214, 411.

UMBILICUS DC. 150.
pendulinus DC. 150.

URTICA Tourn. 412.
dioica L. 412-413. — 245, 424.
urens L. 412. — XVII, 413.

UTRICULARIA L. 282. — 244, 428.
minor L. 283. — 282.
vulgaris L. 282-283. — XV, 283.

VACCINIUM L. 314.
Myrtillus L. 314.
Oxycoccos L. 314.

VALERIANA L. 336. — 338.
dioica L. 338. — 336, 337, 338.
officinalis L. 337-338. — 336, 338.
tuberosa L. 338. — 336, 337, 482, 625, 629.
sambucifolia Mik. 337.

VALERIANELLA Tourn. 338.
Auricula DC. 339.
carinata Lois. 339.
Morisonii DC. 339.
olitoria Poll. 339.
dentata Dufr. 339.
coronata DC. 339.

† VALLISNERIA L. 514.
† spiralis L. 514-515. — VIII.

VERBASCUM Tourn. 260. — 257, 262, 263.
Blattaria L. 262. — 260, 263, 264.
Lychnitis L. 261. — 260, 263.
nigrum L. 261. — 260, 263.
pulverulentum Vill. 261. — 260, 261.
Thapsus L. 261. — 260, 262, 263.
thapsiforme Schrad. 262. — 260, 263.

virgatum With. 262. — 260,
 262, 264.
Australe Schrad. 262.
Bastardi R. Sch. 262.
Blattaria × *thapsiforme* 262.
Blattarioides Lmk 262.
floccosum Waldst. et Kit. 261.
montanum Schrad. 261, 262, 263.
phlomoides L. 262, 263.
_{nothum Koch 261.}
_{*floccosum* × *thapsiforme* 261.}

VERBENA Tourn. 313.
officinalis L. 313.

VERONICA Tourn. 264. — 268.
acinifolia L. 266. — 265.
agrestis L. 266. — XIV, 264, 265, 266.
Anagallis L. 267-268. — XXIII, 10, 265, 281.
arvensis L. 266. — 265.
Beccabunga L. 268. — XXIII, 265, 268.
Chamædrys L. 268. — XXIII, 265, 282.
hederæfolia L. 265. — 264.
montana L. 267. — XXIII, 265, 281.
officinalis L. 267. — XXIII, 265, 282.
† Persica Poir. 266. — 264, 265.
præcox All. 266. — 265.
scutellata L. 267. — XXIII, 265.
serpyllifolia L. 267. — XXIII, 264.
spicata L. 267. — 264, 322.
Teucrium L. 268. — 265, 282.
triphyllos L. 266. — 264, 265, 424.
verna L. 266. — 264, 265.
anagalloides Guss. 267.
didyma Ten. 266.
parmularia Poit. et Turp. 267.
prostrata L. 268.
_{Vesicaria utriculata Lmk 92.}

VIBURNUM L. 328.
Lantana L. 328. — 215.
Opulus L. 329. — 215, 328.

VICIA Tourn. 126. — 139.
Cracca L. 130. — 127, 138, 141.
Ervilia Willd. 129. — 127.
hirsuta Koch 129. — 127.
lathyroides L. 128. — 127, 138.
lutea L. 129. — XII, 127, 138.
pisiformis L. 130. — 127.
sativa L. 128. — XII, XXVII, 127, 138.
sepium L. 130. — XII, 127, 136, 138, 140, 141.
tenuifolia Roth 130. — 127.
tetrasperma Mœnch 129. — 127.
varia Host 129. — 127, 138.
angustifolia Roth 128.
Bobartii Forst. 128.
gracilis Lois. 129.
Kitaibeliana Rchb. 130.
segetalis Thuill. 128.
_{dumetorum Thuill. 130.}
_{monanthos Koch 129.}
_{Narbonensis L. 129.}
_{peregrina L. 129.}

Villarsia Nymphoides Vent. 235.

VINCA L. 233.
minor L. 233.

VINCETOXICUM Mœnch 234.
officinale Mœnch 234.
laxum G.G. 234.

VIOLA Tourn. 104. — 108, 110,
alba Bess. 107-108. — 105, 107, 108, 109.
canina L. 106. — 105, 107, 108.
elatior Fries 107. — 105, 106, 108, 109, 625.
hirta L. 107. — 105, 108, 109.
mirabilis L. 106. — 105, 109.
odorata L. 107. — 105, 107, 108, 109.

TABLE DES GENRES ET DES ESPÈCES. 687

palustris L. 108. — 105, 625.
sylvestris Lmk 106. — 4, 105, 107, 108, 109, 110.
tricolor L. 108. — 104, 105, 109.
montana DC. 107.
permixta Jord. 107.
scotophylla Jord. 107.
segetalis Jord. 108.
subcarnea Jord. 107.

VISCUM Tourn. 214.
album L. 214-218.

† VITIS L. 58.

† vinifera L. 58-59. — 215, 256, 287, 325, 434, 437, 441.

WAHLENBERGIA Schrad. 320.
hederacea Rchb. 320.

XANTHIUM Tourn. 399.
Strumarium L. 399.

XERANTHEMUM Tourn. 358.
cylindraceum Sibth. et Sm. 358.

ZANNICHELLIA L. 522.
palustris L. 522. — 523.
dentata Willd. 522.

PAGES 91, ligne 21. Les *Siliculeuses* doivent débuter par le genre *Alyssum*.
— 113, ligne avant-dernière : R.; *lisez* : R R R.
— 134, ligne 9 : Krsleger; *lisez* : Kirschleger.
— 155, ligne 11 : *institia*; lisez : *insititia*.
— 241, ligne 13 : préfloraison dans le même sens; *lisez* : préfloraison tordue à gauche.
— 243, les deux dernières lignes : *Tilia platyphyllos* et *Sedum album*; lisez : *Tilia platyphylla* et *Polygonum lapathifolium*.
— 334, ligne antépénultième. L'indication du *Rubia peregrina* à Circy n'a pas été confirmée.
— 353, ligne 30; *Sclaræa* ; lisez : *Sclarea*.
— 384, lignes 24 et 27 : *Crepis virens* ; lisez : *Crepis biennis*.
— 432, lignes 3 et 4. Transportez l'*Aubépine* et le *Poirier sauvage* parmi les arbres à feuilles alternes de la page 431, lignes 27 et 28.
— 434, ligne 12; *cærulea* ; lisez : *cærulea*.
— 591, lignes 27 et 28 : plus ou moins éloignés; *lisez* : plus ou moins rapprochés.

TABLE DES NOMS VULGAIRES

DE QUELQUES PLANTES

DANS LA COTE-D'OR

Absinthe, Artemisia Absinthium... 363
Acacia, Robinia Pseudo-Acacia.... 431
Ail sauvage, Allium oleraceum, vineale et sphærocephalum. 462, 464, 465
Ailier et Alizier, Sorbus Aria..... 178
A. jaune, Sorbus latifolia.......... 622
Alleluia, Oxalis Acetosella........ 43
Alouchier, Sorbus terminalis..... 178
Amandier, Amygdalus communis.. 215
Amarelle, Anthemis cotula........ 361
Anis, Fœniculum officinale........ 202
Anottes, Carum bulbocastanum... 193
Appétits, Allium Schœnoprasum... 461
Arbre-de-Judée, Cercis Siliquastrum........................... 137
Argentine, Potentilla Anserina.... 167
Arnica, Inula montana, Pulicaria dysenterica, Arnica montana. 369, 367, 371
Artichaut-sauvage, Sempervivum tectorum......................... 149
Arrête-Bœuf, Ononis repens...... 114
Asperge, Asparagus officinalis..... 489
A. sauvage, Ornithogalum Pyrenaicum............................ 456
Asprèle, Galium Aparine.......... 332
Aubépin et Aubépine, Cratægus oxyacantha.......................... 175
Aunée, Inula Helenium............ 369
Auzeraule, Acer campestre........ 57
Avoine, Avena sativa et Orientalis.. 580
Baguenaudier, Colutea arborescens. 117
Bal, Veronica Beccabunga....... . 208
Balsamine, Impatiens Balsamina... 45
Barbe-de-chèvre, Clematis Vitalba. 1
B. de-moine, Cuscuta Epithymum.. 243
Bassinots et Bassins, Ranunculus acer, bulbosus, Philonotis et arvensis........................... 13, 14
Baume, Mentha sylvestris et rotundifolia............................ 291

Belladone, Atropa Belladona...... 255
Belle-de-jour, Convolvulus tricolor. 243
Betterave, Beta vulgaris var. rapacea............................. 403
Bigarreau, Cerasus avium var..... 154
Biquette, Helleborus fœtidus...... 15
Blé, Triticum sativum............. 596
B. barbu, Triticum turgidum....... 596
B. de vache, Melampyrum arvense. 278
B. noir, Fagopyrum esculentum et Tataricum...................... 409
Bluet, Centaurea Cyanus.......... 351
Bois-de-Sainte-Lucie, Cerasus Mahaleb........................... 154
B. de-Saint-Phal, Daphne Mezereum........................... 416
Bonnet-carré, Evonymus Europæus. 58
Bouillon-blanc, Verbascum Thapsus, thapsiforme et Phlomoides. 261, 262
Bouleau, Betula alba............. 444
Boulichet, Primula officinalis...... 223
Bouquet-de-mariée, Apera Spica-Venti............................ 573
Bourdaine, Rhamnus Frangula.... 111
Bourrache, Borrago officinalis..... 245
Broute-bique, Lonicera Periclymenum............................ 329
Bruyère, Calluna vulgaris......... 221
Buis, Buxus sempervirens......... 424
B. piquant, Ruscus aculeatus...... 488
Caillet, Galium verum, Cruciata et Mollugo.................... 332, 333
Canneuler, Cornus mas........... 214
Canquoins, Anemone Pulsatilla, Primula officinalis............... 3, 223
Capillaire, Asplenium Trichomanes. 606
Carafée, Cheiranthus Cheiri....... 78
Carotte, Daucus Carota.......... 481
Casque, Aconitum Napellus....... 17
Cerfeuil, Anthriscus Cerefolium... 203

C. BULBEUX, Chærophyllum bulbosum.................................. 194
CERISIER-A-GRAPPES, Cerasus Padus. 154
CERISE, Cerasus vulgaris........... 154
CHAIGNEAU, Centaurea Jacea....... 357
CHANVRE, Cannabis sativa.......... 284
CHAR-DE-VÉNUS, Aconitum Napellus. 17
CHARDON, Cirsium eriophorum, lanceolatum et arvense, Carduus crispus et nutans, Eryngium campestre, Dipsacus sylvestris..........
.... 349, 352, 353, 190, 341
C. ANERET, Cirsium acaule......... 350
C. ROULANT, Eryngium campestre.. 190
CHARME, Carpinus Betulus......... 431
CHATAIGNE-D'EAU, Trapa natans.... 188
CHATAIGNIER, Castanea vulgaris.... 429
CHÊNE, Quercus sessiliflora......... 430
C. BLANC, Quercus pedunculata..... 430
CHERVIS, Sium Sisarum............ 481
CHÈVREFEUILLE-SAUVAGE, Lonicera Periclymenum 329
CHICORÉE-SAUVAGE, Cichorium Intybus............................. 379
CHIENDENT, Triticum repens, Arrhenatherum nodosum, Brachypodium pinnatum............... 596, 579, 594
CHIEN-QUEUE, Melampyrum arvense. 278
CHOU-GRAS, Rumex obtusifolius et crispus 406
CIBOULETTE, Allium Schœnoprasum. 461
CIGUE, Æthusa Cynapium 198
CITRONELLE, Melissa officinalis..... 296
CLOCHETTES, Campanula Trachelium, rapunculoides et rotundifolia, Aquilegia vulgaris, Primula officinalis.
.... 317, 16, 223
COLCHIQUE, Colchicum autumnale... 452
COMPAGNONS, Melandrium sylvestre. 27
CONCOMBRÉ, Cucumis sativa........ 324
CONSOUDE, Symphytum officinale... 246
COPPEAUX, Lappa major et minor... 354
COQSIGRUE, Ononis Natrix......... 115
COQUELICOT, Papaver Rhœas et dubium 72
COQUERETTE, Anemone Pulsatilla... 3.
CORBIER, Sorbus domestica 178
CORNOUILLER, Cornus mas......... 214
CORNUELLE, Trapa natans.......... 188
COUCOU, Primula officinalis, Anemone Pulsatilla et triloba, Pulmonaria angustifolia, Narcissus Pseudo-Narcissus............. 223, 1, 4, 250, 494
COUDRIER, Corylus Avellana 431
COUGIAS, Anemone Pulsatilla...... 3
COULEUVRÉE, Bryonia dioica........ 323
COURGELIER, Cornus mas.......... 214
COURONNE-IMPÉRIALE, Fritillaria imperialis........................... 455
CRESSON, Nasturtium officinale..... 86
C. DE-CHEVAL, Veronica Beccabunga. 268
CRÊTE-DE-COQ, Mela m pyrum. Rhinanthus.................... 276, 277
CYTISE, Cytysus Laburnum........ 111
DAHLIA, Dahlia variabilis.......... 351
DAME-D'ONZE-HEURES, Ornithogalum umbellatum 456
DIAJEU, Iris Pseudo-Acorus 492
DIGITALE, Digitalis purpurea...... 272
DOIGTS, Digitalis purpurea........ 272
DOUCE-AMÈRE, Solanum Dulcamara. 254
DOUCETTE, Valeriana olitoria...... 339
EBAUPIN, Cratægus oxyacantha.... 175
ECLAIRE, Chelidonium majus...... 73
ECOT, Pyrus et Malus communis. 176, 177
EGLANTIER, Rosa canina........... 168
EMERON, Euphorbia verrucosa..... 422
EPICÉA, Alies excelsa.............. 447
EPINE-BLANCHE, Cratægus oxyacantha............................. 175
E. NOIRE, Prunus spinosa......... 154
E. VINETTE, Berberis vulgaris...... 21
EPURGE, Euphorbia Lathyris....... 421
ERABLE, Acer campestre........... 57
FAUX-EBÉNIER, Cytisus Laburnum.. 111
FEUILLOTTE, Polygonum Bistorta... 409
FÈVE, Faba vulgaris............... 138
F.-DE-LOUP, Helleborus fœtidus.... 15
FLAMME, Iris Pseudo-Acorus...... 492
FLÉCHIÈRE, Sagittaria sagittæfolia. 451
FLOUVE, Anthoxanthum odoratum.. 567
FOLLE-AVOINE, Avena fatua....... 580
FOUGÈRE, Pteris aquilina.......... 604
F. FLEURIE, Osmunda regalis...... 609
FOUROLLES, Mercurialis annua..... 423
FOYARD, Fagus sylvatica.......... 428
FRAISIER, Fragaria vesca.......... 163
FRAMBOISIER, Rubus Idæus........ 157
FRAXINELLE, Dictamnus albus..... 44
FRÊNE, Fraxinus excelsior......... 232
FROMAGEOTS, Malva rotundifolia... 51
FROMENT, Triticum sativum et turgidum............................. 596
FROMENTAL, Arrhenatherum elatius. 579
FUMETERRE, Fumaria officinalis.... 76
FUSAIN, Evonymus Europæus...... 58
GANGUILLOTTE, Primula officinalis.. 223
GANTS, Digitalis purpurea......... 272
GENETTE, Sarothamnus scoparius... 111
GENÉVRIER, Juniperus communis... 446
GENTIANE, Gentiana lutea......... 237
GÉVRINE, Salix cinerea............ 437
GLAIEUL, Gladiolus Gandevensis.... 481
GOURDE, Cucurbita Pepo 324
GOUTTE-DE-SANG, Adonis flammea et æstivalis........................... 5

TABLE DES NOMS VULGAIRES. 691

GRAINJON, Salix triandra............ 436
GRAND-CHIENDENT, Cynodon Dactylon............................ 575
GRANDE-CIGUE, Conium maculatum. 204
G. PERVENCHE, Vinca major....... 233
G. VRILLIE, Calystegia sepium...... 241
GRANDS-BASSINOTS, Caltha palustris. 15
GRATTERON, Galium Aparine....... 332
GRENOUILLETTE, Ficaria ranunculoides................................ 14
GRESILLOTTE, Lactuca perennis.... 386
GRILLOT, Rhinanthus major et minor. 277
GRIOTTIER, Cerasus avium......... 154
GROSEILLER, Ribes rubrum........ 219
G. A MAQUEREAUX, Ribes Uva-crispa. 219
GUEULE-DE-LION et DE-LOUP, Antirrhinum majus.................... 273
GUI, Viscum album 214
GUIGNIER, Cerasus avium var...... 154
GUIMAUVE, Althæa officinalis....... 52
HERBE-A-LA-CHENILLE, Senecio Jacobæa................................. 375
H. A-LA-COUPURE, Sedum Telephium. 147
H. A-SÉTON, Helleborus fœtidus.... 15
H. AU-CHARDONNERET, Dipsacus sylvestris.......................... 341
H. AU-COCHON, Polygonum aviculare. 409
H. AU-TONNERRE, Cuscuta Epithymum.............................. 243
H.-AUX-CHANTRES, Sisymbrium officinale............................. 87
H. AUX-CHATS, Valeriana officinalis, Nepeta Cataria............. 337, 297
H. AUX-ÉCUS, Lysimachia Nummularia................................ 226
H. AUX-HÉMORRHOÏDES, Scrofularia aquatica........................ 270
H. AUX-LANTERNES, Physalis Alkekengi............................ 255
H. AUX-PERLES, Lithospermum officinale 249
H. AUX-PUNAISES, Mentha Pulegium. 293
H. AUX-VERRUES, Chelidonium majus. 73
H. AU-DIABLE, Chelidonium majus... 73
HÉRISSON, Galium Aparine......... 332
HÊTRE, Fagus sylvatica............ 428
HIÈBLES et HIOLLES, Sambucus Ebulus................................ 328
HOUBLON, Humulus Lupulus 411
HOUX, Ilex Aquifolium............. 232
IGNAME, Dioscorea Batatas........ 490
IRIS, Iris Germanica............... 491
IVRAIE, Lolium temulentum........ 595
IVROGNES, Melandrium sylvestre.... 27
JACINTHE, Hyacinthus Orientalis.... 467
JARGERIE, Vicia Cracca et tenuifolia. 130
JEANNETTE, Narcissus Pseudo-Narcissus................................ 494

J. BLANCHE, Narcissus poeticus..... 493
JOLI-BOIS, Daphne Mezereum...... 416
JONC, Juncus glaucus.............. 534
J. FLEURI, Butomus umbellatus..... 452
J. MARIN, Ulex Europæus.......... 114
JONQUILLE, Narcissus Jonquilla.... 494
JUSQUIAME, Hyoscyamus niger..... 623
LAICHES, Carex acuta, paludosa, riparia et hirta................. 549-551
LAITRON, Sonchus arvensis, Barkhausia taraxacifolia, Crepis biennis. 388, 390
LAITUE, Lactuca sativa............ 386
LANGUE-DE-BŒUF, Knautia arvensis. 340
L. DE-CERF, Scolopendrium officinale. 605
LAPPERON, Lappa major et minor, Bidens tripartita............. 354, 359
LAURIER-SAINT-ANTOINE, Epilobium spicatum 182
LENTILLE-D'EAU, Lemna minor et polyrrhiza............................ 527
LIARGE et LIARGETTE, Sonchus oleraceus et asper................ 387, 388
LIERRE, Hedera Helix............. 212
L. TERRESTRE, Glechoma hederacea. 297
LIGNEUX, Convolvulus arvensis.... 241
L. BLANC, Calystegia sepium........ 241
LILAS, Syringa vulgaris............ 233
L. BATARD, Arabis arenosa, Cardamine pratensis................ 80, 82
L. VARIN, Syringa dubia........... 432
LIN, Linum usitatissimum.......... 42
LIS, Lilium candidum.............. 472
L. BULBIFÈRE, Lilium bulbiferum... 472
L. JAUNE, Lilium croceum, Hemerocallis fulva................. 472, 482
L. MARTAGON, Lilium Martagon.... 455
LISERON, Convolvulus arvensis..... 241
LUSSO, Ilex Aquifolium............ 232
LUZETTE, Mercurialis annua....... 423
LUZERNE, Medicago sativa......... 119
L. JAUNE, Medicago falcata........ 119
MACHARD, Helleborus fœtidus...... 15
MALON, Centaurea Jacea........... 357
MANCIENNE, Viburnum Lantana... 328
MARGOTS, Viburnum Lantana...... 328
MARGUERITE, Pyrethrum Leucanthemum............................ 362
MARRONNIER, Æsculus Hippocastanum.............................. 434
MARTEAU, Fragaria collina......... 163
MASSAULE, Salix Caproa........... 437
MAUVE, Malva sylvestris........... 59
MÉGUSON, Lathyrus tuberosus..... 133
MÉLÈZE, Larix Europæa........... 447
MELON, Cucumis Melo............. 324
MENTHE, Mentha viridis et rubra... 292
MERISIER, Cerasus avium......... 154
M. A-GRAPPES, Cerasus Padus..... 154

692 TABLE DES NOMS VULGAIRES.

Méségut, Bunium bulbocastanum.. 193
Miégeon, Melilotus officinalis...... 117
Mignonnette, Medicago Lupulina. 119
Millefeuille, Achillea Millefolium. 360
Millepertuis, Hypericum perforatum........................... 62
Milletrous, Hypericum perforatum. 62
Minette, Medicago Lupulina..... 119
Morelle, Solanum nigrum....... 254
Mouron, Stellaria media.......... 32
M. bleu et rouge, Anagallis cærulea et Phœnicea................. 227
Moutarde, Brassica nigra......... 90
M. blanche, Sinapis alba.......... 91
Muguet, Convallaria maialis..... 485
M. batard, Polygonatum vulgare. 486
Mures et Murons, Rubus cæsius et discolor................. 158, 159
Miangons, Melilotus officinalis..... 117
Narcisse, Narcissus poeticus...... 493
Navet et Navette, Brassica Napus. 481
N. du-diable, Bryonia dioica..... 323
Néflier, Mespilus Germanica...... 175
Nénuphar, Nuphar luteum........ 68
N. blanc, Nymphæa alba.......... 67
Nerprun, Rhamnus cathartica.... 110
Nielle, Lychnis Githago.......... 28
Noisetier, Corylus Avellana....... 431
Noyer, Juglans regia............. 442
Œillet sauvage, Lychnis Flos-Cuculli, Dianthus sylvestris...... 28, 23
Orchis-abeille, Ophrys apifera.... 499
O. araignée, Ophrys aranifera.... 499
O. frélon, Ophris arachnites....... 499
O. homme-pendu, Aceras anthropophora..................... 495
O. mouche, Ophrys muscifera..... 499
Oreille-de-lièvre, Buplevrum falcatum.................... 191
Orge, Hordeum vulgare.......... 596
O. carrée, Hordeum hexastichum.. 596
Orgueilleux, Ilex Aquifolium...... 232
Orme, Ulmus campestris.......... 411
Ortie, Urtica dioica et urens...... 412
O. blanche, Lamium album........ 299
O. jaune, Galeobdolon luteum..... 299
O. puante, Stachys sylvatica....... 303
O. rouge, Lamium maculatum..... 299
Oseille-de-brebis, Rumex Acetosa. 407
O. de-coucou, Oxalis Acetosella.... 43
O. de-serpent, Rumex obtusifolius. 406
O. ronde, Rumex scutatus........ 407
Osier-jaune, Salix vitellina........ 435
O. rouge, Salix fragilis............ 435
Pain-de-coucou, Oxalis Acetosella.. 43
P.-d'oiseau, Sedum album, acre et reflexum................ 148, 149
Panais, Pastinaca sativa.......... 482

P. sauvage, Heracleum Sphondylium......................... 206
Paquerette et paquette, Bellis perennis, Primula officinalis, Anemone Pulsatilla........... 362, 223, 3
Pariétaire, Parietaria officinalis... 413
Pas-d'ane, Tussilago Farfara...... 377
Patate, Convolvulus Batatas..,... 241
Pensée sauvage, Viola tricolor..... 108
Perce-neige, Galanthus nivalis, Leucoium vernum.................. 494
Péronnelle, Primula officinalis..... 223
Persil, Petroselinum sativum...... 195
Pervenche, Vinca minor.......... 233
Petit-chêne, Teucrium Chamædrys. 310
P. houx, Ruscus aculeatus........ 488
Petite-Centaurée, Erythræa Centaurium................... 239
P. Marguerite, Bellis perennis..... 362
P. rave, Raphanus sativus......... 92
Peuplier-d'Italie, Populus pyramidalis...................... 439
P.-de-Virginie, Populus molinifera. 439
Peusiaux, Lathyrus tuberosus...... 133
Pible, Ulmus major.............. 411
Pied-d'alouette, Delphinium Consolida........................ 17
P. de-chat, Antennaria dioica..... 366
P. d'oiseau, Delphinium Consolida. 17
P. de-poulain, Tussilago Farfara... 377
Piépou, Ranunculus repens....... 11
Pigneuleu, Carlina acaulis........ 347
Pimprenelle, Poterium Sanguisorba. 414
Pin-sylvestre, Pinus sylvestris.... 447
Piquots, Eryngium campestre..... 190
Pissenlit, Taraxacum Dens-leonis.. 383
Pivoine, Pæonia officinalis........ 19
Placards, Lappa major et minor... 354
Plantain, Plantago major, media et lanceolata.............. 231, 230
Platane et Plane, Acer platanoides. 57
Poil-de-chèvre, Cuscuta Epithymum........................ 243
Poirier, Pyrus communis var...... 176
Pommier, Malus communis var..... 177
Pomme-épineuse, Datura Stramonium....................... 255
P. de-terre, Solanum tuberosum.. 254
Pommelle, Primula officinalis..,.. 223
Ponfait, Ilex Aquifolium.......... 232
Pouillerot, Thymus Serpyllum, Mentha Pulegium......... 295, 293
Pourpier, Portulaca oleracea..... 142
Pourreau-loup, Muscari comosum. 465
Pouverne, Rhamnus Frangula.... 111
Preceints, Salix rubra, purpurea, triandra et viminalis........ 436, 437
Primevère, Primula grandiflora.... 224

TABLE DES NOMS VULGAIRES. 693

PRUNELLIER, Prunus spinosa....... 154
PRUNIER, Prunus domestica........ 155
PULMONAIRE, Pulmonaria angustifolia 250
PUNAISOT, Rhamnus cathartica..... 110
QUANOT, QUENEU et QUENOT........ 154
QUENNETON, Typha angustifolia et latifolia..................... 530, 531
QUEUE-DE-RAT, Equisetum arvense.. 616
Q. DE-RATE, Alopecurus utriculatus.. 570
Q. DE-RENARD, Equisetum arvense, limosum et palustre......... 616, 617
QUINTEFEUILLE, Potentilla reptans... 167
RADIS, Raphanus sativus.......... 92
RAIPONCE, Phyteuma spicatum et orbiculare....................... 319
RAVE, Brassica Rapa............... 481
RAVENELLE, Raphanus Raphanistrum............................ 91
RAY-GRASS, Lolium perenne....... 594
REINE-DES-PRÉS, Spiræa Ulmaria... 156
RÉVEILLE-MATIN, Euphorbia Heliocopia............................ 421
RIZ, Oryza sativa................. 59
RONCE, Rubus................. 157-161
RONDELLE, Asarum Europæum..... 418
RONDOTTE, Barbarea vulgaris...... 79
ROSEAU, Arundo Phragmites....... 581
ROUANDRE, Rumex obtusifolius et crispus........................ 406
ROUGEOTTE et ROUGETTE, Melampyrum arvense................. 278
RUE, Ruta graveolens............. 44
SABINE, Juniperus Sabina.......... 447
SABOT-DE-VÉNUS, Cypripedium Calceolus........................ 505
SAINFOIN, Onobrychis sativa....... 136
SALSIFIS-SAUVAGE, Tragopodon pratensis........................ 381
SANGUIGNOT, Cornus sanguinea.... 214
SANICLE et SANIS, Sanicula Europæa. 190
SANVIN, Cornus sanguinea........ 214
SAPIN, Abies excelsa.............. 447
SAPONAIRE, Saponaria officinalis... 24
SARRASIN, Fagopyrum esculentum et Tataricum..................... 409
SAULE, Salix alba et fragilis.... 434, 435
S. PLEUREUR, Salix Babylonica,.... 215
SAUVAGEON, Malus et Pyrus communis.......................... 177, 176
SAUVILLOT, Ligustrum vulgare..... 232
SEIGLE, Secale cereale............ 596
SEIGLETS, Alopecurus agrestis, Bromus sterilis................. 570, 589
SENDRES, Sinapis arvensis......... 91
SENEÇON, Senecio vulgaris......... 374

SENELLES, Cratægus oxyacantha.... 175
SENOVES, Sinapis arvensis......... *91
SENTIBON, Mentha viridis et rubra.. 292
SERPENTAIRE, Arum Dracunculus... 529
SERPOLET, Thymus Serpyllum..... 295
SIVOTS, Carum bulbocastanum..... 193
SOUCI, Calendula arvensis......... 352
SOUPE-AU-VIN, Cardamine pratensis.. 82
SUREAU, Sambucus nigra.......... 328
SURETTE, Rumex Acetosa.......... 407
SYCOMORE, Acer Pseudo-Platanus... 57
TADEVELLE et TAVELLE, Rhinanthus major et minor................. 277
TALIBOT, Tragopodon pratensis.... 381
TAQUE-MARTEAU, Fragaria collina.. 163
TAPOTTE, Silene inflata........... 25
TEIGNE, Cuscuta Epithymum...... 243
TENDON, Ononis repens........... 114
TÉRASPIC, Thlaspi montanum, Iberis amara....................... 94, 95
TÊTE-D'ALOUETTE, Centaurea Jacea.. 357
TÉTINE-DE-VACHE, Sedum album.... 148
TEURELLE, Carum bulbocastanum... 193
THÉ, Lithospermum officinale..... 294
T. D'EUROPE, Veronica officinalis... 267
TILLEUL, Tilia platyphylla et sylvestris......................... 53, 54
TOPINAMBOUR et TOPINE, Helianthus tuberosus..................... 482
TRAINASSE, Potentilla reptans, Polygonum aviculare, Agrostis stolonifera et canina...... 167, 409, 572, 573
TRÈFLE, Trifolium pratense........ 125
T. D'EAU, Menyanthes trifoliata.... 235
T. JAUNE, Trifolium procumbens et agrarium..................... 123
TREMBLE, Populus Tremula........ 439
TROÈNE, Ligustrum vulgare....... 232
TROUILLOT, Melilotus officinalis.... 117
TULIPE, Tulipa Gesneriana........ 454
VALÉRIANE, Valeriana officinalis... 337
VANDRILLE, Calystegia sepium..... 241
VEILLOTTE, Colchicum autumnale.. 452
VERNE, Alnus glutinosa........... 445
VERVEINE, Verbena officinalis..... 313
VESCE, Vicia sativa............... 128
VIGNE, Vitis vinifera.............. 58
VINETTIER, Berberis vulgaris....... 21
VIOLETTE, Viola odorata........... 107
VIORNE, Clematis Vitalba.......... 1
VIOUCHET, Viscum album......... 214
VOLET BLANC, Nymphæa alba,..... 67
V. JAUNE, Nuphar luteum......... 68
VOLEURS, Lappa major et minor... 354
VRILLIE, Convolvulus arvensis..... 241

TABLE GÉNÉRALE

Introduction . . . . V-X
Vocabulaire . . . . XI-XVII
Flore de la Cote-d'Or 1-619
Appendice 621-625
Corrections 627-631, 687
Table des matières 633-642
Table de plantes étrangères a la Cote-d'Or . . 643-645
Table des familles 647-649
Table des genres et des espèces 651-687
Table de noms vulgaires 689-693

IMPRIMERIE GÉNÉRALE DE CHATILLON-SUR-SEINE, JEANNE ROBERT

www.ingramcontent.com/pod-product-compliance
Lightning Source LLC
Chambersburg PA
CBHW070907170426
43202CB00012B/2224